高等学校电子信息类专业系列教材

江苏师范大学"十三五"第二批教育教学研究课题(JYJC201809)

电力电子与电气传动

主　编　王贵峰　朱呈祥

副主编　李　飞　闫俊荣　程国栋

参　编　张银钏　刘　战　李春杰

西安电子科技大学出版社

内 容 简 介

本书主要内容包括电力电子器件、整流电路、直流-直流变换电路、逆变电路、软开关技术、直流电机、交流电机、特种电机、直流调速系统、交流调速系统等。本书注重从知识层面和应用层面上组织内容，注重工程应用与专业理论知识的结合，以培养学生综合应用所学知识解决工程实际问题的能力。

本书将电力电子技术、电机与拖动基础、运动控制技术相关课程内容进行整合，为宽口径人才培养打下坚实的专业知识基础，不仅可作为本科电子信息类和电气类学科的教材，也可作为相关工程技术人员的参考书。

图书在版编目(CIP)数据

电力电子与电气传动/王贵峰，朱呈祥主编. —西安：西安电子科技大学出版社，2020.9(2021.8 重印)

ISBN 978 - 7 - 5606 - 5770 - 7

Ⅰ. ①电… Ⅱ. ①王… ②朱… Ⅲ. ①电力电子技术 ②电力传动

Ⅳ. ① TM1 ②TM921

中国版本图书馆 CIP 数据核字(2020)第 142823 号

策划编辑 陈 婷
责任编辑 于文平
出版发行 西安电子科技大学出版社(西安市太白南路 2 号)
电 话 (029)88202421 88201467 邮 编 710071
网 址 www.xduph.com 电子邮箱 xdupfxb001@163.com
经 销 新华书店
印刷单位 广东虎彩云印刷有限公司
版 次 2020 年 9 月第 1 版 2021 年 8 月第 2 次印刷
开 本 787 毫米×1092 毫米 1/16 印张 16.5
字 数 388 千字
印 数 501～1500 册
定 价 45.00 元
ISBN 978 - 7 - 5606 - 5770 - 7/TM

XDUP 6072001 - 2

* * * 如有印装问题可调换 * * *

前　言

目前，轨道交通、通信工程、机械设计及自动化等专业对电力电子、运动控制等强弱电结合的学科知识涉及较少，上述专业都属于社会经济发展急需的重点专业（先进制造业、信息产业领域），也是我国众多高校重点支持、发展迅速的工科专业。该类专业从宽口径人才培养的角度出发，要求学生能够掌握这些专业基础知识以适应未来的就业市场和工作岗位的需求。有关电力电子技术和电气传动知识的传授对本科教育具有不可缺少性，但在现有教学体系中不可能设置较多的课程以满足该要求。为更好地服务于轨道交通、通信工程、机械设计及自动化等专业的本科教学，开展了本书的编著。

电力电子技术与电气传动有着内在的依存关系，电力电子技术的发展为电气传动控制的发展奠定了基础，而电气传动控制又为电力电子技术提供了发展的土壤。长期以来，电气、自动化相关专业在本科教学过程中基本都开展了电机及拖动基础、电力电子技术、电力拖动自动控制系统——运动控制系统等专业课程，但纵观已有的教科书和相关科技书籍，真正从知识的内在依存性角度介绍电力电子与电气传动相关知识的书籍并不多见。

本书基于电力电子技术与电气传动知识的相互依存关系，以基本理论为基础，强化专业理论体系建立；结合电气类、自动化类等专业的学科特点，着力在知识层面和应用层面上组织内容，以提高学生综合应用所学知识解决工程实际问题的能力。全书共分11章，其中第一部分电力电子技术包括第1章到第6章的内容，从各种功率器件入手，系统介绍电力电子技术的四大基本变换，即 AC/DC、DC/DC、DC/AC、AC/AC，简要介绍软开关等新技术；第二部分电机基础包括第7章到第9章的内容，从各种电机基本工作原理及特性入手，介绍交、直流电机及特种电机的工作原理；第三部分电气传动包括第10章到第11章的内容，将电力电子与电气传动结合起来，介绍典型的直流调速系统和交流调速系统调速方法。将电力电子与电气传动相关课程进行整合将有助于学生专业知识体系的更好建立，更有助于学生综合应用所学知识解决工程实际问题能力的培养。

本书的第1、2、3、4、5章和前言由王贵峰编写，第6章由朱呈祥编写，第7、8、9章由闫俊荣编写，第10章由李飞编写，第11章由程国栋（中国矿业大学徐海学院）编写。张银钏（江苏师范大学科文学院）、刘战、李春杰三位老师全程参与了全书的文字校对、绘图及公式编辑工作。全书由王贵峰、朱呈祥统稿。

由于作者学识有限，书中难免出现一些疏漏乃至错误，恳请使用本书的老师和同学们批评指正。

作　者
2020 年 1 月于江苏

目　　录

绪　　论

电力电子与电气传动课程从字面上看似乎分成两大块，即电力电子技术部分和电气传动部分，但依据美国 W. Newell 在 1974 年对电力电子学的描述，电力电子学是由电力学（电机）、电子学（电路和器件）和控制理论三个学科交叉而形成的。"电力电子学"和"电力电子技术"属于学术和工程技术两个不同的角度。因此从上述意义而言，电气传动只不过是电力电子技术的应用而已。

电力电子技术是从电子技术派生出来的一门应用技术，它涉及两大内容，即功率电子器件和如何利用这些器件实现对"电力"的变换和控制（变流技术），其所变换的"电力"，功率可以大到兆瓦甚至吉瓦级，也可以小到瓦甚至毫瓦级。电力有交流和直流两种，如市电就是交流电，通常为 380 V 和 220 V；蓄电池或电瓶提供的电是直流电。各种不同用电对象的用电要求也存在差异，如直流电机不能直接接入交流（alternating current，AC）380 V 或 220 V，电信程控交换机的用电规范是直流（direct current，DC）48 V；当交流电机有调速要求时，不是直接接入交流电网，而需要增加中间环节（如变频器）；许多武器装备都是靠自身配置的配电站来供电的。因此电力变换可分成四类：交流变直流（AC/DC），即通常所说的整流；直流变直流（DC/DC），即通常所说的斩波；直流变交流（DC/AC），即通常所说的逆变；交流变交流（AC/AC），即通常所说的交流循环。

电气传动的核心内容是电机控制，包括电机时序控制和连续控制。时序控制是指基于常规低压电器或可编程控制器（PLC）所实现的控制；连续控制是指基于电力变换和控制理论（连续、离散）所实现的电机控制。

电力电子装置广泛应用于高压直流输电、静止无功补偿、电解、电加热、高性能交直流电源等电气工程中。电气化机车、交直流传动（如数控机床、矿井提升系统）等本身就是典型的电气工程对象，其核心就是电力电子与电机控制。因此本课程属于电气工程学科，而且是电气工程最活跃的分支，它推动着电气工程学科的不断发展。

第一部分　电力电子技术

第 1 章　电力电子技术概述

1.1　电力电子技术的基本概念

1. 电力电子技术的概念

电力电子技术可以认为是应用于电力领域的电子技术。如图 1-1 所示，电子技术可分为信息电子技术和电力电子技术，两者的主要区别在于控制对象不同，信息电子技术主要用于信息处理，电力电子技术主要用于电力变换与控制，通常所说的模拟电子技术和数字电子技术都属于信息电子技术。一般而言，实际使用中如不做特殊说明，电子技术仅指信息电子技术。

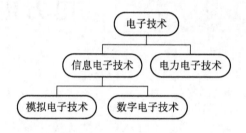

图 1-1　电子技术分类

电力电子技术是使用电力电子器件对电能进行变换和控制的技术，即应用于电力领域的电子技术。目前电力电子器件均由半导体制成，故也称电力半导体器件。电力电子技术变换的"电力"，功率可大到兆瓦甚至吉瓦级，也可小到瓦甚至毫瓦级。

根据电力电子技术的定义，又可以将其分为两个大的分支，一是电力电子器件制造技术，这是电力电子技术发展的基础，其理论基础是半导体物理；二是电力电子器件应用技术，即对电能进行变换与控制的变流技术，主要包括利用电力电子器件构成电力变换电路和对其进行控制的技术，以及构成电力电子装置和电力电子系统的技术，这是电力电子技术的核心，其理论基础是电路理论。

通常所用到的"电力"可分为交流和直流两种，一般从公用电网直接得到的是交流，从蓄电池和干电池得到的是直流，往往这些电能不能直接满足用户的使用需求，因此必须对电能进行变换与控制。如表 1-1 所示，电力变换可以分为四大类：交流变直流（AC/DC）、直流变交流（DC/AC）、直流变直流（DC/DC）、交流变交流（AC/AC）。交流变直流称为整流，直流变交流称为逆变。直流变直流是指将一种电压（电流）的直流电变换为另一种电压（电流）的直流电，其变换电路称为直流斩波电路。交流变交流即把一种形式的交流电变为另一种形式的交流电，可以改变输出交流电的电压（电流）、频率、相数等，其中只改变电压、电流或对电路的通断进行控制，而不改变输出频率的变换，称为交流电力控制，改变输出频率的变换称为交-交变频。进行上述电力变换的技术统称为变流技术。

表 1 - 1 电力变换分类

输入	输出	
	直流	交流
交流	整流	交流电力控制 交-交变频
直流	直流斩波	逆变

电力电子学(power electronics)和电力电子技术是分别从学术和工程技术两个不同的角度命名的名称,其实质内容并没有大的区别。1974 年美国学者 W. Newell 提出用图 1 - 2 所示的倒三角形对电力电子学进行描述,认为电力电子学是由电子学、电力学和控制理论三个学科交叉形成的,该观点获得了全世界学者们的认同,显然该图也可以描述电力电子技术。

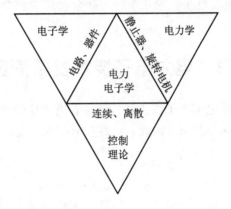

图 1 - 2 电力电子学倒三角形

2. 电力电子技术与电子学的关系

电力电子技术与电子学同根同源,电力电子器件的制造技术和应用于信息变换的电子器件制造技术的理论基础(都是基于半导体理论)相同,其大多数制造工艺也是一样的。二者的分析方法大多也是一致的,只是二者的应用目的不同:电力电子技术用于电力变换和控制,电子技术用于信息处理。因此,二者最重要的区别是器件的工作状态不同。在信息电子技术中,半导体器件既可工作于放大状态也可工作于开关状态,而在电力电子技术中,为避免器件功率损耗过大,电力电子器件总是工作于开关状态。

3. 电力电子技术与电力学的关系

"电力学"这个术语在我国已不太应用,国内一般称之为"电气工程"。电力电子技术广泛应用于电气工程中,这就是电力电子学与电力学(电气工程)的主要关系。目前,各种电力电子装置在高压直流输电、静止无功补偿、电力机车牵引、交直流电力传动、电解、电镀、电加热、高性能交直流电源等工业应用中得到了越来越广泛的应用,因此,国内外学者通常将电力电子技术归属于电气工程学科。电力电子技术是电气工程学科中最活跃的一个分支,电力电子技术的不断进步与发展必将推动电气工程学科的发展,是电气工程这一相对古老的学科保持活力的重要源泉。

4. 电力电子学与控制理论的关系

控制理论广泛应用于电力电子技术中,使电力电子装置和系统的性能不断满足人们日益增长的需求。电力电子技术可以看作是弱电控制强电的技术,是弱电与强电之间的接口,而控制理论则是实现这一接口强有力的纽带。另外,控制理论是自动化技术的理论基础,而电力电子装置则是自动化技术的基础执行元件和重要技术支持。

电力电子技术是 20 世纪后半叶诞生并发展起来的一门崭新技术,并在 21 世纪初期得到了更加迅猛的发展。有人预言,电力电子技术和运动控制一起,将和计算机技术共同成为未来科学技术的两大支柱。如果用人体作为比喻,计算机技术可以比作人的大脑,那么电力电子技术可以比作人的消化系统和循环系统(实现能量的转换与控制,把"粗电"转化为适合人们使用的"精电"),电力电子技术连同运动控制还可以比作人的肌肉和四肢,完成期望的运动和从事劳动。只有手脑协调,既有聪明的大脑,又有灵活的四肢,才能更好地完成工作。可以预见,电力电子技术在今后的社会发展中将会起着非常重要的作用,有着十分光明的未来。

1.2　电力电子技术发展简史

电力电子器件的发展对电力电子技术的发展起着决定性的作用,可以说电力电子器件的发展推动着电力电子技术的发展。因此,电力电子技术的发展史是以电力电子器件的发展史为纲的,如图 1-3 所示。

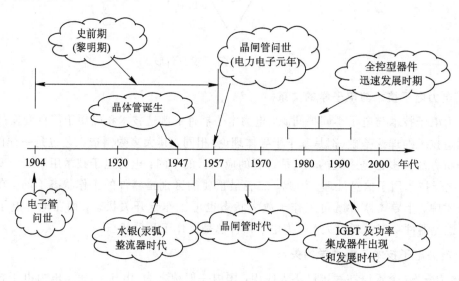

图 1-3　电力电子技术的发展史

1904 年电子管问世,它能在真空中对电子流进行控制,并应用于通信和无线电,从而开启了电子技术应用于电力领域的先河。后来出现了水银整流器,其性能和晶闸管非常类似。20 世纪 30 至 50 年代,水银整流器得到了迅速发展,被广泛应用于电化学工业、电气铁路直流变电所、轧钢机直流传动,甚至用于直流输电。在这一时期,各种整流电路、逆变电路、周波变流电路的理论已经发展成熟并广泛应用。

1947 年，贝尔实验室发明了晶体管，引发了电子技术的一场革命，半导体硅二极管开始应用于电力领域，直接催化了电力电子技术的产生。1956 年，美国贝尔实验室发明了晶闸管，1957 年美国通用电气公司生产出第一只晶闸管，称为电力电子技术发展的元年，1958 年晶闸管商业化，其优越的电气和控制性能开辟了电力电子技术迅速发展的崭新时代。水银整流器和旋转变流机组很快被晶闸管取代，其应用范围也迅速扩大。

晶闸管尽管有较优越的性能，但它只是半可控器件，即只能控制其导通，其关断只能随交流电流的过零自然完成，因此限制了电力电子技术的应用。

20 世纪 70 年代后期，以门极可关断晶闸管(GTO)、电力双极型晶体管(BJT)和电力场效应晶体管(MOSFET)为代表的全控型器件迅速发展。其开和关的状态可任意控制，与之相适应的控制方式为 PWM(脉宽调制)控制，这种控制方式为计算机和数字技术在电力电子技术领域的应用提供了很好的途径，进一步促进了电力电子技术的快速发展，而且这些器件的工作速度(通常称为开关频率)普遍高于晶闸管，电力电子技术进入了一个新的发展阶段，但是它们仍然不能同时满足大容量和较高频率的实际需求。

20 世纪 80 年代后期，人们利用复合工艺将各具优势的器件复合在一起，推出了一系列性能更加优越的器件，如绝缘栅双极型晶体管(IGBT)、集成门极换流晶闸管(IGCT)、MOS 控制晶闸管(MCT)等。IGBT 是 MOSFET 和 BJT 的复合体，它结合了 MOSFET 驱动功率小、开关速度高和 BJT 通态压降小、载流能力大的优点，其应用占据了电力电子器件的主导地位。IGCT 和 MCT 都是 MOSFET 和 GTO 的复合体。发射极关断晶闸管(ETO)可看成是 GTO 的改良版，也是 MOSFET 和 GTO 的复合体，它是美国北卡罗来纳州立大学电力电子系统中心研制的，目前出品的型号为 ETO4060，其额定容量可达 6 kV/4 kA，是世界上容量最大的 MOS 控制型电力电子器件，它不仅秉承了 GTO 的大功率特性，也改善了其开关能力和控制特性。

随着半导体集成技术的发展，功率模块(power module)、智能功率模块(IPM)和功率集成芯片(PIC)都得到了广泛使用。20 世纪末，国际电力电子学界普遍认为，电力电子集成技术成为阻碍电力电子技术发展的障碍，同时也是拓展电力电子技术发展最有希望的出路，即所谓"成也萧何，败也萧何"。

电力电子集成的概念已有近 30 年的历史。早期的思路是单片集成，体现了片内系统的概念，即将主电路、驱动、保护和控制电路等全部制造在同一硅片上。但实践证明，由于高压、大电流的主电路元件和低压、小电流电路元件的制造工艺差别较大，加上高压隔离和传热的问题，单片集成思想很难得到普遍应用。1977 年前后，美国政府、军方及电力电子技术领域一些著名专家共同提出了电力电子积木(power electronics building block，PEBB)的概念，明确了电力电子技术集成化的方向。现在广泛使用的功率模块和智能功率模块就是典型的例子。电力电子集成技术推动了电力电子装置的轻量化和小型化的快速发展，进一步拓展了其应用领域，如航天工程等。

1.3　电力电子技术的应用领域

电力电子技术的应用范围十分广泛，从人们熟知的毫瓦级的通信工具到兆瓦级的高压传动系统，从民用一般工业到交通运输、电力系统、国防、武器装备、航空航天等都离不开电力电子技术这个"消化系统"。其应用领域如表 1-2 所示。

表 1-2　电力电子技术的应用领域

工业	空调、电池充电器、鼓风设备、锅炉、化学处理设备、起重机、干燥机、电动车，电动搅拌机、电梯、高压 DC、感应加热、激光电源、机床、采矿电源设备、电机软启动器、电机驱动、核反应堆控制、油井开采设备、造纸机械、电源、印刷机械、伺服系统、温度控制、交通信号灯、UPS、真空清洗设备、焊接设备
商业	霓虹灯广告牌、电池充电器、计算机、搅拌器、电热毯、电风扇、便携式电动工具，复印机、洗碗机
家庭用具	音响、照相机、微波炉、电动车库门、冰箱
医药	医疗器械、激光电源
安全系统	报警和防护系统、雷达和声呐
通信	卫星电源、VLF 发射、UPS、无线通信电源
交通运输	磁悬浮列车、电气化机车
游戏和娱乐	游戏机和玩具、电视、电影
汽车	安全系统、电动车驱动控制系统、音响和 RF 放大器
武器装备	移动电站、炮塔随动系统、电源
航空航天	飞船电源系统、卫星电源系统、太空车功率系统等

第 2 章　电力电子器件

类似于信息电子技术的学习，晶体管和集成电路等电子器件是模拟和数字电路的基础，电力电子器件则是电力电子电路的基础，因而掌握各种常用电力电子器件的特点和正确使用方法是学好电力电子技术的基础。典型的电力电子器件包括电力二极管、晶闸管、门极可关断晶闸管（GTO）、电力晶体管（BJT 或 GTR）、电力场效应晶体管（MOSFET）、绝缘栅双极晶体管（IGBT）、集成门极换流晶闸管（IGCT）以及其他一些复合功率器件。在本质上，电力电子器件和在模拟电子技术中学到的器件一样都是半导体器件，但电力电子器件通常工作在开通和关断状态，而信息电子技术中的半导体器件主要工作在线性区域，这是电力电子器件的重要特征。

本章主要介绍几种常用的电力电子开关器件的结构、工作原理、基本特性、主要参数，有关的驱动和保护以及选择和使用中的一些问题。

2.1　电力电子器件概述

2.1.1　元件

电力电子电路是对电能进行变换的电路，电路分析中的各种分析方法完全适用于电力电子电路。电力电子电路常用的基本电路元件如下。

1. 电阻

电阻是消耗能量的线性元件，通常用字母 R 表示，其基本规则为

$$u = R \cdot i$$

2. 电感

电感是一种储能元件，将电能转换为磁场能，通常用字母 L 表示，其基本规则为

$$u = L \frac{\mathrm{d}i}{\mathrm{d}t}$$

电感储存的能量与其电流的平方成正比，由于能量不能突变，因此电感电流不能突变。电感越大，其抑制电流变化的能力就越强。

3. 电容

电容是一种储能元件，其储存的能量形式为电场能，电容通常用字母 C 表示，其基本规则为

$$i = C \frac{\mathrm{d}u}{\mathrm{d}t}$$

电容储存的能量与其电压的平方成正比，由于能量不能突变，因此电容电压不能突

变。电容越大,其抑制电压变化的能力就越强。

4. 电源

电源按输出电压的形式分为直流电源和交流电源,按输出电能的形式分为电压源和电流源。在暂态分析中,可将预充电的电容和电感作为电压源和电流源。

对于电压源,其输出回路有

$$U_o = U_i - R \cdot i$$

其中,R 为电压源的内阻。

对于电流源,其输出回路有

$$I_o = I_i - \frac{U_o}{R}$$

其中,R 为电流源的内阻。

交流电源按相数可分为单相与多相。通常照明用电为 50 Hz 正弦交流电。

5. 负载

负载通常被认为是电力电子电路输出电能的接受者。负载分为阻性负载、感性负载和容性负载。电炉、白炽灯等属于阻性负载,电动机、电磁铁等属于感性负载,蓄电池则属于容性负载。

2.1.2　电力电子器件的特点

在电气设备或电力系统中,直接承担电能变换与控制任务的电路称为主电路(main power circuit)。电力电子器件(power electronic device)一般指可直接应用于处理电能的主电路中的电力电子开关器件。广义上,电力电子器件可分为电真空器件和半导体器件两类。但随着电力电子技术的发展,基于半导体材料的电力电子器件已称为电能变换与控制领域的绝对主力,通常电力电子器件往往专指电力半导体器件。与信息电子器件相比,其所采用的主要材料仍然是硅,但由于电力电子器件直接应用于处理电能的主电路,又具有以下几个特殊特征。

1. 主要用于电功率的处理

电力电子器件主要处理功率,因此其承受电压和电流的能力是其最重要的参数。其处理电功率的能力小至毫瓦级,大至兆瓦级,一般远大于处理信息的电子器件。

2. 工作在开关状态

为了降低器件工作时的自身损耗,提高效率,电力电子器件一般工作在开关状态。开通时通态阻抗很小,管压降接近于零,接近短路,电流由外部电路决定;阻断时断态阻抗无穷大,接近断路,电压由外部电路决定。电力电子器件工作时就是在开通和关断之间不断切换,因此电力电子器件的动态特性(也就是开关特性)是器件的重要特性。通常也将电力电子器件称为电力电子开关或电力半导体开关,在做电路分析时,可用理想开关来代替以简化分析过程。

3. 需要信息电子电路控制

电力电子器件通常受到信息电子电路的控制,由于器件处理的电功率较大,信息电子电路不能直接控制,需要中间电路将控制信号进行放大,该放大电路就是电力电子器件的驱动电路。

4. 需要进行散热处理

电力电子器件尽管主要工作在开关状态，但自身的功率损耗仍远大于信息电子器件，为保证器件不因温度过高而损坏，一方面需要在器件封装上进行散热设计，另一方面一般需额外安装散热器。虽然在电路分析时可以将电力电子器件等效为理想开关，但实际在导通或关断状态下并不是理想的短路或断路。器件导通时有一定的通态压降，器件关断时有一定的漏电流，虽然其数值都非常小，但分别与数值较大的通态电流和断态电压相作用，就会形成相对较大的通态损耗和断态损耗。此外，电力电子器件由断态转为通态（开通过程）会形成开通损耗，由通态转为断态（关断过程）会形成关断损耗，合称开关损耗。一般而言，通态损耗是电力电子器件功率损耗的主要成因，但当器件的开关频率较高时，开关损耗会随之增大而成为器件功率损耗的主要因素。

2.1.3　电力电子器件的分类

按照电力电子器件的可控程度，可将器件分为不可控器件、半控型器件和全控型器件三种。其中不可控器件主要指电力二极管，该器件只有两个端子，器件的导通和关断完全由承受的电压决定；半控型器件主要指晶闸管及相关派生器件，该器件可以控制导通而无法控制关断；全控型器件种类繁多，包括 GTR、GTO、IGBT 和 Power-MOSFET，该器件既可控制导通，又可控制关断。

按照驱动电路加在电力电子器件控制端与公共端之间信号的性质，可分为电流驱动型和电压驱动型。电流驱动型通过从控制端注入或抽出电流实现导通或关断的控制，需要较大的驱动功率，主要包括 GTR 和晶闸管及其派生器件。电压驱动型仅需在控制端与公共端之间施加一定的电压信号即可实现导通或关断的控制，功率需求小，电路简单，因此获得了广泛的应用。电压驱动型器件实际上通过控制电压产生可控的电场来改变流过器件电流的大小和通断状态，因此电压驱动型器件又称为场控器件或者场效应器件。

根据驱动电路加在电力电子器件控制端与公共端之间有效信号的波形，可分为脉冲触发型和电平触发型。通过在控制端施加一个电压或电流的脉冲信号来实现器件的开通或者关断的控制，且器件不必通过持续施加控制端信号就能维持其导通或阻断状态（主电路条件不变的情况下），则该类电力电子器件即称为脉冲触发型。如果必须通过持续地在控制端和公共端之间施加一定电平的电压或电流信号来使器件开通并维持导通状态，或者关断并维持阻断状态，则该类电力电子器件即称为电平控制型。

电力电子器件按照器件内部电子和空穴两种载流子参与导电的情况，可分为单极型、双极型和复合型三种。单极型器件指由一种载流子参与导电的器件，也称多子器件；由电子和空穴同时参与导电的器件称为双极型器件，也称少子器件；由单极型器件和双极型器件集成混合而成的器件则称为复合型器件。

2.2　电力二极管

电力二极管（power diode）的结构与原理与信号二极管类似，在电力电子领域属于不可控器件，自 20 世纪 50 年代初期就获得了应用。它的开通和关断与信号二极管相同，都取决于加在阳极和阴极之间电压的极性。在电力电子装置中，它们通常用于整流或续流，即控制能量流向和形成能量转移通路。

2.2.1　电力二极管的基本结构与工作原理

电力二极管的基本结构及工作原理等同于信号二极管,都是以半导体 PN 结为基础的。电力二极管实际上是由一个面积较大的 PN 结和两端引线以及封装组成的,从外形上看可分为螺栓式、平板式等多种封装,图 2-1 所示为电力二极管的外形、基本结构和电气图形符号。

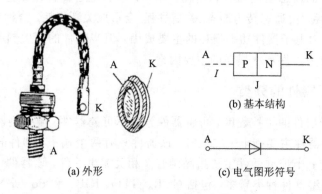

(a) 外形　　　　　　　　(c) 电气图形符号

图 2-1　电力二极管的外形、基本结构和电气图形符号

二极管的基本原理就在于 PN 结的单向导电性这一主要特征,PN 结的基本状态及工作原理如表 2-1 所示。N 型半导体和 P 型半导体结合后,在其交界处载流子的浓度存在差别,载流子进行扩散运动,因此在交界处留下不能移动的正负电荷,这些电荷称为空间电荷。对于 N 区而言,电子是可以运动的载流子,电子扩散到 P 区,与 P 区的空穴复合,导致 P 区的交界处存在不能移动的正电荷,呈现正电场;对于 P 区而言,空穴扩散到 N 区,与 N 区的电子复合,导致 N 区交界处呈现负电场。因此,在 P 区和 N 区交界处形成了一个内电场,该电场阻止载流子的扩散运动。当 PN 结外加正向电压时,由于外加电压的方向与自建电场的方向相反,抵消了自建电场的抑制作用,外加电压的升高进一步加速了内部电子与空穴的相互流动,从而实现正向导通。二极管进入导通状态后,其电流大小取决于电路负载,二极管导通时有一正向压降,这一压降的大小取决于器件的材料、生产工艺,一般压降典型值为 0.5~1.2 V。当 PN 结外加反向电压时,外加电压的方向与自建电场的方向相同,进一步加强了对内部电子、空穴相互流动的抑制作用,反向偏置的 PN 结表现为高阻态,称为反向截止状态。

表 2-1　PN 结的基本状态及工作原理

参数	状态		
	正向导通	反向截止	反向击穿
电流	正向增大 取决于负载	几乎为零	反向激增
电压	0.5~1.2 V	反向大	反向大
阻态	低阻态	高阻态	—

　　为了建立承受高电压和大电流的能力，电力二极管的物理结构和工作原理与信息电子电路的二极管又有一些不同之处：

　　（1）采用垂直导电结构以增大通过电流的有效面积，从而显著提高二极管的通流能力。

　　（2）通过在 P 区和 N 区之间增加一层低掺杂 N 区（也称漂移区）以提高反向耐压能力。

　　同时电力二极管还具有如下特征：正向压降比信息电子电路中的普通二极管大一些；开关速度较普通二极管低一些。

2.2.2　电力二极管的基本特性

1. 静态特性

　　电力二极管的静态特性主要是指其伏安特性，如图 2-2 所示。

　　当正向阳极电压小于器件的门槛电压（U_{TO}）时，器件中流过很小的正向电流；一旦正向阳极电压超过器件的门槛电压，这一电流就会迅速增大，当对二极管施加反向电压时，二极管工作在反向截止状态，此时存在反向漏电流，该电流很小，在微安至毫安级。当反向电压超过二极管的反向阻断电压值时，漏电流急剧增大，二极管被反向击穿，造成永久性损坏。

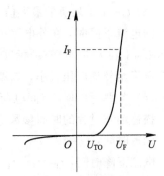

图 2-2　电力二极管的伏安特性

2. 动态特性

　　由于二极管在不同状态时空间电荷区的宽度不同，在零偏置、正向导通、反向截止三种状态之间转换时，空间电荷区的状态需要调整，因此存在一个过渡过程，这个过程称为动态过程。动态过程中二极管的电压和电流变化如图 2-3 所示。

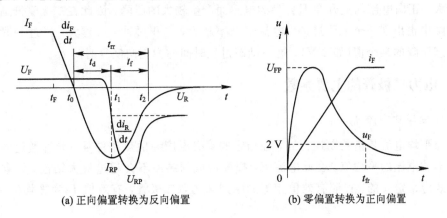

(a) 正向偏置转换为反向偏置　　　　　　(b) 零偏置转换为正向偏置

图 2-3　电力二极管的动态过程波

　　1）截止过程

　　电力二极管由正向偏置转换为反向偏置的动态过程如图 2-3(a)所示。其主要特点是电力二极管并不能立即关断，而是需要经过一段短暂的时间才能重新获得反向阻断能力，进入截止状态；在关断之前有较大的反向电流出现，并伴随有明显的反向电压过冲。这是因为正向导通时 PN 结两侧存储的大量少子需要被清除掉并重新形成反向偏置所需的稳态内电场。具体过程如下：

(1) t_F—t_0，I_F 下降到 0。t_F 时刻外加电压由正向变为负向，在外电路的作用下，二极管的电流下降，下降的速度由反向电压大小和电路中的电感决定，电感越大，下降速度越小。

(2) t_0—t_1，I_F 从 0 到负的最大值。下降到零后，由于在 PN 结尚未建立能阻断外部电压的空间电荷区，大量载流子被外加反向电压抽出，形成较大的反向电流，t_1 时刻达到反向电流峰值。

(3) t_1—t_2，从负的最大值到 0。随着载流子被抽走，空间电荷区逐步恢复阻断能力，当反向电流下降时，在外电路电感的作用下，快速下降的电流在二极管两端产生反向过冲电压 U_{RP}，在 t_2 时刻（有的标准定为电流下降到 25% I_{RP} 时刻），电力二极管两端承受的反向电压降至外加电压大小，二极管开始恢复阻断能力。

(4) 当 $I_F=0$ 时，空间电荷区完全建立，二极管恢复阻断能力。

描述动态过程的时间参数定义如下：

延迟时间：$t_d = t_1 - t_0$

电流下降时间：$t_f = t_2 - t_1$

反向恢复时间：$t_{rr} = t_d - t_f$

恢复系数：$S_r = t_f/t_d$，S_r 越大则恢复特性越软，反向电流下降时间相对较长，相同外电路条件下，反向过冲电压 U_{RP} 越小。

2）开通过程

电力二极管由零偏置转换为正向偏置的动态过程如图 2-3(b)所示。在开通期间，电导调制效应起作用，所需的大量少子需要一定的时间来储存，所以在达到稳态导通之前管压降较大，正向电流的上升会因自身的电感而产生较大的压降，因此在二极管开通过程的正向压降中也出现一个电压过冲，电流上升率越大，电压过冲 U_{FP} 越大，经过一段时间才接近稳态压降的某个值（如 2 V）。这一动态过程时间称为正向恢复时间 t_{fr}。

2.2.3　电力二极管的主要参数

1. 正向平均电流 $I_{F(AV)}$

正向平均电流是指长期运行时，在指定的管壳温度和散热条件下，允许通过的最大工频正弦半波电流的平均值。在此电流下，损耗造成的结温不会超过最大结温。该参数是按照发热效应来定义的，按照有效值相等的原则来选取二极管，有效值 I_D 为平均值 $I_{F(AV)}$ 的 1.57 倍。

2. 正向压降 U_F

正向压降是指在指定的温度下，流过某一指定稳态正向电流时对应的压降。

3. 反向重复峰值电压 U_{RRM}

反向重复峰值电压是指电力二极管所能承受的反向最高峰电压，通常为极限击穿电压的 2/3。使用时，一般按 2 倍的参数选择。

4. 最高工作结温 T_{JM}

结温是指 PN 结的平均温度。最高工作结温是指在 PN 结不损坏的前提下所能承受的最高平均温度，通常在 125～175℃。

5. 反向恢复时间 t_{rr}

见 2.2.2 节。

6. 浪涌电流 I_{FSM}

浪涌电流是指电力二极管所能承受的最大的连续一个或几个工频周期的过电流，通常为 $I_{F(AV)}$ 的 2～3 倍。

2.2.4　电力二极管的种类

电力二极管主要有三种：工频整流二极管、快速恢复二极管和肖特基二极管。

1. 整流二极管

整流二极管(rectifier diode)广泛应用于工频或开关频率不高(<1 kHz)的整流场合。这种二极管通态电压低，电流、电压容量大(分别可达数千安和数千伏以上)，缺点是反向恢复时间长，一般在 5 μs 以上，不适用于高频场合。

2. 快速恢复二极管

快速恢复二极管(fast recovery diode)具有较短的反向恢复时间(<5 μs)和较小的反向恢复电流，适用于高频场合，工艺上多采用掺金措施。

3. 肖特基二极管

肖特基二极管(schottky barrier diode，SBD)利用金属导体和半导体接触时表面产生的势垒来替代半导体 PN 结，故其又称为势垒二极管。

肖特基二极管正向压降较低，但具有较大的反向漏电流；由于器件中残存的载流较少，因此反向恢复时间短，可到纳秒级；在反向击穿时也能保持反向阻断电压，反向阻断电压较低，因此其开关损耗和正向导通损耗非常小，效率高。但其缺点是当承受的反向耐压提高时，其正向压降也会高得不能满足要求，通常应用于 200 V 以下的低压场合。

2.3　半控型器件——晶闸管

晶闸管(thristor)是晶体闸流管的简称，又称为可控硅整流器(silicon controlled rectifier，SCR)，一般也简称为可控硅。晶闸管是最早出现的可控电力电子器件，于 1956 年由美国贝尔实验室发明。1957 年美国通用电气公司开发出第一只可工业应用的晶闸管产品，并于1958 年实现了工业化应用。晶闸管的问世开辟了电力电子技术迅速发展和广泛应用的新时代，20 世纪 80 年代以前基本属于晶闸管时代，随着电力电子器件的发展，晶闸管的地位正逐步被各种性能更好的全控型器件所替代，如 GTR、IGBT 等。但由于晶闸管工作可靠性高，且所承受的电压和电流容量仍然是目前电力电子器件中最高的，因此在大容量的应用场合仍具有非常重要的地位。

2.3.1　晶闸管的结构和工作原理

晶闸管的外形、结构和电气图形符号如图 2-4 所示。从外形上看，晶闸管也主要有螺栓式和平板式两种封装结构，三个引出端子——阳极（A）、阴极（K）和门极（G）。晶闸管内部是 PNPN 四层半导体结构，分别命名为 P_1、N_1、P_2、N_2 四个区，P_1 区引出阳极 A，N_2 区引出阴极 K，P_2 区引出门极 G。四个区形成 J_1、J_2、J_3 三个 PN 结。当晶闸管的阳极与阴极之间加上反向电压时，J_1、J_3 结处于反偏状态，晶闸管不能导通；当加上正向电压时，J_2 处于反偏状态，晶闸管亦不能导通。

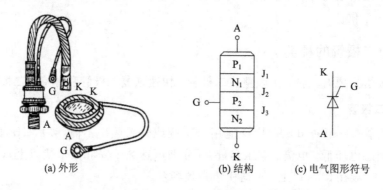

(a) 外形　　　　(b) 结构　　　　(c) 电气图形符号

图 2-4　晶闸管的外形、结构和电气图形符号

晶闸管导通的工作原理可以利用双晶体管模型来解释，其内部结构可以等效于 $P_1N_1P_1$ 和 $N_1P_2N_2$ 两个晶体管，如图 2-5(a) 所示。若施加触发电流 I_G，因 I_G 相当于 V_2 的基极电流，经 V_2 放大为电流 I_{c2}；而 I_{c2} 相当于 V_1 的基极电流，经 V_1 放大为电流 I_{c1}；I_{c1} 和 I_G 一起，成为 V_2 的基极电流，放大了的信号又成为输入，构成正反馈，晶闸管的电流迅速增大，最后 V_1 和 V_2 进入完全饱和状态，即晶闸管导通。此时若撤掉触发电流 I_G，晶闸管内部由于已经形成了强烈的正反馈会继续维持导通状态。若要使晶闸管关断，必须撤掉阳极所施加的正向电压，或者给阳极施加反压，或者设法使流过晶闸管的电流降低到接近于零的某一数值以下，晶闸管才能关断。因此，对晶闸管的驱动过程更多地称为触发，产生注入门极的触发电流的电路称为门极触发电路。由于晶闸管只能通过门极控制开通，无法控制关断，才被称为半控型器件。

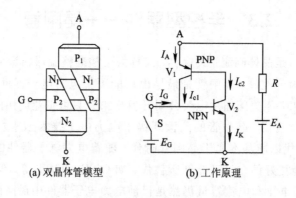

(a) 双晶体管模型　　　　(b) 工作原理

图 2-5　晶闸管的双晶体管模型及其工作原理

可用万用表简单判断晶闸管的性能及好坏。阳极与阴极之间的正向和反向电阻在几百千欧以上，阳极和控制极之间的正向和反向电阻在几百千欧以上（它们之间有两个 PN 结，而且方向相反，因此阳极和控制极正反向都不通）。控制极与阴极之间有一个 PN 结，因此其正向电阻大约在几欧～几百欧，反向电阻比正向电阻要大。但是控制极二极管的特性是不太理想的，反向不完全呈阻断状态，可以有比较大的电流通过，因此，有时测得控制极反向电阻比较小，并不能说明控制极特性不好。另外，在测量控制极正反向电阻时，万用表应放在 $R \times 10$ 或 $R \times 1$ 挡，防止电压过高控制极反向击穿。若测得元件阴阳极正反向已短路，或阳极与控制极短路，或控制极与阴极反向短路，或控制极与阴极断路，说明元件已损坏。

2.3.2　晶闸管的基本特性

根据 2.3.1 节对晶闸管工作原理的分析，可简单归纳晶闸管的工作特性如下：

（1）承受反向电压时，不论门极是否有触发电流，晶闸管都不会导通。

（2）承受正向电压时，仅在门极有触发电流的情况下，晶闸管才能导通。

（3）晶闸管一旦导通，门极就失去控制作用（不论门极触发电流是否还存在，晶闸管都保持导通）。

（4）要使晶闸管关断，只能利用外加电压和外电路的作用使晶闸管的电流降到接近于零的某一数值以下。

简单来说，晶闸管导通需满足两个条件：主电路上承受正向阳极电压，控制电路上有触发脉冲；关断时只能通过主电路使晶闸管电流降低到维持电流以下。

晶闸管阳极、阴极之间电压与晶闸管阳极电流之间的关系称为晶闸管的伏安特性，以上特点在晶闸管伏安特性上得到了充分体现，如图 2-6 所示。

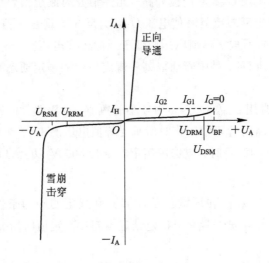

图 2-6　晶闸管的伏安特性（$I_{G2} > I_{G1} > I_G$）

1. 伏安特性的正向特性

当晶闸管门极开路，即 $I_G = 0$ 时，即使器件两端施加正向电压，只有很小的正向漏电流，器件也处于正向阻断状态。

若阳极正向电压低于正向阻断电压，在门极加入驱动电流，器件立刻进入开通状态，导通后也存在正向压降，晶闸管本身的压降很小，在 1 V 左右。

当 $I_G = 0$ 时，若正向电压超过某一极限值，则阳极电流急剧增加，器件开通，通常将这一极限值称作正向转折电压，记作 U_{BF}。随着门极电流幅值的增大，正向转折电压降低。

如果门极电流为零，并且阳极电流降至接近于零的某一数值 I_H 以下，晶闸管又回到正向阻断状态，I_H 称为维持电流。

2. 伏安特性的反向特性

当晶闸管承受反向电压时，内部 J_1、J_3 结处于反偏状态，晶闸管处于反向阻断状态，其伏安特性类似于二极管的反向特性，仅有很小的反向漏电流通过；一旦反向电压超过允许值 U_{BR}（通常称作反向转折电压），晶闸管反向击穿，阳极电流急剧增加，导致器件发热而永久性损坏。

2.3.3　晶闸管的主要参数

晶闸管的常用参数简介如下。

1. 电压定额

（1）断态重复峰值电压 U_{DRM}：门极开路，元件结温为额定值，允许重复加在元件上的正向峰值电压，通常等于正向转折电压 U_{BF} 的 80%。国标规定断态重复峰值电压 U_{DRM} 为断态不重复峰值电压（即断态最大瞬时电压）U_{DSM} 的 90%，断态不重复峰值电压应低于正向转折电压 U_{BF}。

（2）反向重复峰值电压 U_{RRM}：门极开路，元件结温为额定值，允许重复加在元件上的反向峰值电压，通常规定反向重复峰值电压 U_{RRM} 为反向不重复峰值电压（即反向最大瞬态电压）U_{RSM} 的 90%，反向不重复峰值电压应低于反向击穿电压。

（3）通态（峰值）电压 U_T：晶闸管通以某一规定倍数的额定通态平均电流时的瞬态峰值电压。

额定电压值 U_R 通常用 U_{DRM} 和 U_{RRM} 中较小的数值。选用器件时额定电压要留有一定裕量，一般取额定电压为晶闸管正常工作时所承受峰值电压的 1.5~2 倍以上。例如，当实际交流工作电压峰峰值为 311 V 时，应选用额定电压为 500 V 以上的元件。

2. 电流定额

（1）通态平均电流 $I_{T(AV)}$：在环境温度为 40℃ 和规定的冷却条件下，晶闸管元件在电阻性负载的单相工频正弦半波电路中，稳定结温不超过额定值时所允许的最大工频正弦半波电流平均值。

晶闸管的额定电流也是基于功耗发热而导致的结温不超过允许值而限定的。若正弦电流的峰值为 I_m，则正弦半波电流的平均值 $I_{T(AV)}$ 为

$$I_{T(AV)} = \frac{1}{2\pi} \int_0^\pi I_n \sin\omega t \, d(\omega t) = \frac{1}{\pi} I_m \qquad (2-1)$$

正弦半波电流的有效值(均方根值)I_D为

$$I_D = \sqrt{\frac{1}{2\pi}\int_0^\pi I_n^2 \sin^2(\omega t)\,\mathrm{d}(\omega t)} = \frac{1}{2}I_m \tag{2-2}$$

由以上两式得到有效值与平均值之间的关系为

$$I_D = \frac{1}{2}\pi I_{T(AV)} = 1.57\,I_{T(AV)} \tag{2-3}$$

同电力二极管类似，晶闸管的电流定额也按照发热效应相等(即有效值相等)的原则来选取，并留有一定裕量，通常为 1.5～2 倍裕量。例如，某晶闸管实际承担某波形电流有效值为 400 A，则对应晶闸管通态平均电流为 400/1.57＝255 A，再考虑 2 倍左右的裕量，则实际应选额定电流为 500 A 的晶闸管。

(2) 维持电流 I_H：在室温和门极开路时，逐渐减少导通状态下晶闸管的阳极电流，最后能维持导通所必需的最小阳极电流。一般为几十到几百毫安，I_H 与结温有关，结温越高则 I_H 越小。

(3) 擎住电流 I_L：晶闸管触发后，器件刚导通的情况下，马上撤除门极触发信号，能够维持晶闸管导通的最小阳极电流。对同一晶闸管而言，擎住电流为维持电流的 2～4 倍。

3. 门极定额

(1) 门极触发电流 I_{GT}：在室温和被施加 6 V 的正向阳极电压情况下，晶闸管从阻断状态转入全导通所必需的最小门极电流。

(2) 门极触发电压 U_{GT}：产生门极触发电流所必需的最小门极电压。

2.3.4　晶闸管的门极驱动

晶闸管的门极驱动电路或触发电路对于晶闸管的应用非常重要，其作用是产生符合要求的门极触发脉冲，保证晶闸管在需要的时刻由阻断转为导通。触发电路产生的触发脉冲应具有足够大的门极触发功率，以保证晶闸管可靠触发，但电压、电流均不应超过参数规定的极限；还应具有足够宽的脉冲宽度，以保证晶闸管的阳极电流上升到擎住电流以上；还应具备足够陡的脉冲前沿，以加速器件开通过程，提高其 $\mathrm{d}i/\mathrm{d}t$ 的承受能力，理想的触发电流波形如图 2-7 所示。

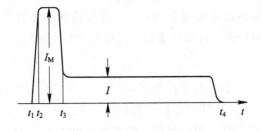

图 2-7　理想触发电流波形

触发电路的大致结构如图 2-8 所示。驱动部分将驱动信号进行功率放大或电平放大；隔离部分将驱动部分与主回路部分实现电隔离，隔离方式主要有变压器隔离、光电隔离。

目前在许多场合已使用光控晶闸管,采用发光二极管和光纤传送驱动信号,抗干扰能力很强。需要注意的是,晶闸管控制触发电路与主电路共用晶闸管阴极,为实现弱电控制强电并保证控制电路的安全,必须有隔离电路。

图 2-8　晶闸管驱动电路结构

2.3.5　晶闸管的保护

为保证晶闸管的可靠工作,常用的晶闸管保护措施有:

(1)串联快速熔断器以防止短路而造成晶闸管损坏。由于晶闸管的额定电流是按正弦半波平均值标定的,熔断器额定电流是电流的有效值,因此在根据晶闸管的额定电流选择熔断器时,必须将额定电流转化为有效值。例如,晶闸管额定电流为 100 A,则熔断器为 157 A。

(2)在晶闸管阴极与阳极之间并联 RC 吸收回路,抑制器件关断时引起的过电压及其他原因引起的过电压。为防止线路和电阻的分布电感和电容产生谐振,吸收电路的电阻必须是无感电阻,并且吸收电路的引线要尽可能短。

(3)晶闸管串联电感,限制开通时过高的 di/dt,在晶闸管开通过程中,阳极电流总是从门极附近开始逐渐向整个芯片扩展,如果开通时阳极电流上升过快,而此时导电面积还较小,就会使得门极附近电流密度过大,发生局部过热击穿,导致晶闸管损坏。晶闸管串联电感,则可限制开通电流上升过快,有效地保护晶闸管。

2.3.6　其他类型晶闸管

1. 快速晶闸管

快速晶闸管(fast switching thyristor,FST)是专为快速应用而设计的晶闸管,分为常规的快速晶闸管和工作在更高频率的高频晶闸管,可分别应用于 400 Hz 和 10 kHz 以上的斩波或逆变电路中。由于对普通晶闸管的管芯结构和制造工艺进行了改进,快速晶闸管的开通、关断时间以及抗 du/dt 和 di/dt 的性能均得到显著提高。普通晶闸管的关断时间一般为数百微秒,常规快速晶闸管为数十微秒,而高频晶闸管仅需 10 μs 左右。选择快速晶闸管时,由于其工作频率较高,不能忽略其开关损耗的发热效应。

2. 逆导晶闸管

在晶闸管应用的许多场合,需要反向并联一个二极管,为电感负载提供一个续流通路。人们根据这种需要,将晶闸管与二极管做在同一芯片上,派生出了逆导晶闸管(reverse conducting thyristor,RCT)这一复合器件,它在结构和特性上都体现了晶闸管和二极管的复合效果,不具有承受反向电压的能力,一旦承受反向电压即开通。逆导晶闸管具有正向压降小、关断时间短、高温特性好、额定结温高等优点,其电气符号及伏安特性如图 2-9 所示。

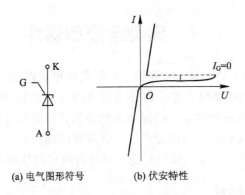

(a) 电气图形符号　　　　　(b) 伏安特性

图 2-9　逆导晶闸管的电气图形符号和伏安特性

3. 双向晶闸管

普通晶闸管只能单向导通，双向晶闸管（triode AC switch，TRIAC 或 bidirectional triode thyristor）则可通过门极控制实现双向导通。双向晶闸管有两个主电极 T_1 和 T_2，共用一个门极 G，可认为是一对反并联连接的普通晶闸管的集成，其电气图形符号及伏安特性如图 2-10 所示。在第 I 和第 III 象限有对称的伏安特性。双向晶闸管通常用于中小功率交流电压控制器中，在使用中应注意双向晶闸管的额定电流是直接用有效值标定的。

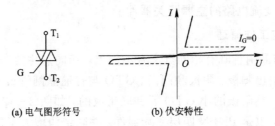

(a) 电气图形符号　　　　　(b) 伏安特性

图 2-10　双向晶闸管的电气图形符号和伏安特性

4. 光控晶闸管

光控晶闸管（light triggered thyristor，LTT）又称光触发晶闸管，是利用一定波长的光照信号触发导通的晶闸管。光控晶闸管简化了电路结构，光触发保证了主电路与控制电路之间的绝缘，且可避免电磁干扰的影响，常用于高电压、大电流场合，其电气图形符号及伏安特性如图 2-11 所示。

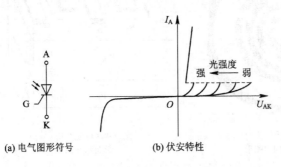

(a) 电气图形符号　　　　　(b) 伏安特性

图 2-11　光控晶闸管的电气图形符号和伏安特性

2.4　典型全控型器件

20世纪80年代以来，高频化、全控型、采用集成电路制造工艺的电力电子器件得到了长足的发展，典型的全控型电力电子器件主要有门极可关断晶闸管、电力晶体管、电力场效应晶体管和绝缘栅双极晶体管。门极可关断晶闸管在晶闸管问世后不久就已出现，虽然目前门极可关断晶闸管和电力晶体管早已被性能更优越的电力场效应晶体管和绝缘栅双极晶体管所取代，但是学习其基本知识有助于后续对两种器件的理解与掌握。

2.4.1　门极可关断晶闸管

门极可关断晶闸管(gate-turn-off thyristor，GTO)是在普通晶闸管的基础上发展起来的全控型开关器件，它的基本特性与晶闸管类似，严格地讲也是晶闸管的一种派生器件，不同之处在于当处于导通状态时，门极加上负向信号，器件立刻转为关断状态。从器件分类上说，GTO属于双极型器件、电流驱动型器件和脉冲触发型器件。

GTO是全控型开关器件中电压、电流容量最大的一种。它的导通电阻小，但开关频率较低，一般为几百到几千Hz。GTO需要较大的驱动电流，它的门极电路较复杂，需要较大的驱动功率。GTO的这些特性使得它在某些场合逐步取代晶闸管，成为大、中容量10 kHz开关频率以下变流电路的主要开关器件。

1. GTO的结构与工作原理

GTO在结构上与晶闸管既有相同点又有不同点，相同点主要表现在均为PNPN四层半导体结构，外部也引出阳极、阴极和门极。GTO与普通晶闸管最大的不同在于GTO是复合器件，它是由多个共阳极的小GTO元并联组成的，如图2-12所示。每一个小GTO的结构同晶闸管一样，也是PNPN四层三端器件。并联结构增大了器件容量，加快了开关速度，提高了器件承受di/dt的能力，为实现门极关断提供了可能，但对制造工艺提出了要求。若小GTO特性不一致，则先开通的GTO开通时电流上升率较大，而后关断的GTO则承受更大的关断应力，这些小单元更易遭受损坏，它们一旦损坏就会加速GTO的损坏。

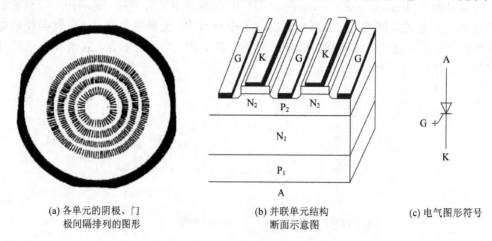

(a) 各单元的阴极、门　　　　　(b) 并联单元结构　　　　(c) 电气图形符号
极间隔排列的图形　　　　　　断面示意图

图2-12　GTO的内部结构和电气图形符号

GTO 的开通原理与普通晶闸管类似，仍然可以用图 2-5 所示的双晶体管结构来分析。当阳极施加正向电压时，门极施加足够的驱动电流，则 I_G 增加使得 I_{c2} 增加，I_{c2} 的增加使得 I_{c1} 增加，I_{c1} 的增加又会使 I_{c2} 增加，如此正反馈，GTO 很快得以饱和导通。

GTO 的关断机理不同于晶闸管。当在门极施加反向电压时，晶体管 1 的集电极电流 I_{c1} 被抽出一部分形成 I_G，晶体管 2 的基极电流将减少，使得集电极电流 I_{c2} 减小，从而使得 I_{c1} 进一步减少，从而有可能使正反馈停止。若此时门极电流足够大，将晶体管 2 的基极电流 I_G 全部抽走，$I_G=0$，则 $I_A=0$，GTO 将关断。需要说明的是，晶闸管导通后处于深度饱和，不可能用抽走门极电流的方法使其退出饱和状态，而 GTO 导通后处于临界饱和状态，抽走门极电流可破坏饱和状态，使器件关断。

GTO 的多元并联集成结构除了对关断有利外，也使得其比普通晶闸管开通过程更快，承受 $\mathrm{d}i/\mathrm{d}t$ 的能力更强。

2. GTO 的特性

GTO 的静态伏安特性与晶闸管类似，但应注意的是，GTO 正向导通后，其通态压降随电流的增加而上升，上升趋势比普通晶闸管明显，故在相同工作条件下，GTO 的导通功耗大于普通晶闸管。GTO 的正向耐压能力与结温和门极状态有关，结温越高，耐压值越低。实验证明，当 GTO 的门极施加 -5 V 的电压时，器件正向耐压值最高。

3. GTO 的主要参数

GTO 的许多参数与普通晶闸管类似，如正、反向阻断电压，浪涌电流，门极驱动电压、电流等。这里主要介绍 GTO 特有的参数。

（1）最大阳极可关断电流 I_{ATO}。

I_{ATO} 即 GTO 的额定电流。GTO 除受结温限制外，还与门极关断能力有关。若阳极电流过大，器件饱和程度较深，将给门极关断带来困难。因此，将最大阳极可关断电流 I_{ATO} 定义为 GTO 的标称电流定额。

（2）关断增益 B_{off}。

B_{off} 定义为最大阳极可关断电流与门极最大负电流之比。GTO 关断增益较低，一般为 5 左右，这使得驱动电路的功耗较大，这是 GTO 的主要缺点。例如，一个 1000 A 的 GTO，关断时门极负脉冲的峰值电流可达 200 A。

2.4.2 电力晶体管

电力晶体管（giant transistor，GTR，直译为巨型晶体管）是一种耐高压、大电流的双极结型晶体管（bipolar junction transistor，BJT），也是一种电流控制型的全控开关器件。在电力电子技术的范围内，GTR 和 BJT 这两个名称是等效的。它的基本原理与普通信号晶体管相同，区别在于它能在大的耗散功率或输出功率下工作。从器件分类上属于双极型器件、电流驱动型器件和电平控制型器件。

1. GTR 的结构与基本原理

GTR 与信号晶体管有相同的结构、工作原理和工作特性，它们都是三层半导体、两个 PN 结、三个输出端（集电极、基极、发射极）的器件。作为电力半导体，GTR 大多是 NPN 型。

　　GTR 的结构、电气图形符号和内部载流子的流动如图 2-13 所示。GTR 最主要的特性是耐压高、电流大、开关特性好，器件必须具有较小的热阻和较强的散热能力。同 GTO 类似，GTR 采用集成电路工艺由多个 GTR 单元并联构成，单个 GTR 单元多采用至少由两个晶体管按达林顿组成的单元结构。单管 GTR 的电流放大系数 β 较信号晶体管小得多，通常为 10 左右，采用达林顿接法可有效增大电路增益。GTR 与信号晶体管的另一不同之处在于其总工作在饱和与截止状态。GTR 的应用电路一般采用共发射极接法。在基极与发射极之间加上正向电压，形成基极电流，这时发射结正偏，集电结反偏，GTR 开通，进入饱和状态。饱和状态的 GTR 集射极电压非常低，使得发射结与集电结同时处于正偏状态。此时 GTR 的集电极电流只取决于电路的阻抗，与基极电流大小无关。

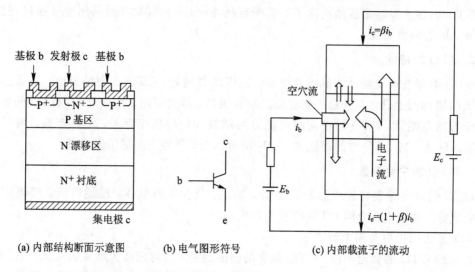

(a) 内部结构断面示意图　　(b) 电气图形符号　　(c) 内部载流子的流动

图 2-13　GTR 的结构、电气图形符号和内部载流子的流动

2. GTR 的基本特性与安全工作区

1) 静态特性

　　图 2-14 所示为共发射极接法时 GTR 的典型输出特性，类似于普通信号晶体管，可分为截止区、放大区和饱和区，但在电力电子电路中，GTR 工作在开关状态，即工作在饱和区和截止区。GTR 在开关过程中，即在截止区与饱和区之间过渡时，必然会经过放大区。

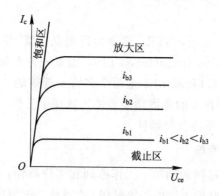

图 2-14　共发射极接法时 GTR 的输出特性

2) 动态特性

图 2-15 所示为 GTR 开通和关断过程电流波形，GTR 是用基极电流来控制集电极电流的。GTR 开通时需经过延迟时间 t_d 和上升时间 t_r，二者之和为开通时间 t_{on}，增大基极驱动电流 i_b 的幅值并增大 di_b/dt，可以缩短延迟时间，同时也可以缩短上升时间，从而加快开通过程。

关断时需经过储存时间 t_s 和下降时间 t_f，二者之和为关断时间 t_{off}。存储时间是用来除去饱和导通时储存在基区的载流子，是关断时间的主要部分。减小饱和时的导通深度，或增大基极抽取负电流的幅值和负偏压，可缩短存储时间，从而加快关断过程。

GTR 的开关时间在几微秒以内，比晶闸管和 GTO 都短很多。

3) 二次击穿特性和安全工作区

首先明确一次击穿与二次击穿的概念。集电极电压升高至击穿电压时，I_c 迅速增大，只要 I_c 不超过限度，GTR 一般不会损坏，工作特性也不变，这种首先出现的击穿是雪崩击穿，被称为一次击穿。若一次击穿发生后未有效地限制电流，I_c 突然急剧上升，电压陡然下降，则常常会立即导致器件永久损坏，或者工作特性明显衰变，这种现象被称为二次击穿。二次击穿是造成 GTR 损坏的一个重要原因，在使用中必须保证 GTR 工作在安全工作区内。

将不同基极电流下二次击穿的临界点连接起来，就构成了二次击穿临界线，临界线上的点反映了二次击穿功率 P_{SB}。GTR 工作时不能超过最高电压 U_{ceM}、集电极最大电流 I_{cM}、最大耗散功率 P_{cM} 和二次击穿临界线。这些限制条件就构成了 GTR 的安全工作区（safe operating area，SOA），如图 2-16 所示。安全工作区涉及的具体参数的含义见下一小节。

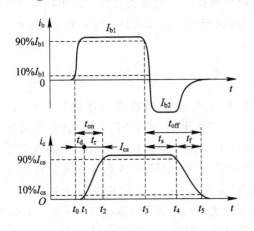
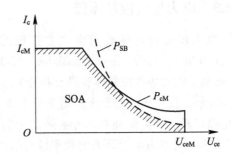

图 2-15　GTR 的开通和关断过程　　　　图 2-16　GTR 的安全工作区

3. GTR 的主要参数

1) 电压定额

GTR 上电压超过规定值时会发生击穿。击穿电压不仅和晶体管本身的特性有关，还与外电路的接法有关。分为以下几种：

U_{cbo}：发射极开路时，集电极和发射极间的击穿电压。

U_{ceo}：基极开路时，集电极和发射极间的击穿电压。

U_{cer}：发射极与基极间用电阻连接时，集电极和发射极间的击穿电压。

U_{ces}：发射极与基极间短路时，集电极和发射极间的击穿电压。

U_{cex}：发射极反向偏置时，集电极和发射极间的击穿电压。

一般应满足：$U_{\text{cbo}} > U_{\text{cex}} > U_{\text{ces}} > U_{\text{cer}} > U_{\text{ceo}}$，且实际使用时，最高工作电压要比 U_{ceo} 低得多，且 GTR 关断时应反向偏置。

2）电流定额

电流定额包括最大集电极电流定额 I_{cM} 与最大基极电流定额 I_{bM}，实际使用时要留有裕量，只能用到 I_{cM} 的一半或稍多一点。

3）最高结温 T_{m}

GTR 的最高结温是指在正常工作时不损坏器件所允许的最高结温，一般取决于器件的半导体材料、制造工艺、封装方式及其可靠性要求。为充分发挥器件的效率，GTR 使用时应采用合适的散热器。

4）最大额定功耗 P_{cM}

GTR 在最高允许结温下对应的耗散功率称为最大额定功耗，它是在室温 25 ℃时测定的。散热条件越好，在给定范围内允许的功耗也越高。

5）共射极电流增益 β

β 为共射极连接的 GTR 集电极电流 i_{c} 与基极电流 i_{b} 的比值。作为电力电子开关，GTR 的 β 值比信号晶体管小得多，通常小于 10。

6）集电极电压上升率 du/dt

当集电极电压上升率过大时，就会在集电极与基极之间的寄生电容产生电流，该电流注入发射结形成基极电流，使得 GTR 非正常开通或进入线性区运行，造成 GTR 损坏。因此，GTR 在实际运行时需并联缓冲电路。

2.4.3 电力场效应晶体管

电力场效应晶体管通常主要指绝缘栅型中的 MOS 型场效应晶体管（metal oxide semiconductor field effect transistor，MOSFET），简称电力 MOSFET，一般也可简称为 MOS 管。电力场效应晶体管是全控型电力电子开关器件，其基本工作原理与普通信号场效应相同，使用栅极电压来控制漏极电流，属于电压驱动型器件，故其最显著的特点是驱动电路简单，所需驱动功率小。第二个特点是开关速度快，工作频率高，开关频率可达 100 kHz，是电力电子开关中频率最高的。另外，电力 MOSFET 的热稳定性优于 GTR。电力场效应晶体管的缺点是通态压降较高，电流容量小，耐压低，故其主要应用于中小功率能量变换场所。如开关电源、不间断电源 UPS、便携式电子设备等。从器件分类上属于单极型器件、电压驱动型器件和电平控制型器件。

1. 电力 MOSFET 的结构与基本原理

MOSFET 的种类和结构繁多，按导电沟道极性分为 P 沟道与 N 沟道，按栅极对沟道的控制方式分为耗尽型与增强型。当栅极电压为零时漏源极之间存在导电沟道的称为耗尽型，对于 N(P)沟道器件，栅极电压大于（小于）零时才存在导电沟道的称为增强型。电力 MOSFET 大多采用 N 沟道增强型，即栅极电压大于零才存在导电沟道。电力 MOSFET 在导电时只有一种载流子参与，是一种单极型器件，其导电原理与信号场效应管类似，但结构上区别较大：为提高耐压值及通过电流的能力，电力 MOSFET 同 GTO 一样，一般采用多元结构，即一个场效应管由多个场效应管并联组成；信号场效应管导电沟道平行于芯片表面，是横向导电器件，而电力 MOSFET 大多采用垂直导电结构，因此也称为 VMOSFET(vertical MOSFET)。图 2-17 所示为电力 MOSFET 的结构与电气符号，其中图 2-17(a) 为 N 沟道增强型 VD-MOS 中一个单元的截面图，图 2-17(b) 为电力 MOSFET 的电气图形符号，电力 MOSFET 三个引出端分别为漏极 D，源极 S 和栅极 G。

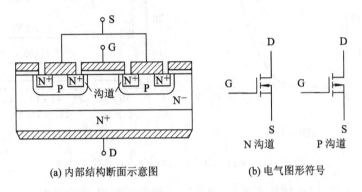

(a) 内部结构断面示意图　　　　　　　　(b) 电气图形符号

图 2-17　电力 MOSFET 的结构和电气图形符号

从图 2-17 可知，MOSFET 的源极 S 与漏极 D 之间实际上由两个反并联的 PN 结组成，两个 PN 结即源区与沟导体区、沟导体区与漏区的交界面。源区与沟导体区总是短路，从而使得源极与漏极之间等效于并联了一个二极管。当漏极与源极之间加反向电压时，二极管正向导通。可见，电力 MOSFET 为逆导型器件。

当电力 MOSFET 漏源极间加正电源，栅源极间电压为零时，P 基区与 N 漂移区之间形成的 PN 结反偏，漏源极之间无电流流过。当在栅源极间加正电压 U_{GS} 时，由于 MOSFET 的栅极 G 与源极 S 是绝缘的，不会有栅极电流流过，单栅极的正电压会将其下面 P 区中的空穴推开，而将 P 区中的电子吸引到栅极下面，从而产生一个栅极指向源极的电场，这个电场会影响栅极下 P 区的状态。当 U_{GS} 大于 U_T 时，P 区内少数载流子被拉到 P 区表面，形成导电沟道，此时若漏源极电压 U_{DS} 大于 0，则漏极和源极导通。U_T 称为开启电压(或阈值电压)，U_{GS} 超过 U_T 越多，导电能力越强，漏极电流 I_D 越大；U_{DS} 越大，电子移动速度越快，电流越大。

2. 电力 MOSFET 的基本特性

1) 静态特性

通常情况下，MOSFET 是通过控制栅极电压控制漏极电流的，栅极电压与漏极电流之间的关系定义为转移特性(transfer characteristic)。输出特性则用不同栅源电压下的栅极电流和漏源电压的关系来表示，即 MOSFET 的漏极伏安特性。两种特性曲线如图 2-18 所示。

从图 2-18 可知，I_D 较大时，I_D 与 U_{GS} 的关系近似线性，曲线的斜率定义为跨导 G_{fs}。MOSFET 的输出特性有三个区：

非饱和区(对应于 GTR 的饱和区)，当 U_{GS} 保持恒定时，漏电流随漏源电压的增加而增加，两者的关系呈线性。

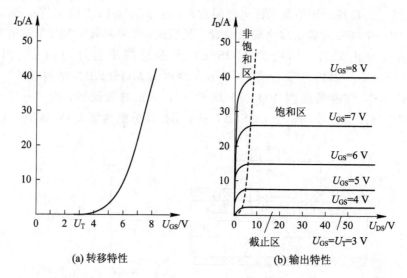

(a) 转移特性　　　　　　　　　　　　　(b) 输出特性

图 2-18　电力 MOSFET 的转移特性和输出特性

饱和区（对应于 GTR 的放大区），漏源电压随着漏极电流的增大而缓慢增加，这表明 MOSFET 有一定的导通电阻。

截止区（对应于 GTR 的截止区），即 U_{DS} 轴。在这个区内，$U_{GS} < U_T$；漏极电流 $I_D = 0$，与 U_{DS} 无关。

这里的饱和与非饱和的概念与 GTR 不同，饱和是指漏极电压增加时漏极电流不再增加，非饱和是指漏极电压增加时漏极电流相应增加，电力 MOSFET 工作在开关状态，即在截止区和非饱和区之间来回切换。

2）动态特性

电力 MOSFET 的开关过程如图 2-19 所示。图 2-19（a）所示电路可用来测试电力 MOSFET 的开关特性，图中 u_p 为脉冲信号源，R_s 为信号源内阻，R_G 为栅极电阻，R_L 为负载电阻，R_F 用于检测漏极电流。

MOS 管的开关过程如图 2-19（b）所示，脉冲电压 u_p 施加在 MOS 管的栅极和源极。由于 MOS 管存在栅极输入电容 C_{in}，当脉冲电压 u_p 的前沿到来时，电容有充电过程，因此 u_{GS} 电压呈指数曲线上升。当 u_{GS} 大于 u_T 时，漏极电流 i_D 开始增大。u_{GS} 从开启电压上升到非饱和区的栅压 u_{GSP}，i_D 继续增大；当 u_{GS} 超过 u_{GSP} 时，i_D 已达到稳态，此后 u_{GS} 的继续增加对 i_D 不产生影响。

当脉冲电压 u_p 下降到图 2-19（b）所示的低电平时，栅极输入电容 C_{in} 通过驱动电阻进行放电，U_{GS} 呈指数曲线下降。当 u_{GS} 小于 u_{GSP} 时，漏极电流 i_D 开始减小；当 u_{GS} 降至低于 u_T 时，导电沟道消失，i_D 下降至零。

MOS 管的开通时间 $t_{on} = t_d + t_r$，t_d 为开通延迟时间，指从 u_p 的前沿时刻到 i_D 出现的这段时间；t_r 为上升时间，指 u_{GS} 从 u_T 上升至 u_{GSP} 的这段时间。

MOS 管的关断时间 $t_{off} = t_d + t_f$，t_d 为关断延迟时间，指从关断时刻开始至 $u_p < u_{GSP}$ 这段时间；下降时间 t_f 指 u_p 从 u_{GSP} 下降至 u_T 的这段时间。

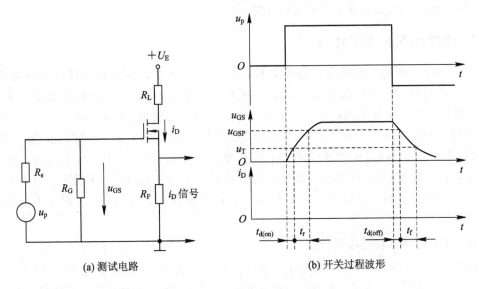

图 2-19　电力 MOSFET 的开关过程

3. 电力 MOSFET 的主要参数

（1）开启电压 U_T：当 U_{DS} 为某一固定数值时（测试条件），漏源极开始有电流的栅极与源极间的电压。

（2）漏极电压 U_{DS}：标称电力 MOSFET 电压定额的参数。

（3）最大漏极电流：MOSFET 能通过的最大电流，用于标称电力 MOSFET 的电流定额，分为直流漏极电流 I_D 和脉冲漏极电流 I_{DM}，脉冲漏极电流大于直流漏极电流。

（4）跨导 G_{DS}：漏极电流的变化量与引起这个变化量的栅源极电压变化量之比，即 $G_{DS} = \dfrac{\mathrm{d}\,I_D}{\mathrm{d}\,U_{GS}}$，它表明栅源电压对器件的控制能力，是衡量器件放大作用的重要参数。

（5）栅源电压 U_{GS}：电力 MOSFET 栅极与源极之间的绝缘层很薄，当 $|U_{GS}| > 20$ V 时将导致绝缘层击穿。

漏源间的耐压、漏极最大允许电流和最大耗散功率决定了电力 MOSFET 的安全工作区。

电力 MOSFET 是电压控制型器件，虽然栅极是绝缘的，但由于输入电容的存在，在开关过程中会有较大的充放电电流。MOSFET 开关频率高，为提高开关速度，需减少充放电时间，因此要有足够的充电电流。为保证 MOSFET 的开通，驱动电路需提供足够的栅极电压，一般为 10～15 V。驱动电路还应在阻断期间提供反向的栅源偏置电压，一般取 -15～-5 V，以提高器件的耐压能力。由于栅源极阻抗极高，漏源极电压变化会通过极间电容耦合到栅极，造成误导通，因此需降低驱动电路的内阻，栅源极应并联电阻或齐纳二极管。

电力 MOSFET 的驱动电路大多采用双电源供电，输出与 MOSFET 的栅极直接耦合，输入与前置信号隔离。隔离方式有光电隔离、变压器隔离等。电力 MOSFET 的输入阻抗极高，电荷难以泄放，因此在电荷积累较多时会形成高静电场，容易使栅极绝缘薄氧化层被击穿，造成栅源短路，从而损坏电力 MOSFET。因此在器件不使用时，应将栅源极短路；在使用时，一定要确保不使栅源极开路。

2.4.4　绝缘栅双极型晶体管

GTO 和 GTR 是双极型电流驱动器件，由于具有电导调制效应，其通流能力很强，但开关速度较慢，驱动电路复杂，驱动功率大。而电力 MOSFET 是单极型电压驱动器件，开关速度快，驱动电路简单、驱动功率小，且输入阻抗高、热稳定性好。绝缘栅双极型晶体管（insulated gate bipolar transistor，IGBT）是 20 世纪 80 年代出现的复合器件，它将电力 MOSFET 和 GTR 两者的优点集于一身，既具有 MOSFET 开关频率高、电压驱动的优点，又具有 GTR 高耐压、低导通电阻的特点，因此自 1986 年投入市场后，就迅速扩展了其应用领域，目前已取代了 GTO 和 GTR 的市场，成为中、大容量电力电子设备的主导器件。

1. IGBT 的结构与基本原理

IGBT 也是三端器件，具有栅极 G，集电极 C 和发射极 E，其在电力 MOSFET 的基础上增加了一个 P^+ 层注入区，形成一个大面积的 P＋N 结 J_1，并由此引出集电极。IGBT 的结构、简化等效电路和电气图形符号如图 2-20 所示。IGBT 的结构剖面如图 2-20(a)所示，门极和发射极则完全与 MOSFET 的栅极和源极相似。

由结构图可看出，IGBT 相当于一个由 MOSFET 驱动的厚基区 GTR，简化等效电路如图 2-20(b)所示，电气图形符号如图 2-20(c)所示。图中电阻 R 是厚基区 GTR 基区内的扩展电阻。IGBT 是以 GTR 为主导元件，以 MOSFET 为驱动元件的达林顿结构器件。图中所示的器件为 N 沟道 IGBT，即 MOSFET 为 N 沟道型，实际使用中 N 沟道 IGBT 应用较多。

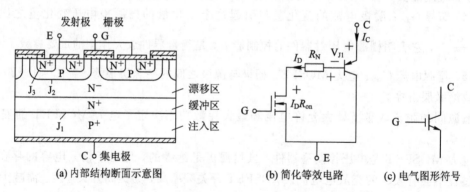

(a) 内部结构断面示意图　　　　　(b) 简化等效电路　　　(c) 电气图形符号

图 2-20　IGBT 的结构、简化等效电路和电气图形符号

IGBT 可看作是 MOSFET 驱动的 GTR，所以其开关原理与 MOSFET 类似，由门极电压来控制。以 N 沟道的 IGBT 为例，当门极加以正电压，且 u_{GE} 大于开启电压 $U_{GE(th)}$ 时，MOSFET 内形成沟道，为晶体管（PNP）提供基极电流，从而使 IGBT 导通。门极的正电压消失或加上负电压，MOSFET 的沟道消失，晶体管的基极电流被切断，IGBT 即被关断。IGBT 的功率部分是一个 PNP 型的 GTR，因此它的功率特性类似于 GTR，具有比 MOSFET 低得多的通态电阻。

2. IGBT 的特性

1）静态特性

IGBT 的静态特性包括转移特性和伏安特性，分别与 MOSFET 和 GTR 器件的特性相对应，相应的特性曲线如图 2 - 21 所示。

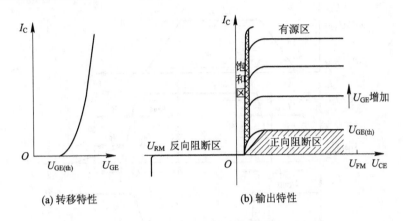

(a) 转移特性　　　　　　　　　　(b) 输出特性

图 2 - 21　IGBT 的转移特性和输出特性

IGBT 的转移特性与电力 MOSFET 的转移特性类似，表明了 IGBT 的控制特性，是指输出集电极电流 I_c 与栅射极控制电压 U_{GE} 之间的关系曲线。当栅射极电压 U_{GE} 小于开启电压 $U_{GE(th)}$ 时，IGBT 处于关断状态；在 $U_{GE} > U_{GE(th)}$ 后，IGBT 导通。一般 U_{GE} 取 15 V 左右。开启电压 $U_{GE(th)}$ 是 IGBT 能实现导通的最低栅射电压，开启电压随温度升高而略有下降，其值一般为 2～6 V。

IGBT 的伏安特性即输出特性，是指以栅射极电压 U_{GE} 为参考变量，集电极电流和集电极电压之间的关系。与 GTR 的伏安特性相似，IGBT 的伏安特性也可分为正向阻断区、有源区和饱和区三部分，分别与 GTR 的截止区、放大区和饱和区相对应。IGBT 工作在开关状态，主要在正向阻断区和饱和区之间相互转换。当 $U_{GE} < 0$ 时，IGBT 为反向阻断状态，但加入 N⁺ 缓冲区后，反向阻断电压只能达到几十伏的水平，因此 IGBT 不能承受反向电压，一般 IGBT 模块在集电极与发射极之间并联有反向二极管，以钳制反向电压。

2）动态特性

IGBT 的动态特性如图 2 - 22 所示。开通过程的开始阶段是作为 MOSFET 来运行的，从驱动电压 U_{GE} 上升至稳定幅度的 10%，到集电极电流 i_C 上升至稳定幅度的 10% 这段时间定义为开通延迟时间 $t_{d(on)}$。而 i_C 由稳定幅度的 10% 上升到稳定幅度的 90% 所需时间定义为电流上升时间 t_r。开通过程中集射极之间电压的下降分为 t_{fv1}，t_{fv2} 两段，前一阶段是 IGBT 中 MOSFET 单独工作的电压下降过程，后一阶段是 MOSFET 和 PNP 晶体管同时工作的电压下降过程。开通时间 t_{on} 可以定义为开通延时时间、电流上升时间和电压下降时间之和。

IGBT 的关断过程也与电力 MOSFET 类似，从驱动电压 u_{GE} 下降至幅值的 90%，到集电极电流 I_c 下降至幅值的 90%，这段时间称为下降延迟时间 $t_{d(off)}$。电流的下降时间分为 t_{fi1} 和 t_{fi2} 两段，前一阶段对应 IGBT 器件内部的 MOSFET 的关断过程，i_C 下降较快，后一阶段则对应于 IGBT 内部的 PNP 晶体管的关断过程，i_C 下降较慢。PNP 晶体管中的存储电荷难以迅速消除，因而造成后一段时间较长。为缩短电流下降时间，可减轻饱和程度，但需要和通态压降折中。同理，关断时间 t_{off} 可定义为关断延时时间、电压上升时间和电流下降时间之和。

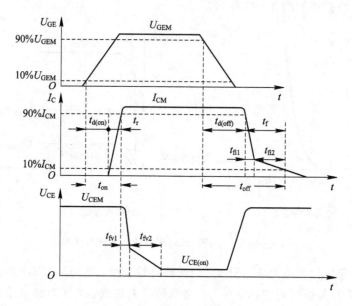

图 2-22　IGBT 的动态特性

实际应用中，常给出开通时间 t_{on}、上升时间 t_r、关断时间 t_{off} 和下降时间 t_f，这些时间的长短与集电极电流、结温等参数有关。

3. IGBT 的主要参数

IGBT 的主要参数如下：

(1) 最大集射电压 U_{CES}：在 G、E 短路条件下，C 极最大允许阻断电压由 IGBT 内部 PMP 晶体管所能承受的击穿电压决定。

(2) 集电极电流 I_C：IGBT 能通过的最大直流工作电流。

(3) 集电极峰值电流 I_{CM}：最大允许的集电极峰值电流。

(4) 最大集电极功耗 P_{CM}：环境温度 $T_C=25\ ℃$ 时最大允许的单管耗散功耗。

IGBT 的特性和参数特点可以总结如下：

(1) 开关速度高，开关损耗小。在电压为 1000 V 以上时，IGBT 的开关损耗只有 GTR 的十分之一，与电力 MOSFET 相当。

(2) 相同电压和电流定额时，安全工作区比 GTR 大，且有耐脉冲电流冲击能力。

(3) 通态压降比 VDMOSFET 低，特别是在电流较大的区域。

(4) 输入阻抗高，输入特性与 MOSFET 类似。

(5) 与 MOSFET 和 GTR 相比，耐压和通流能力还可以进一步提高，同时保持开关频率高的特点。

(6) IGBT 是电压型驱动器件，对驱动电路的要求与 MOSFET 类似，驱动电压一般取 12～15 V(15～20 V)，受栅射极耐压限制，一般取反向电压为 −10～−1 V。IGBT 受门极电阻影响较大，门极电阻增大，增加开通、关断时间，增加开关损耗；门极电阻减小，又使 di_c/dt 增加，可能引起误导通。其多应用于高压场合，对隔离要求较高，进行驱动电路设计时应充分考虑各种影响因素。

2.5 其他新型电力电子器件

1. 静电感应晶体管 SIT

SIT(static inductor transistor)是近几年发展起来的一种新型器件，其开关频率高，通态电流大，耐压高，是一种很有发展前途的功率电子器件。目前制造水平已达到截止频率 20 MHz～50 MHz，电流容量为 300 A，耐压 1500 V。

SIT 适合作为高压大电流器件。一个功率 SIT 由成千上万的单元并联组成。SIT 的基本原理是利用漏极电压与门极电压的静电感应来控制漏极电流。它具有许多优良性能，例如，在大电流下具有负温度特性，并在电流通道上没有 PN 结，不会出现二次击穿现象，耐烧性好；具有垂直通道，易于实现大规模的多沟道并联和多胞合成；具有强电场下控制的多子漂流电流，传输时间短，工作频率高等。

2. 静电感应晶闸管 SITH

SITH(static induction thyristor)是一种大功率高频场控开关器件，是 20 世纪 70 年代提出、80 年代发展起来的器件，它具有晶闸管耐压高、大电流、低导通损耗的特点。与 GTO 相比，SITH 控制功率小，开关速度高，工作频率可达 100 kHz。

SITH 的通断也基于沟道的关断。SITH 有常通型与常阻型两种，常通型器件发展更快。由于器件内部有大量的存储电荷，因此 SITH 的关断时间比 SIT 慢；SITH 不存在内部正反馈，因而不会有擎住效应，不会因过高的 du/dt 造成器件误导通。

3. MOS 控制晶闸管 MCT

MOS 控制晶闸管 MCT(MOS controlled thyristor)和 IGBT 一样，是一种复合器件，由一个晶闸管和一个或多个 MOSFET 组成。它将 MOSFET 的高输入阻抗、低驱动功率和快的开关速度特性与晶闸管的高压、大电流、低损耗结合在一起，是理想的电力电子开关器件。目前 MCT 在市场上尚未有大批量推出。

4. 集成门极换流晶闸管 IGCT

IGCT（integrated gate-commutated thyristor）也称为 GCT（gate-commutated thyristor），是 20 世纪 90 年代后期出现的新型电力电子器件。IGCT 实际上是将一个平板式的 GTO 与由多个并联的电力 MOSFET 器件和其他辅助元件组成的 GTO 门极驱动电路，采用精心设计的互联结构与封装工艺集成在一起。IGCT 的容量与普通 GTO 相当，但开关速度比普通 GTO 快 10 倍，而且可以简化普通 GTO 应用时庞大而复杂的缓冲电路，但其驱动功率仍需很大。由于 IGCT 的电压和电流容量较大，目前已在高压大功率传动领域得到了广泛应用，但 IGBT 的电压和电流容量也在不断提升，未来在高压大功率变换器领域，必然是 IGBT 和 IGCT 相互竞争、共同发展的格局。

5. 碳化硅器件

碳化硅电力电子器件是指采用第三代半导体材料碳化硅制造的一种宽禁带电力电子器

件，具有耐高温、高频、高效的特性。可在更高温度、电压及频率环境正常工作，同时消耗电力更少，持久性和可靠性更强，在家用电器、电机节能、电动汽车、智能电网、航天航空、石油勘探、自动化、雷达与通信等领域有很大的应用潜力，将为下一代更小体积、更快速度、更低成本、更高效率的电力电子产品提供飞跃的机遇。

按照器件工作形式，碳化硅电力电子器件主要包括功率二极管和功率开关管。功率二极管包括结势垒肖特基二极管、PIN 二极管和超结二极管；功率开关管主要包括金属氧化物半导体场效应开关管（MOSFET）、结型场效应开关管（JFET）、双极型开关管（BJT）、绝缘栅双极型晶体管（IGBT）、门极可关断晶闸管（GTO）和发射极可关断晶闸管（ETO）等。

与硅基电力电子器件必须采用硅单晶制造一样，碳化硅电力电子器件是采用微电子工艺方法在碳化硅晶圆材料上加工出来的，目前常用的是 4H-碳化硅型单晶衬底材料，以及在衬底上生长出来的外延材料。

4H-碳化硅半导体材料的禁带宽度几乎是硅的三倍，临界击穿电场比硅材料高一个数量级，相同结构下阻断能力比硅器件高许多倍。在相同的击穿电压下，碳化硅器件的漂移区可以更薄，可保证其拥有更小的导通电阻。一般硅器件最高到 200℃就会因热击穿造成失效，而碳化硅具有的宽禁带特性，保证了碳化硅器件可以在 500℃以上高温环境工作，且具有极好的抗辐射性能。

碳化硅电力电子器件的开关频率高于同结构硅器件，可大幅降低开关损耗，大大提高系统效率；在应用于功率集成系统时，碳化硅器件具有无反向恢复、散热性好的突出特点，可使相关电路得到优化，从而在整体上缩减系统尺寸，减轻系统重量，节约系统成本。

碳化硅电力电子器件的重要系统优势在于其高压（达数万伏）、高温（大于 500℃）特性，突破了硅器件电压（数 kV）和温度（小于 200℃）限制所导致的严重的系统局限性。

碳化硅电力电子器件率先在低压领域实现了产业化，目前商业产品电压等级在 600～1700 V，已开始替代传统硅器件。高压碳化硅电力电子器件目前已研发出 27 kV PIN 二极管、10 kV～15 kV/≥10 A MOSFET、20 kV GTO、22 kV ETO 和 27 kV 的 N 型 IGBT 等。

当前碳化硅电力电子器件的成熟度和可靠性不断提高，正在逐步成为保障电子装备现代化的必要技术。

习　题

1. 简述电力电子技术的定义。

2. 简述电力电子技术的四大能源变换方式。

3. 使晶闸管导通的条件是什么？

4. 维持晶闸管导通的条件是什么？怎样才能使晶闸管由导通变为关断？

5. 图 2-23 中阴影部分为晶闸管处于通态区间的电流波形，各波形的电流最大值均为 I_m，试计算各波形的电流平均值 I_{d1}、I_{d2}、I_{d3} 与电流有效值 I_1、I_2、I_3。

6. 上题中如果不考虑安全裕量，问 100 A 的晶闸管能送出的平均电流 I_{d1}、I_{d2}、I_{d3} 各为多少？这时，相应的电流最大值 I_{m1}、I_{m2}、I_{m3} 各为多少？

7. GTO 和普通晶闸管同为 PNPN 结构，为什么 GTO 能够自关断，而普通晶闸管不能？

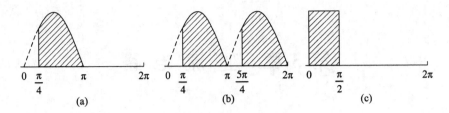

图 2 - 23　晶闸管导电波形

8. 如何防止电力 MOSFET 因静电感应引起的损坏？

9. IGBT、GTR、GTO 和电力 MOSFET 的驱动电路各有什么特点？

10. 试说明 IGBT、GTR、GTO 和电力 MOSFET 各自的优缺点。

第3章　整流电路

　　整流电路(Rectifier)的作用是将交流电变换为直流电(AC-DC)，是电力电子电路中出现最早同时也是应用最为广泛的电路，如直流电机驱动、电解电镀、各种电源等。

　　整流电路的分类方法多种多样，按照整流电路所用器件的不同，可分为不可控整流电路、半控整流电路和全控整流电路三种；按照整流电路结构的不同，可分为桥式整流电路和零式整流电路；按照整流电路输入交流电相数的不同，可分为单相整流电路和多相整流电路；按照变压器二次侧电流的方向是单向还是双向，可分为单拍电路和双拍电路。

　　本章首先从单相可控整流电路入手，对电路结构、工作原理、工作波形、基本数量关系以及负载的不同性质对整流电路的影响进行分析研究，介绍电力电子电路分析的基本思路与方法；在此基础上，再对三相可控整流电路进行分析研究。本章的重点与难点在于根据负载性质灵活应用电力电子电路分析的基本方法，分析整流电路输入输出及电路中各元器件的电压、电流波形，得出输出电压与控制角之间的关系，并进行相关电路参数计算。

　　整流电路可分为相位控制(简称相控)整流电路和斩波控制(简称斩控)整流电路，本章讲述的是相控整流电路。

3.1　单相可控整流电路

　　单相可控整流电路比较简单，交流为单相电源，典型的单相可控整流电路包括单相半波可控整流电路、单相全波可控整流电路、单相桥式半控整流电路、单相桥式全控整流电路等，其中以单相桥式半控整流电路和单相桥式全控整流电路的应用最为普遍。可控整流电路的工作情况受负载性质的影响，本节主要讲述几种典型的单相可控整流电路分别在纯电阻负载和阻感负载下的工作原理、定量计算等内容。

3.1.1　单相半波可控整流电路

1. 纯电阻负载工作情况分析

　　纯电阻负载的特点是每个时刻负载上的电流的大小都与加在负载上的电压的大小成正比，而且电流和电压的变化波形完全相似。工业生产中，如电阻加热炉、电解、电镀装置等应用均为电阻负载特性。

　　图 3-1(a)为纯电阻负载单相半波可控整流电路，变压器 T 起着变换电压和隔离的作用，其一次和二次电压瞬时值为 u_1 和 u_2，有效值为 U_1 和 U_2，U_2 的大小根据直流侧输出电压 u_d 的平均值 U_d 确定。

　　在进行电路分析之前，先进行器件理想化假设，即晶闸管为理想电力电子器件，导通时阻抗、压降为零，关断时阻抗无穷大，电流为零，认为晶闸管的开通、关断过程瞬时完成。

　　根据晶闸管的导通、关断条件，未给出触发脉冲之前，即使晶闸管 VT 承受正向阳极电压，仍处于断态，电路中无电流流过，负载电压为零，u_2 全部施加于 VT 两端；在电源正半周的 ωt_1 时刻给出触发脉冲，VT 承受正向阳极电压且有触发脉冲，从而触发导通，则直流输出电压的瞬时值 $u_d = u_2$，当 $\omega t = \pi$ 时，u_2 降为零，电路中的电流亦降为零，VT 关断。图 3-1(b)～(f)所示为相应波形情况。

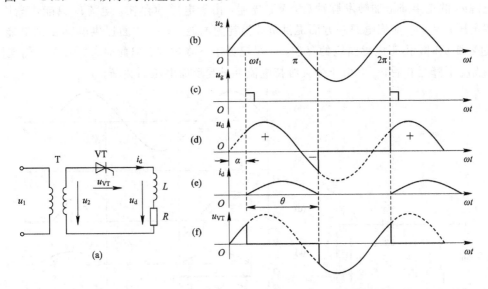

图 3-1　纯电阻负载单相半波可控整流电路及波形

可见，改变触发脉冲的时刻，输出电压 u_d 和电流 i_d 的波形也随之改变，且由于晶闸管的单向导电性，输出波形只在 u_2 的正半周出现，故称为半波整流。由于该电路采用了半控器件晶闸管，交流输入电源 u_2 为单相，整流输出电压 u_d 在一个电源周期内只脉动一次，因此该电路也称为单相半波可控整流电路或单脉波整流电路。

定义晶闸管从开始承受阳极电压到施加触发脉冲为止的电角度为触发延迟角，也称触发角或控制角，一般用 α 表示。定义晶闸管在一个电周期处于通态的电角度为导通角，用 θ 表示，则有 $\theta = \pi - \alpha$。直流输出电压平均值为

$$U_d = \frac{1}{2\pi}\int_{\alpha}^{\pi}\sqrt{2}\,U_2\sin\omega t\,\mathrm{d}(\omega t) = \frac{\sqrt{2}\,U_2}{2\pi}(1+\cos\alpha) = 0.45\,U_2\frac{1+\cos\alpha}{2} \qquad (3-1)$$

U_2 为变压器二次电压有效值，当触发角 $\alpha = 0$ 时，U_d 最大，$U_d = U_{d0} = 0.45\,U_2$。随着控制角 α 增大，输出电压 U_d 减小，当 $\alpha = \pi$ 时，$U_d = 0$。可见，该电路控制角 α 的移相范围为 $0° \sim 180°$，调节 α 的大小即可控制输出电压 U_d 的大小。这种通过控制触发脉冲的相位来控制直流输出电压大小的方式称为相位控制方式，简称相控方式，相应的整流电路称为相控整流电路。

2. 阻感负载工作情况分析

当负载的感抗 ωL（ω 为负载电流中谐波电流的频率）和电阻的大小相比不能忽略时，称为阻感负载。实际生产中阻感负载较为常见，如各种电机的励磁绕组。ωL 与频率有关，当 $\omega L \gg R$ 时，则称为感性负载。在分析带阻感负载的电力电子电路时需注意的问题是，电感对于电流的变化有阻碍作用，当流过电感器件的电流发生变化时，电感两端产生感应电

动势 $L\dfrac{\mathrm{d}i}{\mathrm{d}t}$，其极性阻止电流的变化，使得流过电感的电流不发生突变。

图 3-2 所示为阻感负载的单相半波可控整流电路及其波形，未施加触发脉冲之前，晶闸管 VT 处于断态，电路中的电流 i_d 为 0，负载上的电压 u_d 为 0，u_2 全部加在 VT 两端。当在电源 u_2 的正半周施加触发脉冲后，VT 导通，由于电感的存在，电流 i_d 只能逐渐增大，负载电压 $u_d = u_2$，交流电源一方面提供负载消耗的电能，另一方面提供电感 L 的储能。当 u_2 过零变负时，由于电感储能的存在，i_d 虽已处于下降过程，但此时 $i_d > 0$，VT 仍维持导通。当 i_d 下降至 0 后，VT 由于失去维持电流并承受反向电压而关断。

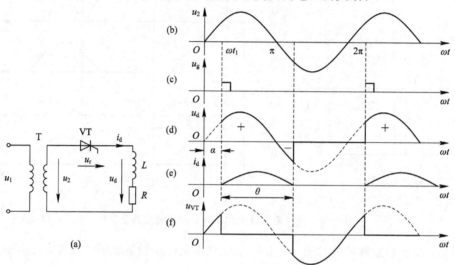

图 3-2　阻感负载的单相半波可控整流电路及其波形

其具体工作过程可描述如下：

（1）$\omega t < \alpha$，VT 断态，$i_d = 0$，$u_d = 0$，$u_{VT} = u_2$。

（2）$\omega t = \alpha$，VT 导通，i_d 从 0 开始逐渐增大，$u_d = u_2$，$u_{VT} = 0$。

（3）u_2 过零后，i_d 仍大于 0，VT 继续导通，此时 i_d 下降，$u_d = u_2$，$u_{VT} = 0$。

（4）当 $i_d = 0$ 时，VT 关断，$i_d = 0$，$u_d = 0$，$u_{VT} = u_2$。

由图 3-2 可见，u_2 过零变负后，i_d 大于 0，VT 继续导通，此时输出负载电压 U_d 的波形有负值成分出现。因此，在相同的触发角下，电感作用使得输出 U_d 的平均值下降，电感越大，维持电流时间越长，U_d 的平均值就越小。

当控制角 α 不同，或者负载阻抗角 $\varphi = \arctan\dfrac{\omega L}{R}$ 不同时，晶闸管的导通角 θ 也不同，具体规律如下：

若 φ 为定值，α 角越大，在电源 u_2 正半周电感 L 储能越少，维持导通能力越弱，θ 越小；若 α 为定值，φ 越大，在电源 u_2 正半周电感 L 储能越多，维持导通能力越强，θ 越大，且输出电压 u_d 中为负的部分越接近正的部分，输出电压平均值 U_d 越接近于零，相应的输出直流电流平均值越小。

3. 阻感负载带续流二极管工作情况分析

为解决上述矛盾，在整流电路输出端反并联一个二极管，称为续流二极管，用 VD_R 表示，其典型电路及相应波形如图 3-3 所示。

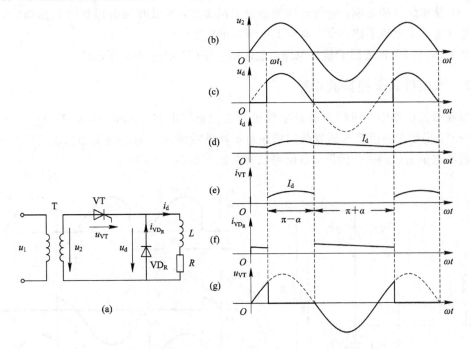

图 3-3 单相半波带阻感负载有续流二极管的电路及波形

仍假定续流二极管为理想器件。与没有续流二极管时的情况相比，在电源 u_2 的正半周内，两者的工作情况完全相同。u_2 过零变负后，$u_d<0$，VD_R 导通，为 L 提供续流回路。此时 VT 承受反向电压而自然关断，L 中的储能保证了电流 i_d 在 $L—R—VD_R$ 回路中流通，此过程通常称为续流。可以说 VD_R 将 u_d 的反向电压钳位，使输出电压 u_d 始终大于 0，在电源 u_2 的负半周内，其波形与同触发角下电阻负载的输出波形相同，但输出电流 i_d 的波形是完全不同的。若 L 足够大，$\omega L \gg R$，即负载为纯电感负载时，则 VT 关断期间 VD_R 可持续导通，使 i_d 连续且其波形近似于一条水平直线。在一个电源周期内，$\omega t = \alpha \sim \pi$ 期间，VT 导通，其导通角为 $\pi - \alpha$，其余时间续流二极管 VD_R 导通，其导通角为 $\pi + \alpha$。

电路相关电压、电流波形如图 3-3 所示，晶闸管 VT 的移相范围为 $0° \sim 180°$，其承受的最大正、反向电压均为 u_2 的峰值电压 $\sqrt{2}U_2$，续流二极管承受的电压为 $-u_d$，其最大反向电压亦为 u_2 的峰值电压 $\sqrt{2}U_2$。

单相半波可控整流电路的特点是简单，但输出电压脉动大。由于输入电压仅半周期有用，所以变压器利用效率不高。变压器二次侧电流含有直流分量，造成变压器铁芯直流磁化，因此需增大铁芯面积，避免磁化。

4. 电力电子电流分析的基本方法

由以上内容的分析，可以总结出电力电子电路分析的三条基本原则：

（1）器件理想化：将电力电子器件看作理想开关，即通态时开关闭合，阻抗、压降为零；断态时开关断开，阻抗无穷大，且开通、关断过程瞬时完成。

（2）分段线性化：电力电子器件非线性导致电力电子电路也是非线性的，器件的每种状态组合对应一种线性电路拓扑，器件通断状态变化时，电路拓扑发生改变。

（3）储能元件的影响：储能元件的能量无法突变，导致相邻分段线性电路储能元件能量连续，电感上电流不能突变，电容上电压不能突变。

该基本原则不仅适用于整流电路，也适用于任何其他电力电子电路。

3.1.2　单相桥式全控整流电路

单相整流电路中应用较多的是单相桥式全控整流电路（single phase bridge controlled rectifier），仍然按照由简单到复杂的顺序对不同负载情况下的电路工作情况进行分析，首先分析纯电阻负载的工作情况，其电路及相关波形如图 3-4 所示。

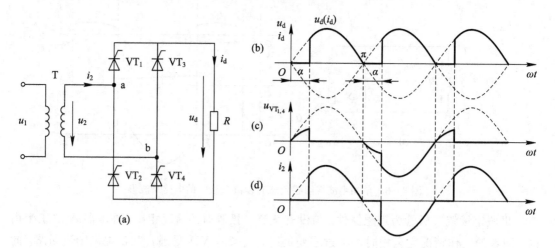

图 3-4　单相全控桥式带电阻负载时的电路及波形

1. 纯电阻负载工作情况分析

单相桥式全控整流电路中 V_1 和 V_2 组成一对桥臂，V_3 和 V_4 组成一对桥臂。触发脉冲在指定触发角产生，同时分配给对角桥臂一对晶闸管。电路分析基于上节所述三条基本原则，晶闸管承受电压波形分析仅以 VT_1 为例，电路具体工作情况分析如下。

当 u_2 位于正半周时：

（1）当 $0 < \omega t < \alpha$ 时，VT_1、T_4 未得到触发脉冲，而 VT_2、VT_3 承受反向阳极电压，不具备导通的主电路条件，4 个晶闸管均不导通，$i_d = 0$，$u_d = 0$，VT_1、VT_4 串联承受电压 u_2，且各承受 u_2 的一半，$u_{VT_1} = \frac{1}{2} u_2$。

（2）在 $\omega t = \alpha$ 时刻，给 VT_1、VT_4 施加触发脉冲，则 VT_1、VT_4 在 $\alpha < \omega t < \pi$ 时处于导通状态，电流从 a 端流经 VT_1、R、VT_4，流回 b 端，此时 $u_d = u_2$，$u_{VT_1} = 0$。思考此时 VT_2 承受的电压应为多大？

（3）当 u_2 正向过零时，流经晶闸管的电流也降到零，VT_1、VT_4 自然关断。

当 u_2 位于负半周时：

（4）当 $\pi < \omega t < \pi + \alpha$ 时，VT_2、VT_3 未得到触发脉冲，而 VT_1、VT_4 承受反向阳极电压，不具备导通的主电路条件，4 个晶闸管均不导通，$i_d = 0$，$u_d = 0$，$u_{VT_1} = \frac{1}{2} u_2$。

（5）在 $\omega t = \pi + \alpha$ 时刻，给 VT_2、VT_3 施加触发脉冲，则 VT_2、VT_3 在 $\pi + \alpha < \omega t < 2\pi$ 时处于导通状态，电流从 b 端流经 VT_3、R、VT_2，流回 a 端，此时 $u_d = -u_2$，$u_{VT_1} = u_2$。

（6）当 u_2 负向过零时，流经晶闸管的电流也降到零，VT_2、VT_3 自然关断。

由以上分析及图 3-4 整流输出电压 u_d 和晶闸管两端电压波形可知，晶闸管承受的最大正向电压为 $\frac{\sqrt{2}}{2}U_2$，最大反向电压为 $\sqrt{2}U_2$。在交流电源的正负半周内均有整流输出电流，故该电路称为全波整流。一个周期内整流电压波形脉动 2 次，故该电路属于双脉波整流电路。变压器二次侧绕组中，正负两个半周内电流方向相反且波形对称，平均值为零，即直流分量为零，不存在变压器直流磁化问题，变压器绕组利用率高。

由 u_d 电路波形可知，输出直流电压平均值为

$$U_d = \frac{1}{\pi} \int_{\alpha}^{\pi} \sqrt{2}\, U_2 \sin \omega t\, \mathrm{d}(\omega t) = 0.9 U_2 \frac{1 + \cos \alpha}{2} \tag{3-2}$$

当 $\alpha = 0°$ 时，$U_d = U_{d0} = 0.9 U_2$；当 $\alpha = 180°$ 时，$U_d = U_{d\,min} = 0$。可见，控制角 α 的移相控制范围为 $0° \sim 180°$。

输出直流电流的平均值为

$$I_d = \frac{U_d}{R} = \frac{0.9 U_2 (1 + \cos \alpha)}{2R} \tag{3-3}$$

由于两组晶闸管轮流导通，因此晶闸管的平均电流为输出直流电流的一半，即

$$I_{VT} = \frac{I_d}{2} = \frac{0.45 U_2 (1 + \cos \alpha)}{2R} \tag{3-4}$$

2. 阻感负载工作情况分析

假设负载电感足够大，使得 i_d 连续且近似于一条直线，为便于讨论，假设电路已工作于稳态，控制角为 α，单相全控桥式带阻感负载时的电路及波形如图 3-5 所示。VT_1、VT_4 导通后，当 u_2 过零变负时，由于电感的作用，晶闸管 VT_1 和 VT_4 中仍流过电流 i_d，VT_1 和 VT_4 维持导通。此时 VT_1 和 VT_4 开始承受反向阳极电压，而 VT_2 和 VT_3 开始承受正向阳极电压，具备了开通的主电路条件。至 $\omega t = \pi + \alpha$ 时刻，给晶闸管 VT_2 和 VT_3 施加触发脉冲而导通，VT_1 和 VT_4 因承受反向电压而自然关断，流过 VT_1 和 VT_4 的电流迅速转移到 VT_2 和 VT_3 上，此过程称为换相，亦称为换流。至下一周期重复上述过程。

输出电压的平均值为

$$U_d = \frac{1}{\pi} \int_{\alpha}^{\pi + \alpha} \sqrt{2}\, U_2 \sin \omega t\, \mathrm{d}(\omega t) = \frac{2\sqrt{2}\, U_2}{\pi} U_2 \cos \alpha = 0.9 U_2 \cos \alpha \tag{3-5}$$

当触发角 $\alpha = 90°$ 时，正负电压在一周期内抵消，平均值为 0，因此移相范围为 $0° \sim 90°$。

以 VT_1 为例，对器件承受的电压波形进行分析可知，在阻感负载且电流连续时，两组桥臂交替导通，当 VT_1 导通时，$u_{VT_1} = 0$，当 VT_1 关断时，VT_3 导通，$u_{VT_1} = u_2$。因此，晶闸管承受的最大正反向电压均为 $\sqrt{2}U_2$。

晶闸管导通角 θ 与 α 无关，均为 $180°$。电流的平均值和有效值分别为

$$I_{dT} = \frac{1}{2} I_d,\quad I_{VT} = \frac{1}{\sqrt{2}} I_d = 0.707 I_d$$

变压器二次侧电流 i_2 的波形为正负各 $180°$ 的矩形波，其相位由 α 角决定，有效值 $I_2 = I_d$。

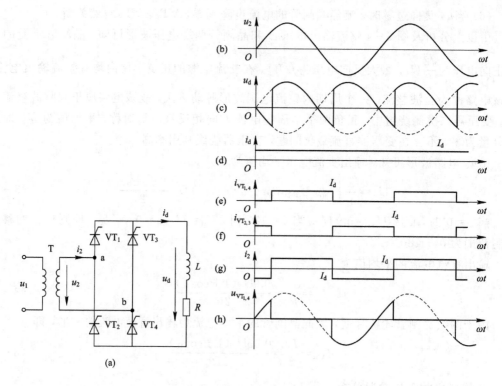

图 3-5　单相全控桥式带阻感负载时的电路及波形

3. 带反电动势负载工作情况分析

当负载为反电动势负载时，如直流电动机的电枢（忽略其中的电感）、蓄电池、充了一定电的电容等，如图 3-6 所示，电路的工作过程与阻性负载有所不同。设反电动势负载电压为 E，根据晶闸管开通的条件，只有当输入电压 $u_2 > E$ 时，晶闸管才承受正向阳极电压，具备导通的可能。晶闸管导通后，$u_d = u_2$，$i_d = \dfrac{u_d - E}{R}$，当 $|u_2| = E$ 时，i_d 降为 0，晶闸管关断，此后 $u_d = E$。在相同控制角 α 的情况下，整流输出电压比电阻负载时大。与电阻负载时相比，晶闸管提前 δ 角度停止导电，δ 称为停止导电角。

$$\delta = \arcsin \frac{E}{\sqrt{2}U_2} \tag{3-6}$$

当 $\alpha < \delta$ 时，输入电压 $u_2 < E$，晶闸管承受负向阳极电压，即使有触发脉冲，晶闸管也不可能导通。因此，应保证触发脉冲有足够的宽度，使晶闸管开始承受正电压的 $\omega t = \delta$ 时刻，触发脉冲仍然存在，这样相当于触发角被推迟为 δ。

如果输出电流 i_d 在一个周期内有部分时间为 0 的情况，则称为电流断续。与此相对应，如果 i_d 在一个周期内不存在为 0 的情况，则称为电流连续。当负载为直流电动机时，如果出现电流断续，则电动机的机械特性将变软，容易引起电流、转速的震荡。为了克服此缺点，一般在主电路中直流输出侧串联一个平波电抗器。这时整流电压 u_d 的波形和负

载电流 i_d 的波形与阻感负载电流连续时的波形相同，u_d 的计算公式也一样。为保证电流连续，所需的电感量 L 可由下式求出：

$$L = \frac{2\sqrt{2}U_2}{\pi\omega I_{d\,min}} = 2.87 \times 10^{-3}\frac{U_2}{I_{d\,min}} \tag{3-7}$$

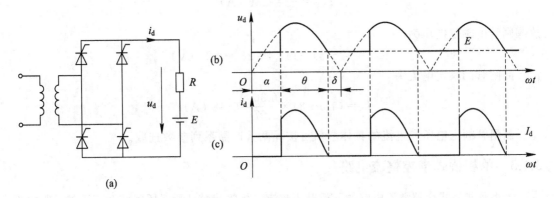

图 3-6　单相全控桥式带反电动势—电阻负载时的电路及波形

例 3-1　单相桥式全控整流电路，$U_2 = 100$ V，负载中 $R = 2\ \Omega$，L 值极大，反电动势 $E = 60$ V，当 $\alpha = 30°$ 时，要求：

(1) 作出 u_d、i_d 和 i_2 的波形；

(2) 求整流输出平均电压 U_d、电流 I_d，变压器二次侧电流有效值 I_2；

(3) 考虑安全裕量，确定晶闸管的额定电压和额定电流。

解　(1) u_d、i_d 和 i_2 的波形如图 3-7 所示。

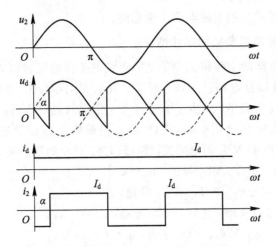

图 3-7　u_d、i_d 和 i_2 的波形

(2) 整流输出平均电压 U_d、电流 I_d，变压器二次侧电流有效值 I_2 分别为

$$U_d = 0.9U_2\cos\alpha = 0.9 \times 100 \times \cos30° = 77.97\ (\text{V})$$

$$I_d = \frac{U_d - E}{R} = \frac{77.97 - 60}{2} = 9\ (\text{A})$$

$$I_2 = I_d = 9\ (\text{A})$$

（3）晶闸管承受的最大反向电压为

$$\sqrt{2}\,U_2 = 100\sqrt{2} = 141.4 \ （\text{V}）$$

流过每个晶闸管的电流的有效值为

$$I_{\text{VT}} = \frac{I_\text{d}}{\sqrt{2}} = 6.36 \ （\text{A}）$$

故晶闸管的额定电压为

$$U_\text{N} = (2\sim3)\times141.4 = 283\sim424 \ （\text{V}）$$

晶闸管的额定电流为

$$I_\text{N} = (1.5\sim2)\times\frac{6.36}{1.57} = 6\sim8 \ （\text{A}）$$

晶闸管额定电压和电流的具体数值可按晶闸管产品系列参数选取。

3.1.3　单相桥式半控整流电路

若将单相桥式全控整流电路的下桥臂用整流二极管代替，则下桥臂完全不可控，即成为单相桥式半控整流电路，一般在负载侧反并联续流二极管，其电路及相关波形如图 3-8 所示。为更好地理解加续流二极管的必要性，先对无续流二极管电路的工作情况进行分析。

1. 无续流二极管带电阻负载工作情况

当 $u_2 > 0$ 时，VD_2 承受反向电压，始终关断，VT_1、VD_4 承受正向电压，给 VT_1 施加触发脉冲后，VT_1 和 VD_4 导通；

当 $u_2 < 0$ 时，VD_4 承受反向电压，始终关断，VT_3、VD_2 承受正向电压，给 VT_3 施加触发脉冲后，VT_3 和 VD_2 导通；

工作情况与单相桥式全控整流电路完全相同。

2. 无续流二极管带阻感负载的工作情况

整流电路带电感负载的工作情况与带电阻负载的工作情况有很大的不同，仍假设电路中电感足够大，电流连续且电路已工作于稳态。在 u_2 正半周、控制角 α 处施加触发脉冲，则 u_2 经 VT_1 和 VD_4 向负载供电。由于电感对电流变化的阻碍作用，当 u_2 由正变负时，电感仍要维持其电流，此时由于 $u_\text{a} < u_\text{b}$，VD_2 因承受正向电压而导通，电流由 VD_4 转移到 VD_2，而 VD_4 关断。VT_1 和 VD_2 为电感提供续流回路。整个周期的换流过程分为 4 个阶段。

（1）$u_2 > 0$，$\omega t > \alpha$，VT_1、VD_4 导通，$u_\text{d} = u_2$。

（2）$u_2 < 0$，$\pi < \omega t < \pi + \alpha$，$VT_1$、$VD_2$ 导通，$u_\text{d} = 0$。

（3）$u_2 < 0$，$\pi + \alpha < \omega t < 2\pi$，$VT_3$、$VD_2$ 导通，$u_\text{d} = -u_2$。

（4）$u_2 > 0$，$0 < \omega t < \alpha$，VT_3、VD_4 导通，$u_\text{d} = 0$。

假设某时刻需要电路停止工作，如在 $\alpha < \omega t < \pi$ 时停止了触发脉冲，则 VT_3 无法导通。然而由于电感的作用，VT_1、VD_2 将持续导通整个负半周，当 u_2 由负变正时，再次进入 VT_1、VD_4 同时导通的情况，VT_1 将始终无法关断，因此该工作过程会持续下去。

3. 失控及带续流二极管工作情况

若无续流二极管，则当 α 突然增大至 $180°$ 或触发脉冲丢失时，会发生一个晶闸管持续导通而两个二极管轮流导通的情况，这使 u_d 成为正弦半波，其平均值保持恒定，称为失控。为避免失控行为的发生，加入续流二极管 VD_R，如图 3-8(a) 所示。当 $u_2 < 0$ 时，VD_R 导通，为电感提供续流回路，VT_1 由于失去维持电流而关断，避免了失控行为的发生。同时，续流期间导电回路中只有一个管压降，有利于降低损耗。

带续流二极管时电路各部分波形如图 3-8(b) 所示，此处不再详细分析。

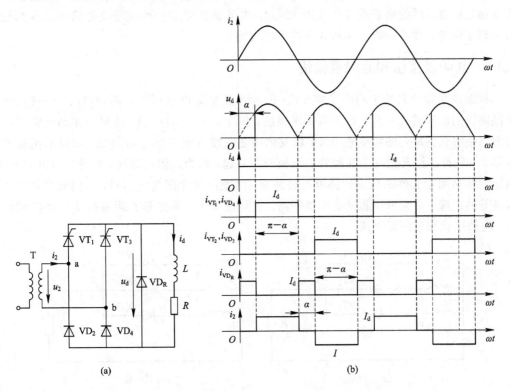

图 3-8 单相桥式半控整流电路有续流二极管带阻感负载时的电路及波形

图 3-9 为另一种桥式半控整流电路接法，由两个二极管串联组成一个桥路，该电路可避免失控行为的发生，且可以省去续流二极管，但其缺点在于驱动电路没有公共端，必须采用隔离型驱动电路。

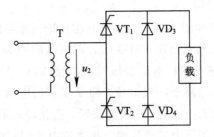

图 3-9 单相桥式半控整流电路的另一种接法

3.2 三相可控整流电路

当整流电路负载容量较大，或者要求输出直流电压与电流的脉动较小、对电网影响较小时，应当采用三相整流电路，其交流侧为三相电源供电，且三相整流装置的各相电流是平衡的。三相可控整流电路的类型较多，有三相半波可控整流电路、三相桥式全控整流电路、双反星形可控整流电路，以及由此发展起来适用于大功率的十二脉波整流电路等。其中最基本的是三相半波可控整流电路，其他类型三相整流电路均以三相半波可控整流电路为基础，采用不同的串联或并联接法。因此，本节首先对三相半波整流电路的基本原理进行分析与研究，然后分析三相桥式全控整流电路。

3.2.1　共阴极接法和共阳极接法

　　根据晶闸管公共端不同的连接方式，三相半波整流电路可以有两种接法，一种是把三个晶闸管的阴极连在一起，称为共阴极接法，如图 3-10(a)所示。这时三相晶闸管元件的触发回路有公共端，即共接的阴极，触发脉冲之间没有相互绝缘的问题，可以不用脉冲变压器。另一种接法是把三个晶闸管的阳极连在一起，称为共阳极接法，如图 3-10(b)所示。这时三相晶闸管元件的触发回路没有公共端，触发脉冲之间电位不同，不同触发器之间要有良好的绝缘，必须采用脉冲变压器隔离。实际使用中，不论是共阴极接法还是共阳极接法，均采用脉冲变压器隔离。

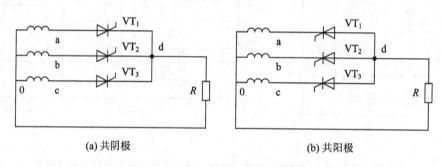

(a) 共阴极　　　　　　　　　　　　　　　(b) 共阳极

图 3-10　三相半波整流电路接法

3.2.2　三相半波可控整流电路

1. 电阻负载工作情况分析

　　三相半波可控整流电路如图 3-11(a)所示。在讨论三相半波可控整流电路前，先假设将电路中的晶闸管替换为二极管，用 VD 表示，则该电路变为三相半波不可控整流电路，首先对其工作情况进行分析。三相整流变压器副边接 VD_1、VD_2、VD_3 三个整流二极管，按照共阴极接法，当阳极电位高于阴极电位，即承受正向电压时，二极管导通；当阳极电位低于阴极电位，即承受反向电压时，二极管关断，三相输入电流如图 3-11(b)所示。

　　二极管导通的规律是：当三个二极管接三相交流电压时，对应相电压最高相的二极管导通，其他两个二极管承受反压而自行关断。具体分析如下：

　　在 $\omega t_1 \sim \omega t_2$ 区间，a、b、c 三相电压分别加在二极管 VD_1、VD_2 及 VD_3 上，其中 a 相电压最高，VD_1 导通后，根据电力电子电路分析的基本原则，首先假定电力电子器件均为理想器件，因而 d 点与 a 点等电位，d 点向负载输出整流电压 u_{a0}，VD_2 及 VD_3 承受的电压分别为 u_{ba}、u_{ca}，由于此时 $u_b<u_a$，$u_c<u_a$，则 u_{ba}、u_{ca} 均为反向电压而使 VD_2、VD_3 关断。

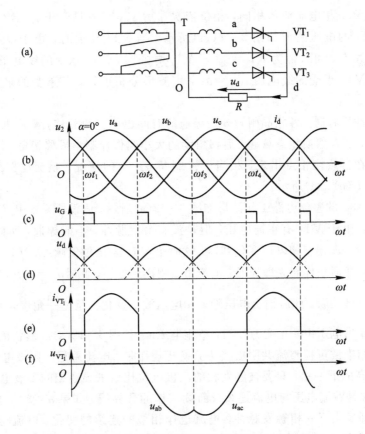

图 3-11　三相半波可控整流电路共阴极接法带电阻负载时的电路及 α=0°时的波形

在 $\omega t_2 \sim \omega t_3$ 区间，u_b 电压最高，VD_2 导通，因而 d 点与 b 点等电位，d 点向负载输出整流电压 u_{b0}，VD_1 及 VD_3 承受的电压分别为 u_{ab}、u_{cb}，而 u_{ab}、u_{cb} 均为反向电压，致使 VD_1 及 VD_3 关断。

同理，在 $\omega t_3 \sim \omega t_4$ 区间，u_c 电压最高，VD_3 导通，VD_1 和 VD_2 承受反向电压而关断，d 点向负载输出的整流电压为 u_{c0}。此后，在下一个周期相当于 ωt_1 位置的 ωt_4 时刻，VD_1 又导通，重复前一个周期的工作过程。这样，负载电压 u_d 是脉动的，一个周期内脉动三次，脉动频率为 $3 \times 50 = 150$ Hz，负载电阻 i_d 的波形与 u_d 的波形相似，如图 3-11(d)所示。一个周期内 VD_1、VD_2 及 VD_3 依次循环导通，每管的导电角为 120°。

在相电压的交点 ωt_1、ωt_2、ωt_3 处，均出现了二极管换相，即电流由一个二极管向另一个二极管转移，把三相正向电压波形交点处称为共阴极接法的自然换相点。自然换相点是各相晶闸管能触发导通的最早时刻，一般将其作为各相晶闸管控制角 α 的起点，记为 α=0°。三相共阴极接法每相的自然换相点是距该相电压过零点后 30°的地方，这是三相整流的一个特点，应予以特别注意。

对于可控整流装置，晶闸管导通的条件有两个：其一是在晶闸管阳极与阴极间要加有正向电压，其二是要有触发脉冲。如果在自然换相点处（即两相正向电压的相交处）依次加上触发脉冲，如图 3-11(c)所示，那么整流电压的波形如图 3-11(d)所示，这与不可控整流电路的电压波形完全相同。变压器二次侧 a 相绕组和晶闸管 VT_1 的电流波形如

图 3-11(e)所示，相电流波形相同，相位依次滞后 120°，可见变压器二次侧绕组电流有直流分量。VT_1 的电压波形如图 3-11(f)所示，当 VT_1 导通时，由于晶闸管管压降很小，仅有 1 V 左右，可近似为 $u_{VT_1}=0$；当 VT_2 导通时，VT_1 承受的线电压 $u_{VT_1}=u_{ab}$；当 VT_3 导通时，VT_1 承受的线电压 $u_{VT_1}=u_{ac}$，由波形分析可知，其承受的最大反向电压为线电压的峰值。

当触发脉冲后移时，各相晶闸管开始导通的时间也相应地后移，整流电路工作情况相应地发生变化，从自然换相点算起，后移角度的大小叫作控制角或移相角，用 α 表示。

触发脉冲在自然换相点出现，相当于控制角 $α=0°$ 的情况，整流电路工作波形如图 3-11(c)、(d)、(e)、(f)所示。

控制角 $α=30°$ 的整流电路工作波形如图 3-12(a)所示。假设原来 c 相 VT_3 导通，通过自然换相点后，由于 VT_1 有正向电压，但是没有触发脉冲，不能导通，所以 VT_3 继续导通，到 $α=30°$ 后，u_d 沿 c 相电压变化到零，这时给 VT_1 发出触发脉冲，VT_1 因承受正向压降，满足晶闸管开通条件而立即导通，电流由 c 相换到 a 相，此时 $u_d=u_a$，$u_d>u_c$，VT_3 承受反向电压，自然关断，此后输出电压随 a 相电压波形变化。经过 $\dfrac{2\pi}{3}$ 角度，发出 VT_2 的触发脉冲，整流输出电压由 a 相变为 b 相，整流电压 u_d 如图 3-12(a)的形状依次变化。由此可以看到，三相半波可控整流共阴极接法的换相规律是：电流总是由阳极电位低的某相转换到阳极电位高的下一相，只要被触发的阳极电位比原来导通相的阳极电位高，即可完成换相。$α=30°$ 是整流电压与电流连续或断续工作的分界线。如果 $α<30°$，整流电压及电流未到零时，即发出下一相触发脉冲，电流也作相似的连续的变化，电流与电压连续时，每相晶闸管的导通角为 120°。

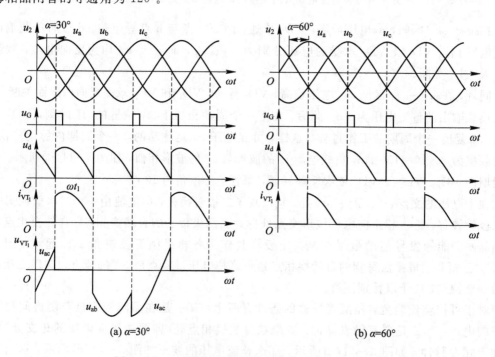

(a) α=30°　　　　　　　　　　　　(b) α=60°

图 3-12　三相半波可控整流电路带电阻负载时的波形

如果 $\alpha > 30°$，图 3 - 12(b)所示为 $\alpha = 60°$ 的整流波形，当整流电压与电流变化到零时，原导通相自然关断，而下一相触发脉冲还未发出，整流电压、电流输出为零；一直等到下一相触发脉冲发出后，整流电路才又输出整流电压与电流，故其波形是断续的。这时每相晶闸管的导通角小于 120°。

α 角继续增大，触发脉冲继续后移，整流电压将愈来愈小，$\alpha = 150°$ 时，整流电压为零，当 $\alpha \geqslant 150°$ 时，由于触发脉冲出现，对应相的晶闸管的阳极电压已变为负值，不能触发导通，其他两相也不导通，输出的整流电压一直为零。

由以上分析可以看出，当 $\alpha = 0°$ 时，整流电压最大，α 角增大时，整流电压减小，$\alpha \geqslant 150°$ 时，整流电压为零。这就是说改变触发脉冲出现的时刻，即改变 α，可以控制整流电压的大小。三相半波可控整流电路电阻负载时控制角 α 的移相范围为 $0° \sim 150°$。

整流电压平均值的计算：

(1) $\alpha < 30°$ 时，负载电流连续，有

$$U_{\mathrm{d}} = \frac{1}{\frac{2\pi}{3}} \int_{\frac{\pi}{6}+\alpha}^{\frac{5\pi}{6}+\alpha} \sqrt{2}\, U_2 \sin\omega t \,\mathrm{d}(\omega t) = \frac{3\sqrt{6}}{2\pi} U_2 \cos\alpha = 1.17\, U_2 \cos\alpha \qquad (3-8)$$

当 $\alpha = 0°$ 时，U_{d} 最大，为 $U_{\mathrm{d}} = U_{\mathrm{d\,max}} = 1.17\, U_2$。

(2) 当 $\alpha \geqslant 30°$ 时，负载电流断续，晶闸管导通角减小，此时有

$$U_{\mathrm{d}} = \frac{1}{\frac{2\pi}{3}} \int_{\frac{\pi}{6}+\alpha}^{\pi} \sqrt{2} U_2 \sin\omega t \,\mathrm{d}(\omega t) = \frac{3\sqrt{2}}{2\pi} U_2 \left[1 + \cos\left(\frac{\pi}{6} + \alpha \right) \right]$$

$$= 0.675\, U_2 \left[1 + \cos\left(\frac{\pi}{6} + \alpha \right) \right] \qquad (3-9)$$

负载电流平均值为

$$I_{\mathrm{d}} = \frac{U_{\mathrm{d}}}{R} \qquad (3-10)$$

晶闸管承受的最大反向电压为

$$U_{\mathrm{RM}} = \sqrt{2} \times \sqrt{3}\, U_2 = \sqrt{6}\, U_2 = 2.45\, U_2 \qquad (3-11)$$

2. 阻感负载工作情况分析

若负载为阻感负载，且 L 值很大，则整流电流 i_{d} 的波形基本是平直的，流过晶闸管的电流接近矩形波，如图 3 - 13 所示。

当 $\alpha \leqslant 30°$ 时，整流电压波形与电阻负载时相同，负载电流均连续。

当 $\alpha > 30°$ 时，例如，$\alpha = 60°$，假设在 ωt_1 时，a 相的 VT_1 被触发导通，虽然整流输出电压 u_{d} 有突变，但由于电感对电流变化的限制作用，i_{d} 上升较为缓慢，当电压 u_a 变得较小时，电感又使 i_a 下降延缓，在 u_a 过零变负时，电感的自感电势 $L\dfrac{\mathrm{d}i}{\mathrm{d}t}$ 成为电流 i_a 继续流通的条件。若电感足够大，在 u_a 为负的区间，只要满足 $\left| L\dfrac{\mathrm{d}i}{\mathrm{d}t} \right| > |u_a|$ 条件，则 VT_1 持续导通，直到晶闸管 VT_2 的触发脉冲出现，此时 VT_2 两端的电压 u_{bd} 已为正值，一旦触发，VT_2 便立即导通，发生换流，同时 VT_1 承受反压而关断。这样，电感使整流电流 i_{d} 连续起来，u_{d}

波形中出现负的部分，若 α 增大，$u_{\rm d}$ 波形中负的部分将增多，当 $\alpha=90°$ 时，$u_{\rm d}$ 波形中的正负面积相等，$u_{\rm d}$ 的平均值为零。可见，阻感负载时 α 的移相范围为 0°～90°。

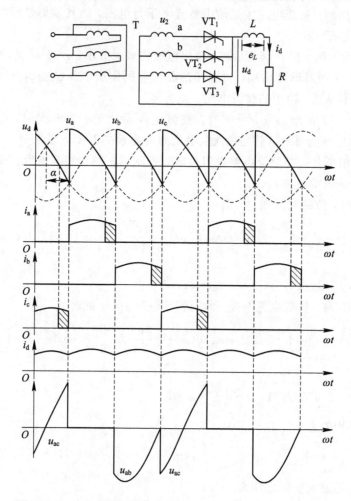

图 3-13　三相半波可控整流电路，阻感负载，$\alpha=60°$ 时的波形

由于负载电流是连续的，$U_{\rm d}$ 可由下式求出：

$$U_{\rm d}=1.17\,U_2\cos\alpha \tag{3-12}$$

变压器二次电流即晶闸管电流的有效值为

$$I_2=I_{\rm VT}=\frac{1}{\sqrt{3}}I_{\rm d}=0.577I_{\rm d} \tag{3-13}$$

由此可求出晶闸管的额定电流为

$$I_{\rm VT(AV)}=\frac{I_{\rm VT}}{1.57}=0.368I_{\rm d} \tag{3-14}$$

晶闸管两端电压波形如图 3-13 所示，由于负载电流连续，晶闸管最大正、反向电压峰值均为变压器二次侧电压峰值，即

$$U_{\rm FM}=U_{\rm RM}=2.45U_2 \tag{3-15}$$

三相半波的主要缺点在于其变压器二次电流中含有直流分量，为此其应用较少。

3.2.3 三相全控桥式整流电路

1. 三相全控桥式整流电路的组成

三相全控桥式整流电路是由共阴极接法（VT_1、VT_3、VT_5）与共阳极接法（VT_4、VT_6、VT_2）的两组三相半波整流电路串联组成的，如图 3-14 所示。由于共阴极组在正半周导通，流经变压器的是正向电流，而共阳极组在负半周导通，流经变压器的是负向电流，因此变压器绕组中没有直流磁势（直流安匝）。变压器每相绕组正、负半周都有电流流过，提高了变压器的利用率。

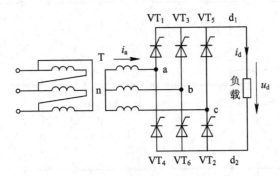

图 3-14　三相桥式全控整流电路原理图

三相全控桥式整流电路中，对于共阴极组及共阳极组是同时进行控制的，各个晶闸管的控制角完全相同，都是 α。线路中六个晶闸管的编号方法一般如图 3-14 所示，接 a 相的是 1、4，接 b 相的是 3、6，接 c 相的是 5、2，用 1、3、5 组成共阴极组，用 4、6、2 组成共阳极组。这种编号同时也表达了晶闸管循环触发的顺序是 1、2、3、4、5、6、1、…，在使用上比较方便。

2. 三相桥式整流电路晶闸管导通顺序及特点

当控制角 $\alpha=0°$ 时，可将电路中的晶闸管等效为二极管，采用与三相半波整流电路相似的分析方法。此时，对于共阴极组而言，阳极电位高的那一相导通；而对于共阳极组而言，阴极电位低的那一相导通，因而电路工作波形如图 3-15 所示。

$\alpha=0°$ 时，各晶闸管均在自然换相点处换相，由图中变压器二次绕组相电压和线电压波形的对应关系可知，各自然换相点既是相电压交点，也是线电压交点，在分析整流输出电压 u_d 波形时，既可从相电压波形分析，也可从线电压波形分析。为了说明各晶闸管的工作情况，将波形中的一个周期等分为六段，每段为 $60°$。

从相电压波形分析，以变压器二次侧的中点 n 为参考点，共阴极组晶闸管导通时，整流输出电压 u_{d1} 为相电压在正半周的包络线，处于通态的晶闸管对应的是最大（正的最多）的相电压；共阳极组晶闸管导通时，整流输出电压 u_{d2} 为相电压在负半周的包络线，处于通态的晶闸管对应的是最小（负的最多）的相电压。总的输出电压为 $u_d=u_{d1}-u_{d2}$，是两条包络线的差值，对应到线电压波形上，即线电压在正半周的包络线。以在第 Ⅰ 段时间内为例，a 相电位最高，因而共阴极组 VT_1 晶闸管导通；而对于共阳极组而言，共阳极组 VT_6 晶闸管导通，此时整流输出电压是 u_{ab}。

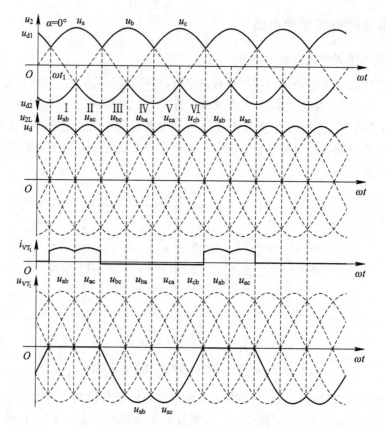

图 3-15　三相桥式整流电路波形，电阻负载，$\alpha=0°$时的波形

　　从线电压波形分析，由于处于导通的晶闸管始终对应于共阴极组的最大相电压和共阳极组的最小相电压，而输出整流电压 u_d 为两个相电压的差值，是线电压中最大的一个，以在第 I 段时间内为例，线电压 u_{ab} 最大，因此 $u_d=u_{ab}$。

　　对每一段时间内的晶闸管工作情况及整流输出电压情况进行分析，并统计于表 3-1 中。由表可见，三相全控桥式整流电路中各整流元件导通的顺序是：VT_1—VT_2—VT_3—VT_4—VT_5—VT_6。

　　由以上控制角 $\alpha=0°$ 时工作情况的分析，可以总结出三相桥式全控整流电路的一些特点：

　　（1）每个时刻均有两个晶闸管同时导通形成供电回路，其中共阴极组和共阳极组各一个，且不能为同一相的晶闸管。

　　（2）按 VT_1—VT_2—VT_3—VT_4—VT_5—VT_6 的顺序，相位依次相差 60°。共阴极组 VT_1、VT_3、VT_5 的脉冲依次相差 120°，共阳极组 VT_4、VT_6、VT_2 也依次相差 120°。同一相的上下两个桥臂，即 VT_1 与 VT_4，VT_3 与 VT_6，VT_5 与 VT_2，脉冲相差 180°。

　　（3）u_d 一个周期脉动 6 次，每次脉动的波形都一样，故该电路为 6 脉波整流电路。

　　（4）需保证同时导通的 2 个晶闸管均有脉冲，为此可采用两种方法：一种是宽脉冲触发，即使脉冲宽度大于 60°，以保证启动或电流断续时同时导通的两个晶闸管均有脉冲，一般取 80°～180°；另一种是双脉冲触发，即用两个窄脉冲代替宽脉冲，在触发某个晶闸管的同时，给前一个晶闸管补发脉冲，两个窄脉冲的前沿互差 60°，脉冲宽度一般为 20°～30°。双脉冲电路复杂，但触发电路输出功率小，实际使用中一般采用双脉冲触发。

（5）比较图 3-11 和图 3-15 中 VT$_1$ 的电压波形可知，晶闸管承受的电压波形与三相半波时相同，晶闸管承受最大正、反向电压的关系也相同。

由图 3-15 中流过晶闸管 VT$_1$ 的 i_{VT_1} 电流波形分析及前述导通顺序的分析可知，晶闸管一个周期内最多有 120°处于导通状态。

表 3-1　三相桥式全控整流电路电阻负载 $\alpha=0°$时工作情况

时　　段	I	II	III	IV	V	VI
共阴极组中导通的晶闸管	VT$_1$	VT$_1$	VT$_3$	VT$_3$	VT$_5$	VT$_5$
共阳极组中导通的晶闸管	VT$_6$	VT$_2$	VT$_2$	VT$_4$	VT$_4$	VT$_6$
整流输出电压 u_d	$u_a-u_b=u_{ab}$	$u_a-u_c=u_{ac}$	$u_b-u_c=u_{bc}$	$u_b-u_a=u_{ba}$	$u_c-u_a=u_{ca}$	$u_c-u_b=u_{cb}$

3. 纯电阻负载时的典型输出波形

当控制角 α 改变时，电路工作情况也发生改变，图 3-16～图 3-18 分别给出了 $\alpha=30°$，$\alpha=60°$和 $\alpha=90°$时的波形。从 ωt_1 角开始把一个周期分为六段，每段为 60°。与 $\alpha=0°$时的情

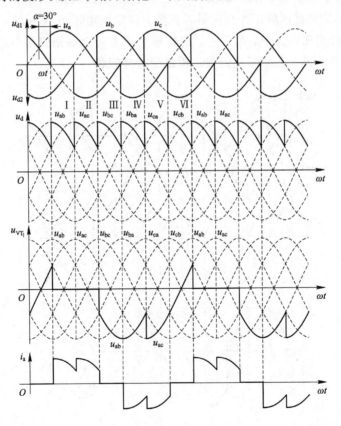

图 3-16　三相桥式整流电路波形，电阻负载，$\alpha=30°$时的波形

况相比，一个周期内 u_d 的波形仍然分为六段，每一段导通晶闸管的编号等规则仍符合表 3-1 的规律。区别在于晶闸管起始导通时刻分别推迟了 30°、60° 和 90°，组成 u_d 的每一段线电压也因此推迟相应的角度，u_d 平均值降低。晶闸管电压波形也相应地发生了变化。图 3-16、图 3-18 同时给出了变压器二次侧 a 相电流 i_a 的波形，其特点是在 VT_1 处于导通状态时 i_a 为正，i_a 波形形状与同时段 u_d 波形相同；在 VT_4 处于导通状态时 i_a 为负，i_a 波形形状也与同时段 u_d 波形相同，但为负值。

　　由于纯电阻负载下 i_d 波形与 u_d 波形一致，一旦 u_d 降为零，i_d 也降为零，流过晶闸管的电流也降为零，晶闸管自然关断，整流输出电压 u_d 为零，因此 u_d 波形不能出现负值。如果控制角 α 继续增大到 120°，整流输出电压 u_d 将全为零，其平均值也为零。可见带纯电阻负载时三相桥式全控整流电路控制角 α 的移相范围是 0° ～ 120°。

　　通过对典型输出波形的分析可知，在 $\alpha = 60°$ 时出现了整流输出电压 u_d 为零的点，也就是说纯电阻负载情况下 $\alpha = 60°$ 是负载连续与断续的分界点，当 $\alpha < 60°$ 时，u_d 波形连续，负载电流也连续；当 $\alpha > 60°$ 时，u_d 波形断续，负载电流也断续。在 $\alpha = 90°$ 时整流输出电压 u_d 的幅值正好为线电压的一半。因此，上述几个典型输出波形还可用于控制角的校正。熟练掌握整流电压与晶闸管电压的波形，对现场调试具有十分重要的意义。当整流电压波形变化均匀，没有异常缺口时，改变控制角 α，波形连续均匀地变化，这表明 6 个晶闸管触发导通、关断正常，移相正常；若情况相反，则表明触发装置或晶闸管工作不正常。晶闸管电压波形 u_1 反映对应的晶闸管工作情况是否正常。当整流电压波形不正常时，说明有故障出现，但对于故障出现在哪个晶闸管上，需要逐个检查每个晶闸管的电压波形才能知道，也可用万用表简单判断是正组桥还是反组桥晶闸管有问题。

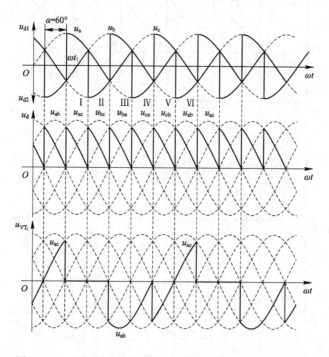

图 3-17　三相桥式整流电路，电阻负载，$\alpha = 60°$ 时的波形

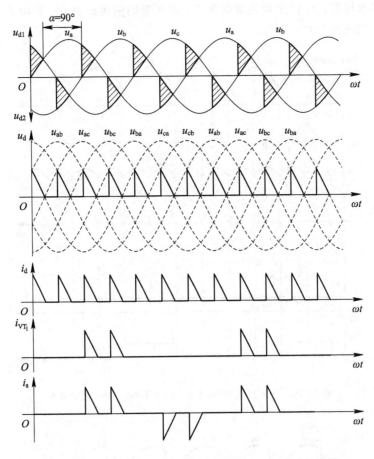

图 3-18　三相桥式整流电路，电阻负载，$\alpha = 90°$时的波形

4. 阻感负载工作情况分析

三相桥式全控整流电路大多用于向阻感负载和反电动势阻感负载供电（即用于直流电动机传动），下面主要分析带阻感负载时电路工作情况，对于带反电动势阻感负载情况，只需在阻感负载的基础上掌握其特点，即可掌握其工作情况。

当 $\alpha \leqslant 60°$时，u_d波形连续，电路工作情况与带纯电阻负载时基本相同，各晶闸管的通断情况、整流输出电压 u_d波形、晶闸管承受电压波形等均一样。区别在于因负载不同导致负载电流波形不同，纯电阻负载时 i_d波形与 u_d波形一致，而阻感负载时因储能元件电感的影响，负载电流不能突变，当负载电感足够大时，可认为负载电流近似于一条直线。图 3-19和图 3-20分别给出了 $\alpha = 0°$和 $\alpha = 30°$时三相桥式全控整流电路带阻感负载的工作波形。

与带纯电阻负载时的工作波形比较可知，在晶闸管 VT_1导通段，i_{VT_1}电流由负载电流波形 i_d决定，变压器二次侧 a 相电流 i_a在正半周时为 i_{VT_1}，在负半周时为 i_{VT_4}。

当 $\alpha > 60°$时，电路工作情况与带纯电阻负载时不同，最关键的因素是，在带阻感负载情况下由于储能电感的存在，输出电压 u_d出现负的部分，从而使得整流输出电压的平均值减小。图 3-21给出了 $\alpha = 90°$时的工作波形。假设电感 L 足够大，负载电流连续，u_d中正负面积将基本相等，u_d 的平均值近似为零，表明带阻感负载时，三相桥式全控整流电路控制角 α 的移相范围是 $0° \sim 90°$。

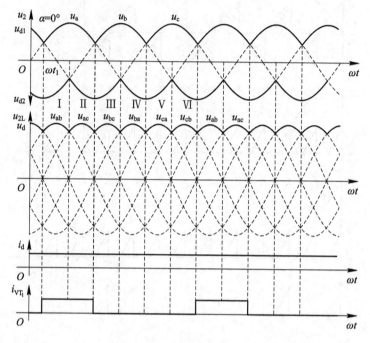

图 3-19　三相桥式整流电路，阻感负载，$\alpha = 0°$ 时的波形

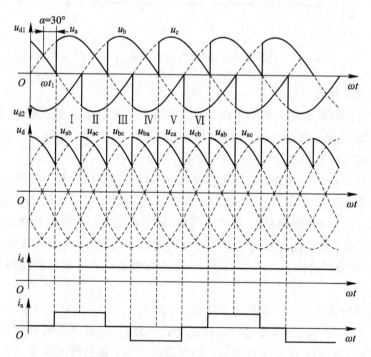

图 3-20　三相桥式整流电路，阻感负载，$\alpha = 30°$ 时的波形

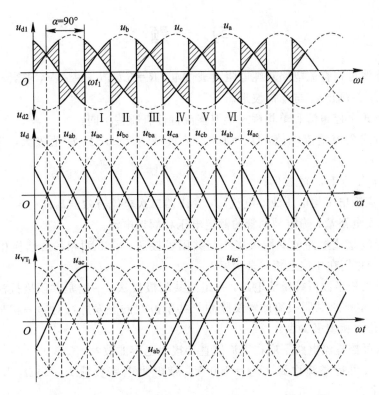

图 3-21 三相桥式整流电路阻感负载，$\alpha = 90°$时的波形

输出整流电压的平均值用表示线电压的波形来计算比较方便，整流输出电压 u_d 在一个周期内脉动六次(三相桥式全控整流电路也称为六脉波整流器)，且每次脉动的波形相同，因此在计算其平均值时，只需对一个脉波(即 1/6 周期)计算即可。此外，以线电压的过零点(自然换相点)为时间坐标的零点，且控制角为 α，则可得整流输出电压连续时(即带阻感负载时或带电阻负载 $\alpha \leqslant 60°$时)的平均值为

$$U_d = \frac{1}{\frac{\pi}{3}} \int_{\frac{\pi}{3}+\alpha}^{\frac{2\pi}{3}+\alpha} \sqrt{3} \times \sqrt{2}\, U_2 \sin\omega t\, \mathrm{d}(\omega t) = \frac{3\sqrt{6}}{\pi} U_2 (-\cos\omega t) \Big|_{\frac{\pi}{3}+\alpha}^{\frac{2\pi}{3}+\alpha}$$

$$= 2.34 U_2$$

$$= U_{d\,\max} \cos\alpha \tag{3-16}$$

式中，U_2 为整流变压器副边相电压的有效值。

输出电流平均值为 $I_d = U_d/R$。

当整流变压器副边为图 3-14 所示的星形接法且带阻感负载时，变压器副边电流波形如图 3-20 中 i_a 所示，为正、负半周各宽 120°，且波形前沿相差 180°的矩形波，其有效值为

$$I_2 = \sqrt{\frac{1}{2\pi}\left(I_d^2 \times \frac{2}{3}\pi + (-I_d)^2 \times \frac{2}{3}\pi\right)} = \sqrt{\frac{2}{3}}\, I_d = 0.816 I_d \tag{3-17}$$

晶闸管电压、电流等的定量分析与三相半波时一致。

习　题

1. 单相半波可控整流电路对纯电阻负载供电，$R=5\ \Omega$，$U_2=10\ \text{V}$，求当 $\alpha=0°$ 和 $60°$ 时的负载电流 I_d，并画出 u_d 与 i_d 的波形。

2. 单相桥式全控整流和单相桥式半控整流特性有哪些不同？

3. 单相桥式全控整流电路，$U_2=100\ \text{V}$，负载 $R=20\ \Omega$，L 值极大，当 $\alpha=30°$ 时，要求：

(1) 画出 u_d、i_d 和 i_2 的波形；

(2) 求整流输出平均电压 U_d、电流 I_d，变压器二次电流有效值 I_2；

(3) 考虑安全裕量，确定晶闸管的额定电压和额定电流。

4. 三相半波整流电路的共阴极接法与共阳极接法，a、b 两相的自然换相点是同一点吗？如果不是，它们在相位上相差多少度？

5. 有两组三相半波可控整流电路，一组是共阴极接法，一组是共阳极接法，如果它们的触发角都是 α，那么共阴极组的触发脉冲与共阳极组的触发脉冲对同一相来说，例如都是 a 相，在相位上相差多少度？

6. 为什么可控整流电路不应在直流侧直接接大电容滤波？

7. 三相半波可控整流电路，$U_2=100\ \text{V}$，带电阻电感负载 $R=5\ \Omega$，L 值极大，当 $\alpha=60°$ 时，要求：

(1) 画出 u_d、i_d 和 i_{VT} 的波形；

(2) 计算 U_d、I_d 和 I_{dVT}、I_{VT}。

8. 三相桥式全控整流电路，$U_2=100\ \text{V}$，带电阻电感负载，$R=5\ \Omega$，L 值极大，当 $\alpha=60°$ 时，要求：

(1) 画出 u_d、i_d 和 i_{VT_1} 的波形；

(2) 计算 U_d、I_d、I_{dVT} 和 I_{VT}。

9. 在三相桥式全控整流电路中，电阻负载，如果有一个晶闸管不能导通，此时整流电压 u_d 的波形如何？如果有一个晶闸管被击穿而短路，其他晶闸管有什么影响？

10. 单相桥式全控整流电路、三相桥式全控整流电路中，当负载分别为电阻负载或电感负载时，晶闸管 α 角的移相范围分别是多少？

11. 三相半波可控整流电路，负载端电感 L_d 足够大，画出 $\alpha=90°$ 时晶闸管 VT_1 两端的电压波形，从波形上看晶闸管承受的最大正反向电压为多少？当负载为电阻负载时，画出 $\alpha=30°$ 时晶闸管 VT_1 两端的电压波形，并回答上述相同的问题。

12. 一般三相可控整流装置中，如果电源三相进线相序相反，会产生什么问题？

13. 简述电力电子电路分析的基本原则。

14. 简述三相桥式全控整流电路的主要特点。

第 4 章　直流-直流变换

　　直流-直流变换器(DC-DC converter)能够将输入的直流电变为另一固定电压或可调
节电压的直流电,其基本原理是通过控制电力电子开关器件的开通与关断来改变加在负载
上的电压。这样,即使输入的电压改变,也可通过控制通断比使输出电压恒定。控制输出
电压最常用的是 PWM 调制法,该方法保持开关工作频率不变,通过改变开关导通时间来
改变输出电压。直流-直流变换包括直接直流变换电路和间接直流变换电路。直接直流变
换电路也称为直流斩波电路(DC chopper),一般是指直接将直流电变为另一直流电,这种
情况下输入与输出之间不隔离。间接直流变换电路是在直流变换电路中增加了交流环节,
在交流环节中一般采用变压器实现输入与输出之间的隔离,因此称为带隔离的直流-直流
变换电路或直-交-直电路,是各种开关电源的主要结构形式,同时应用也最多。

　　直流斩波电路包括六种基本斩波电路:降压斩波电路、升压斩波电路、升降压斩波电
路、Cuk 斩波电路、Sepic 斩波电路和 Zeta 斩波电路。其中前两种是最基本的电路,本章将
对其做重点介绍,在此基础上对升降压斩波电路和 Cuk 斩波电路工作原理进行简单分析。
最后概述几种典型间接直流变换电路的电路构成及工作原理。

4.1　PWM 控制的基本原理

　　PWM(pulse width modulation)控制就是脉宽调制技术,即通过对一系列脉冲的宽度
进行调制,来等效地获得所需要的波形(含形状和幅值)。

　　PWM 控制的思想源于通信技术,全控型器件的发展使得实现 PWM 控制变得十分容
易。PWM 技术的应用十分广泛,它使电力电子装置的性能大大提高,因此在电力电子技
术的发展史上占有十分重要的地位。PWM 控制技术正是有赖于在直流变换和逆变电路中
的成功应用,才确定了其在电力电子技术中的重要地位。

　　PWM 控制技术在直流变换中的应用是
PWM 控制中最简单的一种情况,通过将直流电
压"斩"成一系列脉冲,通过对脉冲宽度的调制来
获得所需的输出电压,这也是直接直流变换电路
被称为直流斩波电路的原因。

　　在 PWM 控制方式中,开关控制信号由比较
器产生,如图 4-1 所示,将控制电压与固定周期
的锯齿波进行比较,得到开关控制信号。控制电
压则由误差放大器得到,如图 4-2 所示。由此可
见,通过控制开关一个周期内开通与关断的时间
即可控制输出电压。

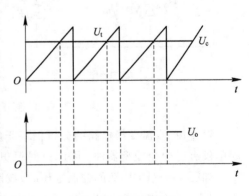

图 4-1　波形的比较

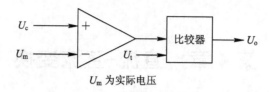

U_m 为实际电压

图 4 - 2　控制波形的形成

4.2　降压斩波电路

降压斩波电路(Buck chopper)的输出电压低于输入电压,该电路主要应用于开关稳压电源和直流电机调速,其基本原理如图 4 - 3(a)所示。图中 V 为 IGBT,相当于一个电力电子开关,电力半导体器件具有单向导电性,为在 V 关断时给电感 L 提供续流回路,设置了续流二极管 VD。当拖动直流电机或带蓄电池负载时,负载中会出现反电动势,如图中 E_M 所示。若负载中无反电动势,则只需令 $E_M = 0$,对分析过程及输入输出表达式无影响。

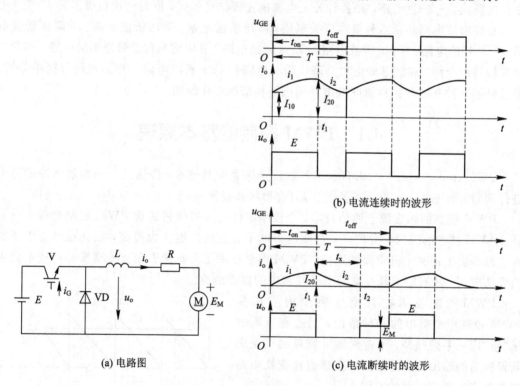

(a) 电路图　　　　(b) 电流连续时的波形　　　(c) 电流断续时的波形

图 4 - 3　降压斩波电路及其工作波形

对直流-直流变换电路的分析仍基于电力电子电路分析的三条基本原则,降压斩波电路中仅有一个全控型器件,因此根据 V 开通与关断工作状态的不同分为两段进行分析。

如图 4 - 3(b)中 V 的控制电压 u_{GE} 波形所示,在 $t = 0$ 时刻驱动 V 导通,电源 E 向负载 RL 供电,负载电压 $u_o = E$,电感 L 中电流即负载电流 i_o 按指数曲线上升,续流二极管因反向偏置而截止;在 $t = t_1$ 时控制 V 关断,电感 L 中的电流不能突变,使得续流二极管 D 导通，L 中存储的能量通过 D 传输到电阻二极管 VD 续流，负载电压 $u_。$ 近似为零，负载电流呈指数曲线下降。

在下一个控制周期中，再驱动 VT 导通，上述过程重复进行。当电路工作于稳态时，负载电流在一个周期的初值和终值相等，如图 4-3(b)所示，负载电压的平均值为

$$U_。=\frac{t_{\text{on}}}{t_{\text{on}}+t_{\text{off}}}E=\frac{t_{\text{on}}}{T}E=\alpha E \tag{4-1}$$

式中，t_{on} 为 V 处于导通状态的时间，t_{off} 为 V 处于关断状态的时间，T 为开关周期，α 为导通占空比，简称占空比或导通比。由式(4-1)可知，改变占空比的大小即可调制输出电压的幅值，但输出的电压平均值 $U_。$ 最大为 E，因此将该电路称为降压斩波电路，也有文献直接使用其英文名称，称为 Buck 变换器(Buck conventer)。

负载电流平均值为

$$I_。=\frac{U_。-E_{\text{M}}}{R} \tag{4-2}$$

若负载中储能电感 L 值较小，则在 V 关断后的时刻，负载电流已衰减为零，负载电流出现断续情况，如图 4-3(c)所示。负载电流断续将导致输出负载电压平均值 $U_。$ 被抬高，实际使用中一般不希望出现电流断续的情况。

在进行电力电子电路分析时，在三条基本原则的基础上还可加入一条能量守恒原则。下面基于能量守恒原则，从能量输入、输出关系的角度简单推导降压斩波电路的数学关系。

首先假设负载回路中电感 L 足够大，负载电流维持为 $I_。$ 不变。电源只在 V 处于导通状态时提供能量，为 $EI_。t_{\text{on}}$。从负载侧分析，在整个周期 T 中，负载一直在消耗能量，其消耗的能量为 $U_。I_。T=RI_。^2T+E_{\text{M}}I_。T$。忽略电路中的损耗，根据能量守恒定律，一个周期中电源提供的能量与负载消耗的能量相等，则

$$EI_。t_{\text{on}}=U_。I_。T=RI_。^2T+E_{\text{M}}I_。T \tag{4-3}$$

可得

$$U_。=\frac{t_{\text{on}}}{T}E=\alpha E, \; I_。=\frac{\alpha E-E_{\text{M}}}{R} \tag{4-4}$$

与式(4-1)、(4-2)结论一致。

上述分析均基于电感 L 无穷大、负载电流平直的情况，若假设此时电源电流平均值为 I_1，则根据平均值定义有

$$I_1=\frac{t_{\text{on}}}{T}I_。=\alpha I_。 \tag{4-5}$$

即输入电流平均值小于负载电流平均值。由式(4-5)可得输入功率为

$$EI_1=\alpha EI_。=U_。I_。 \tag{4-6}$$

即输出功率等于输入功率，可将降压斩波电路看作直流降压变压器。

例 4-1　在图 4-3(a)所示的降压斩波电路中，已知 $E=200$ V，$R=10 \ \Omega$，L 值极大，$E_{\text{M}}=30$ V，$T=50 \ \mu\text{s}$，$t_{\text{on}}=20 \ \mu\text{s}$，计算输出电压平均值 $U_。$，输出电流平均值 $I_。$，输入电流平均值 I_1。

解　由于 L 值极大，故负载电流连续，于是输出电压平均值为

$$U_o = \frac{t_{on}}{T}E = \frac{20 \times 200}{50} = 80 \text{ (V)}$$

输出电流平均值为

$$I_o = \frac{U_o - E_M}{R} = \frac{80-30}{10} = 5 \text{ (A)}$$

输入电流平均值为

$$I_1 = \frac{t_{on}}{T}I_o = \frac{20 \times 5}{50} = 2 \text{ (A)}$$

4.3 升压斩波电路

在开关电源应用中，经常需要提升电压，这时需要升压斩波电路（Boost chopper）。升压斩波电路结构如图 4-4(a)所示，与降压斩波电路相同，该电路中也只使用了一个全控型开关器件，但是电路中电气元件的位置发生了变化，二极管与电感串联，控制电流的走向；输出电容与负载并联，维持负载电压的恒定。在以下的分析中，假定电感 L 容量足够大，输入电流无纹波；电容 C 容量足够大，输出电压无纹波。

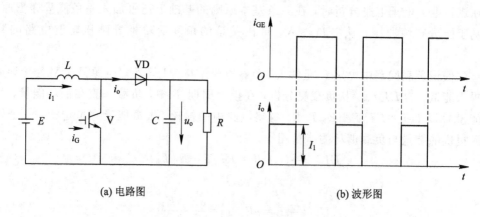

(a) 电路图   (b) 波形图

图 4-4 升压斩波电路及其工作波形

若系统稳定运行，当 V 处于通态时，电源 E 向电感 L 充电，电流恒定为 I_1，如图 4-4 (b)所示，电容 C 向负载 R 供电，输出电压 U_o 恒定。设 V 通态的时间为 t_{on}，此阶段 L 上积蓄的能量为 $EI_1 t_{on}$。当 V 处于断态时，电源 E 和电感 L 同时向电容 C 充电，并向负载提供能量。设 V 断态的时间为 t_{off}，则此期间电感 L 释放的能量为 $(U_o - E)I_1 t_{off}$。由于电路工作于稳态，一个周期 T 中 L 积蓄的能量与释放的能量相等，则有

$$EI_1 t_{on} = (U_o - E)I_1 t_{off} \qquad (4-7)$$

化简得

$$U_o = \frac{t_{on} + t_{off}}{t_{off}}E = \frac{T}{t_{off}}E \qquad (4-8)$$

式中，$T/t_{off} > 1$，输出电压高于电源电压，故为升压斩波电路。也有文献直接采用其英文名称，称为 Boost 变换器（Boost choppter）。

式 $(4-8)$ 中 T/t_{off} 称为升压比，调节升压比的大小，即可改变输出电压 U_o 的大小，其调节方法与降压斩波电路中改变占空比 α 的方法一致。升压比的倒数记作 β，即 $\beta = t_{off}/T$。则升压比 β 和占空比 α 满足如下关系：

$$\alpha + \beta = 1 \tag{4-9}$$

则式 $(4-8)$ 可表示为

$$U_o = \frac{1}{\beta}E = \frac{1}{1-\alpha}E \tag{4-10}$$

升压斩波电路能够使输出电压高于输入电压的原因主要有两个方面：一是电感 L 的储能具有使电压泵升的作用；二是电容 C 可使输出电压基本保持恒定。

若忽略电路中的损耗，根据能量守恒定律，则由电源提供的能量仅由负载 R 消耗，即

$$EI_1 = U_o I_o \tag{4-11}$$

该式表明，与降压斩波电路一样，升压斩波电路也可看作直流变压器。

根据能量守恒定律可知，电力电子电路在稳态工作时，电路中的储能元件在一个周期内储存的能量与消耗的能量相等，即电感两端电压的积分为零，电容两端的电流积分为零。

根据电路结构及式 $(4-10)$、式 $(4-11)$ 可得输出电流平均值和输入电流平均值分别为

$$I_o = \frac{U_o}{R} = \frac{1}{\beta}\frac{E}{R} \tag{4-12}$$

$$I_1 = \frac{U_o}{E}I_o = \frac{1}{\beta^2}\frac{E}{R} \tag{4-13}$$

例 4-2　在图 $4-4(a)$ 所示的升压斩波电路中，已知 $E = 50$ V，L 值和 C 值极大，$R = 20$ Ω，采用脉宽调制控制方式，当 $T = 40$ μs，$t_{on} = 25$ μs 时，计算输出电压平均值 U_o，输出电流平均值 I_o。

解　输出电压平均值为

$$U_o = \frac{T}{t_{off}}E = \frac{40}{40-25} \times 50 = 133.3 \text{ (V)}$$

输出电流平均值为

$$I_o = \frac{U_o}{R} = \frac{133.3}{20} = 6.667 \text{ (A)}$$

Boost 电路可应用于直流电动机传动、单相功率因数校正(power factor correction, PFC)电路以及其他交直流电源中，下面给出两个简单的应用案例。

1. 电动汽车的再生制动

电动汽车采用蓄电池作为能量载体，制动时电机作为发电机运行，将车体的动能转换为电能，反馈至蓄电池。由于制动时转速变化，输出电压幅度变化，而蓄电池电压稳定，因此必须将发电机产生的电压升压后才能对电池充电。在电机输出端接入 Boost 电路，再生制动时该电路工作，实现将电能馈入蓄电池(直流电源)的目的。在电动机电枢电流连续和断续两种工作状态下，直流电源的电压基本是恒定的，因此不必并联电容器。用于直流电动机回馈能量的升压斩波电路及其波形如图 $4-5$ 所示。

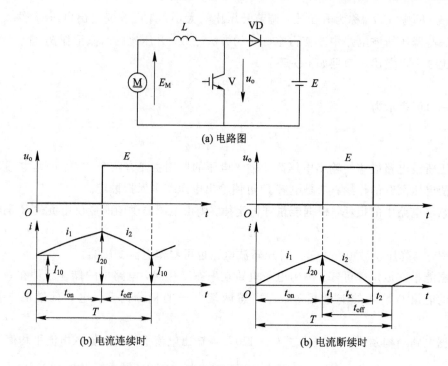

(a) 电路图

(b) 电流连续时　　　　　　　　　(b) 电流断续时

图 4-5　用于直流电动机回馈能量的升压斩波电路及其波形

2. 有源功率因数校正

不控整流电路广泛应用于开关电源的输入端,通常在整流电路输出端并联电容以维持输出电压基本恒定。只有输入电压大于电容两端电压时,整流二极管才会导通,这样,输入电压和电流不同相,电流滞后于电压,导致功率因数较低。为使输入电压和电流同相,有源功率因数校正(active power factor correction, APFC)的思路是,在整流电路输出端增加一个 Boost 电路,控制不控整流后的电流,使之在对滤波大电容充电之前能与整流后的电压波形相同,从而避免形成电流脉冲,减小输入电流谐波,达到改善功率因数的目的。图 4-6 所示为带电压外环的有源功率因数校正电路原理,u_d 为正弦半波经电压外环和乘法器后作为电流内环的给定值,以控制电感电流 i_L 与 u_d 同相位。

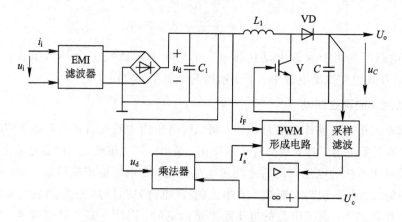

图 4-6　有源功率因数校正电路

4.4　升降压斩波电路

升降压斩波电路(Buck-Boost chopper)的输出电压可高于或低于输入电压,主要应用于开关稳压电源。其原理如图 4 - 7(a)所示,设电路中电感 L 和电容 C 的值都很大,使得电感电流 i_L 和电容电压(即负载电压 u_o)基本保持恒定。升降压斩波电路的工作原理与降压斩波电路类似,主要分为两个阶段:当全控型器件 V 处于导通状态时,电源 E 经 V 向电感 L 供电,电感存储能量,此时电流为 i_1。同时,电容 C 维持输出电压恒定并向负载 R 供电;当全控型器件 V 处于关断状态时,为电感 L 储能并向电容及负载放电过程,此时电流为 i_2。由电路图可知,负载电压极性为上负下正,与电源电压极性相反,因此该电路也称作反极性斩波电路。

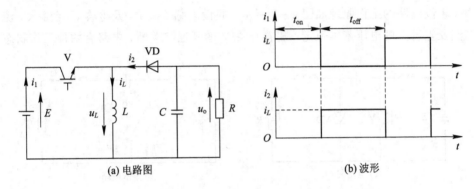

(a) 电路图　　　　　　　　　　(b) 波形

图 4 - 7　升降压斩波电路及其波形

升降压斩波电路输入、输出关系的推导有两种不同的思路,一是根据能量守恒定律,输入、输出功率相等,即 $EI_1 = U_o I_2$(具体推导过程可自行分析);二是根据稳态时一个周期 T 内电感 L 两端电压 u_L 对时间的积分为零,即

$$\int_0^T u_L \mathrm{d}t = 0 \tag{4-14}$$

当 V 处于导通状态时,$u_L = E$;而当 V 处于关断状态时,$u_L = -U_o$,于是可得

$$E t_{\mathrm{on}} + (-U_o) t_{\mathrm{off}} = 0 \tag{4-15}$$

则输出电压 U_o 为

$$U_o = \frac{t_{\mathrm{on}}}{t_{\mathrm{off}}} E = \frac{t_{\mathrm{on}}}{T - t_{\mathrm{on}}} E = \frac{\alpha}{1-\alpha} E \tag{4-16}$$

可见,当输入电压恒定时,通过改变占空比的大小可使升降压斩波电路的输出电压在较大范围内调节,既可以比输入电压高(当 $1/2 < \alpha < 1$ 时即为升压),也可以比输入电压低(当 $0 < \alpha < 1/2$ 即为降压),这也是该电路被称为升降压斩波电路的原因。也有文献直接按照英文称之为 Buck-Boost 变换器。

图 4 - 7(b)给出了电源电流 i_1 和负载电流 i_2 的波形,设两者的平均值分别为 I_1 和 I_2,当电流脉动足够小时,有

$$\begin{cases} I_1 = \dfrac{t_{on}}{T}i_L \\ I_2 = \dfrac{t_{off}}{T}i_L \end{cases} \Rightarrow \dfrac{I_1}{I_2} = \dfrac{t_{on}}{t_{off}} \tag{4-17}$$

由式(4-17)可得

$$I_2 = \frac{t_{off}}{t_{on}}I_1 = \frac{1-\alpha}{\alpha}I_1 \tag{4-18}$$

基于器件理想化的假设,变换器在功率传输过程中无损耗(实际变换器效率不可能为1),则根据能量守恒定律,升降压变换器的输入功率等于输出功率,可看作直流变压器,即

$$EI_1 = U_o I_2 \tag{4-19}$$

4.5　Cuk 斩波电路

Cuk 斩波电路的工作原理如图 4-8 所示,假设电感 L_1、L_2 及电容 C 足够大,流过电感的电流及电容上的电压基本恒定,随着开关 V 的开通与关断,电路有两种工作状态。

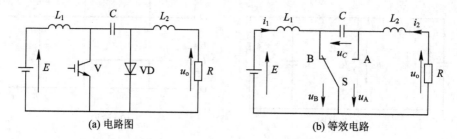

图 4-8　Cuk 斩波电路及其等效电路

当开关 V 处于开通状态时,相当于等效电路图中的开关 S 处于 B 端,此时 VD 反向偏置。电源通过 V 向电感 L_1 充电,使 L_1 增加能量;电容 C 通过 V 为负载提供能量,并将一部分能量转移到 L_2 中。此时电流流通回路有两条,分别为 E—L_1—V 回路和 R—L_2—C—V 回路。

当开关 V 处于关断状态时,相当于等效电路图中的开关 S 处于 A 端,此时 VD 正向偏置。一方面,电感 L_1 的储能通过 VD 向电容 C 转移,电容电压 C 升高;另一方面,电感 L_2 通过 VD 为负载提供能量。此时电流流通回路有两条,分别为 E—L_1—C—VD 回路和 R—L_2—VD 回路。

如图 4-8(b)所示,在 T_{on} 时间内,即 V 处于开通状态时,S 处于 B 端,$u_B=0$,$u_A=-u_C$;在 T_{off} 时间内,即 V 处于关断状态时,S 处于 A 端,$u_B=u_C$,$u_A=0$。因此,B 点电压平均值为 $U_B=\dfrac{t_{off}}{T}U_C$,其中 U_C 为电容电压 u_C 的平均值,又因稳态时一个周期 T 内电感 L_1 两端电压 u_{L_1} 的平均值为零,因此

$$U_B = \frac{t_{off}}{T}U_C = E \tag{4-20}$$

同理可得

$$U_A = \frac{t_{on}}{T}U_C = U_o \qquad (4-21)$$

则可得输入、输出电压之间的关系为

$$U_o = \frac{t_{on}}{t_{off}}E = \frac{t_{on}}{T-t_{on}}E = \frac{\alpha}{1-\alpha}E \qquad (4-22)$$

　　根据能量守恒定律,该电路在稳态时电容 C 的电流在一个周期内的平均值也应为零。由前述分析可知,在 t_{on} 时间内,S 处于 B 端,流过电容的电流为 I_2,在 t_{off} 时间内,S 处于 A 端,流过电容的电流为 I_1,则有

$$I_2 t_{on} = I_1 t_{off} \qquad (4-23)$$

即

$$\frac{I_2}{I_1} = \frac{t_{off}}{t_{on}} = \frac{T-t_{on}}{t_{on}} = \frac{1-\alpha}{\alpha} \qquad (4-24)$$

　　由以上分析可知,Cuk 斩波电路也是一种升降压直流-直流变换器,其本质上由升压型变换器与降压斩波电路级联而成。其中,作为中间元件的电容具有储能和由输入端向输出端传送能量的作用。与上节升降压斩波电路相比,Cuk 斩波电路输入的电源电流和输出的负载电流都是连续的,且脉动很小,有利于对输入、输出进行滤波。

4.6　间接直流变换电路

　　对于电源而言,通常希望输入和输出在电气上是完全隔离的,因此通常采用间接直流变换电路,也就是带隔离的直流-直流变换电路。实现电隔离最常用的方法是采用隔离变压器磁耦合方式,与直流斩波电路相比,间接直流变换电路增加了交流环节,也称为直-交-直电路,其电路结构如图 4-9 所示。直流斩波电路一般通过调节占空比来调节输出电压,而隔离型变换电路除采用调节占空比的方法外,还可通过改变变压器原副边的匝数比来调节。

图 4-9　隔离型直流变换电路结构图

采用这种结构相对复杂的电路来完成直流-直流变换的原因如下:

(1) 输出端与输入端需要隔离。

(2) 某些应用中需要相互隔离的多路输出。

(3) 输出电压与输入电压的比例远小于 1 或远大于 1。

(4) 交流环节采用较高的工作频率,可以减小变压器和滤波电感、滤波电容的体积和重量,工作频率高于 20 kHz 的人耳听觉极限,可避免变压器和电感产生噪音。

　　由于工作频率较高,逆变电路通常采用 GTR、MOSFET、IGBT 等全控型器件,整流电路中通常采用快恢复二极管或通态压降较低的肖特基二极管,在低电压输出的电路中,还可以采用低导通电阻的 MOSFET 构成同步整流电路,以进一步降低损耗。

　　隔离型变换电路按照变压器中流过的电流分为单端电路和双端电路,单端电路变压器

中流过的是直流脉动电流,双端电路变压器中流过的是正负对称的交流电流。其中,正激电路和反激电路属于单端电路,半桥、全桥和推挽电路属于双端电路。

4.6.1 单端反激电路

单端反激电路(flyback电路)原理如图4-10所示,开关器件与变压器原边绕组相连,次级绕组通过二极管整流输出,初、次级绕组极性相反,N_1和N_2是其对应的绕组匝数,其工作波形如图4-11所示。

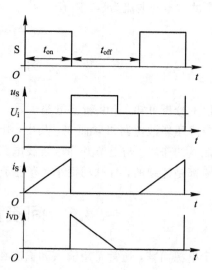

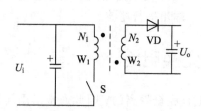

图4-10 单端反激电路原理图　　图4-11 单端反激电路工作波形

电路中的变压器起着储能元件的作用,可以看作是一对相互耦合的电感。当开关器件S导通时,原边绕组两端电压为上正下负,副边绕组两端电压为上负下正,VD承受反压处于关断状态,绕组W_1中电流线性增长,变压器获得磁场能量,该状态下$U_{W_1}=U_i$,$U_{W_2}=-\dfrac{N_2}{N_1}U_i$;当开关器件S关断时,绕组$W_1$中电流被切断,变压器中的磁场能量通过绕组$W_2$和二极管VD向负载侧释放,该状态下$U_{W_2}=U_o$,$U_S=U_i+\dfrac{N_1}{N_2}U_o$。

根据能量守恒定律,一个周期内变压器吸收的能量与释放的能量相等,也就是说变压器原边或者副边上的电压变化在一个周期内的积分平均值为零。当电流连续时,即在开关器件S开通前,副边绕组W_2中的电流还未下降到零,输入、输出电压满足

$$\frac{U_o}{U_i}=\frac{N_2}{N_1}\frac{t_{on}}{t_{off}}\tag{4-25}$$

当电流断续时,即在开关器件S开通前,副边绕组W_2中的电流已经下降到零,则$U_{W_2}=U_o$的时间小于t_{off},输出电压高于式(4-25)计算值,并随负载减小而升高,在负载为零的极限情况下,输出电压无限大,将导致器件损坏。因此,单端反激电路不应工作在负载开路状态。

单端反激电路结构简单,电压可调幅度较大,属于升降压电路,由于电路传输的所有能量均通过变压器,为避免变压器体积过大,该电路一般应用于中小功率场合。

4.6.2　单端正激电路

单端正激电路(forwad 电路)包含多种不同拓扑,图 4-12 为典型的单端正激电路原理图,该电路在结构上与反激电路的区别在于:变压器的原、副边绕组极性相同,此外,在变压器中增加一个磁复位绕组,其工作波形如图 4-13 所示。

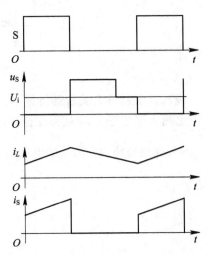

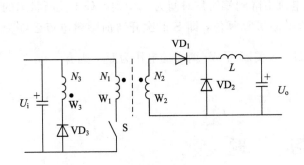

图 4-12　单端正激电路原理图　　　　　图 4-13　单端正激电路工作波形

当开关器件 S 导通时,原边绕组两端电压为上正下负,副边绕组两端电压也为上正下负,因此,VD_1 承受正压处于开通状态,VD_2 承受反压处于关断状态,电感 L 中的电流线性增长,电感储能增加,该状态下,$U_S = U_{W_1} = U_i$,$U_{W_2} = \dfrac{N_2}{N_1}U_i$,电感 L 两端的电压为 $\dfrac{N_2}{N_1}U_i - U_o$;当开关器件 S 关断时,绕组 W_1 中的电流被切断,原、副边绕组感应电动势为上负下正,因此,VD_1 承受反压处于关断状态,电感 L 通过 VD_1 续流,变压器中的磁场能量通过绕组 W_3 和 VD_3 流回电源,该状态下,$U_{W_3} = U_i$,$U_S = \left(1 + \dfrac{N_1}{N_3}\right)U_i$,电感 L 两端的电压为 $-U_o$。

在电感电流连续的情况下,输出电压与输入电压之间的关系为

$$\frac{U_o}{U_i} = \frac{N_2}{N_1}\frac{t_{on}}{T}　\tag{4-26}$$

若电感电流不连续,则输出电压降高于上式的计算值,并随负载减小而升高,在负载为零的极限条件下,$U_o = \dfrac{N_2}{N_1}U_i$。

为防止变压器励磁电感饱和,必须在开关器件 S 关断后使励磁电流降回零,这一过程称为变压器的磁心复位,在正激电路中绕组 W_3 和二极管 VD_3 组成了其磁心复位电路,磁心复位过程中各物理量的变化情况如图 4-14 所示。

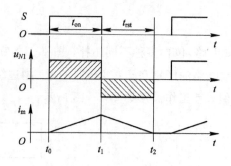

图 4-14 磁心复位过程

设从开关器件 S 关断到绕组 W_3 的电流下降到零所需时间为 t_{rst}，则 S 处于关断状态的时间必须大于等于 t_{rst}，从而保证变压器磁心可靠复位，即 S 下次开通前励磁电流已降为零。S 开通时绕组 W_3 两端的电压为 $\dfrac{N_1}{N_3}U_i$，S 关断后 W_3 两端的电压为 U_i，则有

$$t_{rst} = \frac{N_3}{N_1} t_{on} \tag{4-27}$$

习 题

1. 简述降压斩波电路的工作原理。

2. 在图 4-3 所示的降压斩波电路中，已知 $E=200$ V，$R=10$ Ω，L 值极大，$E_M=30$ V，$T=50$ μs，$t_{on}=20$ μs，计算输出电压平均值 U_o，输出电流平均值 I_o。

3. 简述升压斩波电路的工作原理。

4. 在图 4-4 所示的升压斩波电路中，已知 $E=50$ V，L 值和 C 值极大，$R=20$ Ω，采用脉宽调制控制方式，当 $T=40$ μs，$t_{on}=25$ μs 时，计算输出电压平均值 U_o 及输出电流平均值 I_o。

5. 讨论升压型变换器占空比保持不变而负载电阻增大可能导致的后果。

6. 试分别简述升降压斩波电路和 Cuk 斩波电路的工作原理，并比较其异同点。

7. 一升降压斩波电路，$L=20$ μH，开关频率为 20 kHz，输入电压为 20 V，输出电压为 10 V，输出电阻为 10 Ω，试求此时的占空比。

8. 简要叙述 Cuk 斩波电路中二极管的作用。

9. 升压变换器为什么不能在占空比接近于 1 的情况下工作？

10. 试说明 PWM 控制的基本原理。

第 5 章　逆 变 电 路

　　与交流-直流变换的整流电路相对应，将直流电变换成交流电的电路称为逆变电路。当交流侧接电网，即交流侧接有电源时，称为有源逆变，第 3 章整流电路当输出电压为负值，即工作在逆变状态时就属于有源逆变；当交流侧直接与负载连接时称为无源逆变。本章主要讲述无源逆变，当不加特殊说明时，逆变电路一般指无源逆变。

　　逆变电路经常和变频概念联系在一起，变频电路主要有交-交直接变频和交-直-交变频两种形式。交-交变频又分为基于半控型器件晶闸管交-交变频器和基于全控型器件的矩阵变换器。前一种仅在大功率传动领域还有部分应用，已逐步被交-直-交变频所取代，后一种的工业应用较少。因此，本书对交-交变频部分不做介绍。交-直-交变频电路由前级的交-直变换电路(整流电路)和后级的直-交变换电路(逆变电路)构成，通用变频器整流部分多采用最简单的二极管不控整流电路，因此交-直-交变频电路的核心部分是其逆变电路，通常也将交-直-交变频器称为逆变器。

　　逆变电路广泛应用于各种依赖蓄电池、干电池或太阳能电池工作的直流电源中，通过逆变电路向交流负载提供能量。另外，如不间断电源(UPS)、交流电动机调速用变频器、感应加热电源等电力电子装置的核心部分也是逆变电路。小功率逆变器通常是单相的，而中、大功率级的逆变器则是三相的。本章将详细介绍逆变器的工作原理、几种典型的逆变器拓扑及 PWM 调制原理与实现。

5.1　逆变器的类型和性能指标

　　逆变器种类较多，可从输入、输出、拓扑结构等方面进行分类。逆变器的输入为直流电，输出为交流电，但输出并不一定是单一频率的正弦波，在更多情形下，既有基波也有谐波，因此评价逆变器时，其输出波形质量是一个重要指标。

5.1.1　逆变器的类型

　　逆变器的类型可分为以下几种：

　　(1) 依据直流侧电源性质的不同可分为电压型逆变器和电流型逆变器。电压型逆变器的输入端并接有大电容，逆变器将直流电压变换为交流电压，因此也称为电压源型逆变器 VSI(voltage source inverter)；电流型逆变器的输入端串接有大电感，形成平稳的直流电流，这种逆变器将输入的直流电流变换成为交流电流输出，相应地被称为电流源型逆变器 CSI(current source inverter)。

　　(2) 依据输出交流电压的性质可分为恒频恒压(constant voltage and constant frequency，CVCF)正弦逆变器、方波逆变器、变频变压(variable voltage and variable frequency，VVVF)逆变器和高频脉冲电压(电流)逆变器。

（3）依据逆变电路结构的不同可分为单相半桥、单相全桥、推挽和三相桥式逆变器。

此外，还可依据所采用的开关器件进行分类，但现在大都采用全控型器件，中功率逆变器多用 IGBT，大功率逆变器多用 GTO，现在也推出了大功率 IGCT 逆变器，小功率逆变器普遍采用 MOSFET。

5.1.2　逆变器性能指标

逆变器的输出一般都不是单一的正弦波，波形特征通常由以下性能指标来描述。

1. 谐波系数 HF

通常称逆变器输出的最低次频率分量为基波，频率为基波频率整数倍（大于 1）的分量为谐波。

第 n 次谐波系数定义为第 n 次谐波分量有效值与基波分量有效值之比，即

$$\mathrm{HF}_n = \frac{U_n}{U_1} \tag{5-1}$$

当逆变器的输出不是单一正弦波时，其输出往往包含多次谐波。如图 5-1 所示的方波信号，其频谱中包含 3、5 等奇次谐波。

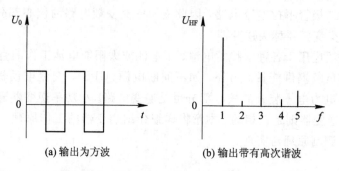

（a）输出为方波　　　　　　（b）输出带有高次谐波

图 5-1　逆变器输出的各种波形

2. 总谐波系数 THD

当逆变器的输出包含多个谐波时，往往采用总谐波系数来描述，其定义如下：

$$\mathrm{THD} = \frac{\left(\sum_{n=2}^{\infty} U_n^2\right)^{1/2}}{U_1} \tag{5-2}$$

总谐波系数表征了一个实际波形同基分量接近的程度。对于理想的正弦波，THD 等于零。

3. 最低次谐波 LOH

最低次谐波定义为与基波频率最接近的谐波。当逆变器输出接交流电机时，最低次谐波对电机影响较大。

4. 电压传输比 T_{un}

电压传输比定义为输出基波分量的有效值与输入直流电压的比值，即

$$T_{\mathrm{un}} = \frac{U_{\mathrm{o1}}}{U_{\mathrm{s}}}$$

此外，对于逆变装置来说，逆变器的效率、单位重量输出功率、可靠性以及电磁兼容性(electro magnetic compatibility，EMC)和电磁干扰(electro magnetic interference，EMI)等指标也同样值得重视。

5.2 逆变器原理及拓扑结构

为了建立逆变器的初步概念，先来看图 5-2 所示的逆变器原理示意图。图 5-2(a)的核心实际上就是一个三刀开关(有三个位置)，第一个位置接正的直流电源 $+U_d/2$，第二个位置接负的直流电源 $-U_d/2$，第三个位置接电源的公共端(即零电位端)，负载接开关的公共端。当开关周期性、等间隔地在第一个和第二个位置且不经过第三个位置切换时，加到负载上的波形就是方波，如图 5-2(b)所示；若还经过第三个位置，则输出就是脉冲波形，如图 5-2(c)所示。显然这是一个逆变过程，通过控制开关可将直流电变换成交流电。

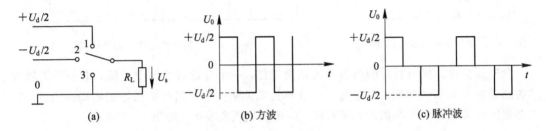

图 5-2 逆变器原理示意图

如果将上述的三刀开关用两个单向的电子开关来替换，如图 5-3 所示，相应地，第三个位置可通过控制两个开关都处于关断状态来实现，它实际上就是一个基本半桥拓扑。二极管为从负载到电源的电流提供通路，这种情况在实际应用中是经常出现的，即要求逆变器必须能够多象限运行。例如，当负载是阻感负载时，一旦开关在工作过程中处于关断状态，电感上的能量必须有泄放的路径，否则会出现大的 di/dt，对器件造成伤害。MOSFET通常内置有二极管，而大部分 IGBT 都需外置。

三相半桥逆变器的拓扑结构如图 5-4 所示，每个开关在一个周期中分别导通 120°，三相逆变器能够提供比较大的功率，而且其输出波形中不含 $3n(n=1,2,\cdots)$ 次谐波。

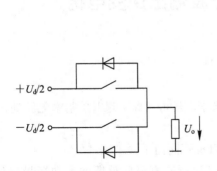

图 5-3 基本半桥逆变器拓扑结构

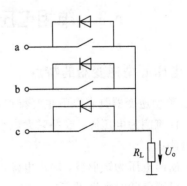

图 5-4 三相半桥逆变器拓扑结构

图 5－5 是单相全控桥逆变器拓扑结构，S_1 和 S_3，S_2 和 S_4 同时导通、同时关断，且为保证同一桥臂不出现直通（短路）现象，S_1 和 S_4、S_2 和 S_3 的状态互补，通过分别控制 S_1、S_3 和 S_2、S_4 按一定规律轮流导通实现逆变功能，这种结构将是本章讨论的重点。

三相全控桥逆变器的拓扑结构如图 5－6 所示，可以认为其由两个三相半桥逆变器串联得到，也可以认为由三个独立的单相半桥逆变器并联构成。

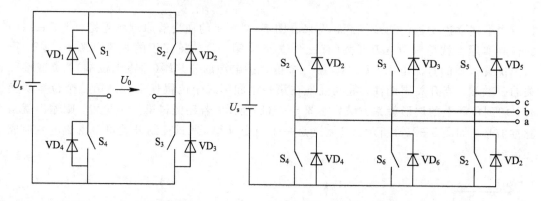

图 5－5　单相全控桥逆变器拓扑结构　　　图 5－6　三相全桥逆变器拓扑结构

全桥逆变电路同一桥臂的两组开关切换工作，一个开通时另一个关断，由于开关器件的关断通常比开通速度慢，为避免上一组开关未关断而下一组开关已导通的局面出现，往往在两组开关驱动信号中加入死区时间，避免直通现象发生，如图 5－7 所示。

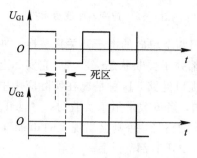

图 5－7　驱动信号加入死区

5.3　单相电压型方波输出逆变电路

5.3.1　电压源型逆变器的特点

电压源型逆变器具有以下主要特点：

（1）直流侧为电压源，或并联大电容，相当于电压源。直流侧电压基本无脉动，直流回路呈现低阻抗。

（2）输出电压为矩形波，输出电流因负载阻抗不同而不同。

（3）阻感负载时需提供无功功率。为了给交流侧向直流侧反馈的无功能量提供通道，逆变桥各桥臂并联反馈二极管。

5.3.2 全桥逆变电路

电压源型全桥逆变电路的拓扑结构如图 5 - 8(a)所示(其电子开关采用 IGBT 或 MOSFET),它共有四个桥臂,可以看成由两个半桥电路组合而成。把桥臂 1 和 4 作为一对,桥臂 2 和 3 作为一对,成对的两个桥臂同时导通、关断,两对交替各导通 180°,其输出电压为矩形波,如图 5 - 8(b)所示。

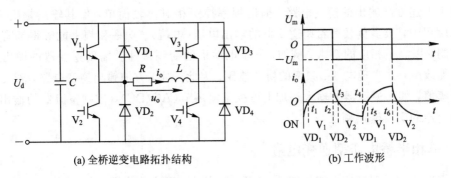

(a) 全桥逆变电路拓扑结构   (b) 工作波形

图 5 - 8　全桥逆变电路

假设电路已处于稳态,V_1、V_4 触发脉冲为方波信号,V_2、V_3 触发脉冲信号与 V_1、V_4 互补,将一个周期分为四段,电路具体工作过程分析如下:

(1) $0-t_1$ 时段:V_1、V_4 触发导通,V_2、V_3 关断,输出电压 $u_o = u_d$,由于此时负载电流 i_o 为负,电流通过续流二极管续流,电流流通路径为 VD_1—负载—VD_4。

(2) t_1-t_2 时段:仍然为 V_1、V_4 触发导通,V_2、V_3 关断,输出电压 $u_o = u_d$,由于此时负载电流 i_o 为正,电流流过全控型器件,电流流通路径为 V_1—负载—V_4。

(3) 在 t_2-t_3 时段和 t_3-t_4 时段,电路分析过程类似。

可以看出,只要 V_1、V_4 触发导通,不论电流流通路径如何,输出电压均为直流电压 u_d,而电流的流通路径由电流决定,当输出电压、电流同极性时,流过全控型器件,当输出电压、电流极性相反时,流过续流二极管。

全桥逆变电路是单相逆变电路中应用最多的。逆变器的输出电压 u_o 是幅值为 u_d 的方波,因此容易求出其 Fourier 展开式:

$$u_o = \frac{4U_d}{\pi}\left(\sin\omega t + \frac{1}{3}\sin3\omega t + \frac{1}{5}\sin5\omega t + \cdots\right) \qquad (5-3)$$

其中,基波幅值 U_{o1m} 和基波有效值 U_{o1} 分别为

$$\begin{cases} U_{o1m} = \dfrac{4U_d}{\pi} = 1.27U_d \\[3mm] U_{o1} = \dfrac{2\sqrt{2}U_d}{\pi} = 0.9U_d \end{cases} \qquad (5-4)$$

可计算出总的谐波系数为

$$\text{THD} = \sqrt{\frac{\pi^2}{8} - 1} = 0.4834 \qquad (5-5)$$

电压传输比为

$$T_{uu} = \frac{U_{o1}}{U_1} = \frac{2\sqrt{2}}{\pi} = 0.9003 \tag{5-6}$$

开关器件承受的最大电压为输入直流电压 U_d，流过它的最大电流为 I_o。值得注意的是，由于实际的开关器件存在开通和关断时间，为了保证同一桥臂的开关器件在开关切换时不致出现桥臂直通现象，往往在切换瞬间要加入死区时间，即上桥臂关断时，下桥臂不会立即开通，而需要延迟一段时间。

对于上述方波输出的逆变电路，输出频率控制相对比较简单，但其输出幅度不可调。而实际应用中，很多负载都希望逆变器的输出电压（电流）、功率和频率能够得到有效和灵活的控制，以满足相应的要求。例如，异步电动机的变频调速就需要逆变器的输出电压和电流都能改变，并实现电压、频率的协调控制。因此，对于方波输出逆变电路，若要改变输出电压幅值，如在逆变器的输入端加上可控整流环节（AC/DC），控制整流器的输出，就可控制逆变器的交流输出幅度。

5.3.3　单相半桥电压型逆变电路

单相半桥电压型逆变电路如图 5-9 所示。其中，两电容串联，其串联点提供了一个电压中点，两个全控型器件轮流导通 $180°$。输出电压 u_o 为矩形波，当 V_1 导通时，$u_o = \frac{1}{2}u_d$；当 V_1 关断后，V_2 开通，$u_o = -\frac{1}{2}u_d$，电流波形由负载情况决定。导通器件由输出电压、电流极性共同决定，同号为全控型器件导通，异号为续流二极管导通。带阻感负载时，设 t_2 时刻之前为 V_1 导通、V_2 关断，在 t_2 时刻给 V_1 关断信号、V_2 开通信号，则 V_1 关断，但阻感负载中电流 i_o 不能立即改变方向，于是 VD_2 导通续流。在 t_3 时刻，电流 i_o 降为零，则 VD_2 截止，V_2 开通，电流 i_o 开始反向。t_4、t_5 时刻电流工作情况分析过程类似，各段时间内导通器件的名称标于图 5-9(b) 的下部。

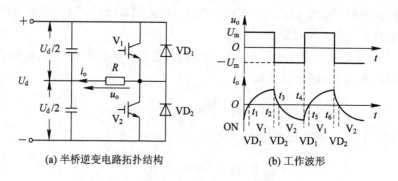

(a) 半桥逆变电路拓扑结构　　　　　(b) 工作波形

图 5-9　单相半桥电压型逆变电路

可见，当带阻感型负载时，由于死区的存在，V_1 关断后，VD_2 导通（L 的续流作用）；而此时 V_2 还未得到驱动信号，当 V_2 得到驱动信号时，由于 VD_2 导通，电流并未从 V_2 中流过。在电路的 LC 谐振下，电流反向，V_2 中开始通过电流，同时，由于 VD_2 导通，实现了零电压开通。零电压开通降低了器件的开通损耗，有利于提高电路的可靠性。

该电路的特点是简单、器件少，输出电压幅值为 $U_d/2$，输出交流幅值低；工作时需要控制两个电容器电压的均衡,常用于几千瓦以下的小功率逆变电源。

5.3.4 带中心抽头变压器的逆变电路

带中心抽头变压器的逆变电路原理如图 5-10 所示。变压器一次侧 2 个绕组和二次侧绕组的匝比为 1:1:1 的情况,变压器原边绕组的中心抽头接至电源正极,V_1、V_2 的发射极接在一起。

(1) 当 V_1 导通时,电源电压加在原边左侧绕组上,副边输出电压 $u_o = u_d$。

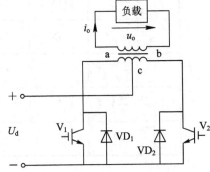

(2) 当 V_2 导通时,电源电压加在原边右侧绕组上,副边输出电压 $u_o = -u_d$;V_1、V_2 轮流导通,副边即可输出交变电压。

当 V_1 导通时,$V_{ac} = -U_d$,$V_{bc} = -U_d$,因此 V_2 承受 $2U_d$ 的反向电压,同理,当 V_2 导通时,V_1 承受 $2U_d$ 的反向电压。

带中心抽头变压器的电路比全桥电路少用一半 图 5-10 带中心抽头变压器的逆变电路
的开关器件,多用了一个变压器,可实现输入、输出的电气隔离和升降压,一次电流回路只有一个管压降,但器件承受电压高 1 倍,为 $2U_d$,适用于低压场合。

5.4 三相电压型桥式逆变器

三相电压型桥式逆变器通常用于功率较大的场合,可以看作是由三个半桥逆变电路组合而成的,其电路原理如图 5-11 所示。

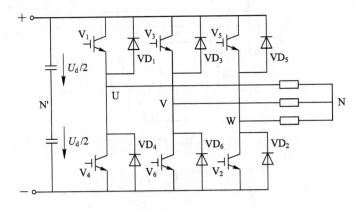

图 5-11 三相电压型桥式逆变电路

电路直流侧通常只有一个电容,但为了电路分析方便,画作两个串联的电容,并标出假想中点 N′。和单相半波、单相全桥逆变电路相同,三相电压型桥式逆变电路的基本工作方式也采用 180°导电方式,即每个周期内同一相的上下两个桥臂交替导通 180°,各相开始导电的角度依次相差 120°,一个周期内各个全控型器件的开关状态如表 5-1 所示。因此,任一瞬间将有不同相三个全控型器件同时导通,可能是一个上桥臂和两个下桥臂,也可能是两个上桥臂和一个下桥臂,而且每次换流均发生在同一相的上下两个桥臂之间(也称之为纵向换流）。

表 5 - 1　三相电压型桥式逆变器一个周期内器件工作状态

区间	V_1	V_2	V_3	V_4	V_5	V_6
$\left[0, \dfrac{\pi}{3}\right)$	ON	—	—	—	ON	ON
$\left[\dfrac{\pi}{3}, \dfrac{2\pi}{3}\right)$	ON	ON	—	—	—	ON
$\left[\dfrac{2\pi}{3}, \pi\right)$	ON	ON	ON	—	—	—
$\left[\pi, \dfrac{4\pi}{3}\right)$	—	ON	ON	ON	—	—
$\left[\dfrac{4\pi}{3}, \dfrac{5\pi}{3}\right)$	—	—	ON	ON	ON	—
$\left[\dfrac{5\pi}{3}, 2\pi\right)$	—	—	—	ON	ON	ON

　　三相电压型桥式逆变电路工作波形如图 5 - 12 所示。对于逆变器输出相电压，以 U 相为例，当 V_1 导通时，$u_{\mathrm{UN'}} = 1/2\,U_d$，当 V_2 导通时，$u_{\mathrm{UN'}} = -1/2\,U_d$，V 相、W 相的情况与 U 相类似，只是相位依次相差 120°。因此，逆变器输出相电压是幅值为 $1/2\,U_d$ 的矩形波，分别如图 5 - 12(a)、(b)、(c)所示。

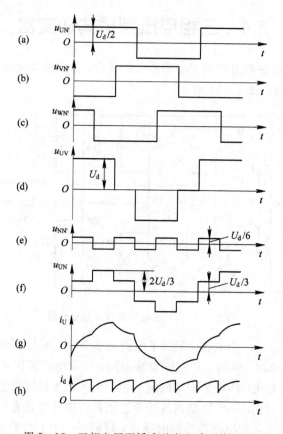

图 5 - 12　三相电压型桥式逆变电路工作波形

输出线电压，即负载线电压可由下式求出：

$$\left.\begin{array}{l} u_{UV} = u_{UN'} - u_{VN'} \\ u_{VW} = u_{VN'} - u_{WN'} \\ u_{WU} = u_{WN'} - u_{UN'} \end{array}\right\} \tag{5-7}$$

图 5-12(d)为依照上式画出的 u_{UV} 的波形。

设负载中点 N 与直流电源中点 N′之间的电压为 $u_{NN'}$，则负载各相的相电压为

$$\left.\begin{array}{l} u_{UN} = u_{UN'} - u_{NN'} \\ u_{VN} = u_{VN'} - u_{NN'} \\ u_{WN} = u_{WN'} - u_{NN'} \end{array}\right\} \tag{5-8}$$

将式(5-7)、式(5-8)相加并整理可得

$$u_{NN'} = \frac{1}{3}(u_{UN'} + u_{VN'} + u_{WN'}) - \frac{1}{3}(u_{UN} + u_{VN} + u_{WN}) \tag{5-9}$$

设负载为三相对称负载，则有 $u_{UN} + u_{VN} + u_{WN} = 0$，可得

$$u_{NN'} = \frac{1}{3}(u_{UN'} + u_{VN'} + u_{WN'}) \tag{5-10}$$

$u_{NN'}$ 的波形如图 5-12(e)所示，也是矩形波，但其频率是逆变器输出相电压的 3 倍，而幅值仅为逆变器输出相电压的 $1/3$，即为 $1/6 U_d$。

图 5-12(f)给出了利用式(5-8)和式(5-10)绘出的负载相电压 u_{UN} 的波形，u_{VN}、u_{WN} 的波形形状与 u_{UN} 相同，仅相位依次相差 120°。

负载已知时，可由 u_{UN} 的波形求出 i_U 的波形。一相上下两桥臂间的换流过程和半桥电路相似。将桥臂 1、3、5 的电流相加可得直流侧电流 i_d 的波形，i_d 每 60°脉动一次，直流电压基本无脉动，因此逆变器从交流侧向直流侧传送的功率是脉动的，这是电压型逆变电路的一个特点。同时，为防止同一相上下两个开关器件同时导通而引起直流侧电源短路，逆变电路采取先断后通的工作方式。

5.5 PWM 控制逆变器

尽管方波逆变器在外加可调直流电源时可以实现输出电压幅值控制，但实现起来是比较复杂的，而且其输出波形谐波含量大，因此对于许多波形质量要求较高、控制要求灵活的应用，方波逆变器已无法满足。PWM 控制通过改变逆变器内开关器件在一个周期中导通时间的长短，来实现对基波电压大小的调节和波形质量的改善，具体分为两种形式：单脉冲调制和 SPWM 调制。

5.5.1 单脉冲调制

单脉冲调制原理及输出波形如图 5-13 所示，其特点是每半周改变一次开关状态，且每半周开关导通的角度小于 π。开关导通时间由参考电压确定，如图 5-13(b)所示。将幅值为 U_{rm} 的矩形调制波（又称为参考波）与幅值为 U_{cm} 的三角载波进行比较，二者的交点作为开关器件驱动信号的起点和终点时刻，图 5-13(c)所示为两组开关器件的驱动信号。在调制波 u_r 的正半周，$u_r \geqslant u_c$ 所对应的时段 θ 内，给开关管 V_1、V_4 分别加驱动信号 u_{G1}、u_{G4}；

在调制波 u_r 的负半周，$u_r \leqslant u_c$ 所对应的时段 θ 内，给开关管 V_2、V_3 分别加驱动信号 u_{G2}、u_{G3}，则输出电压 u_o 为图 5-13(d)所示的脉宽为 θ、幅值为 U_d 的交流方波。改变调制参考波和载波的频率，就可改变输出电压基波的频率，载波电压幅值 U_{cm} 固定不变，改变调制波的幅值 U_{rm}，则可改变输出脉宽 θ。

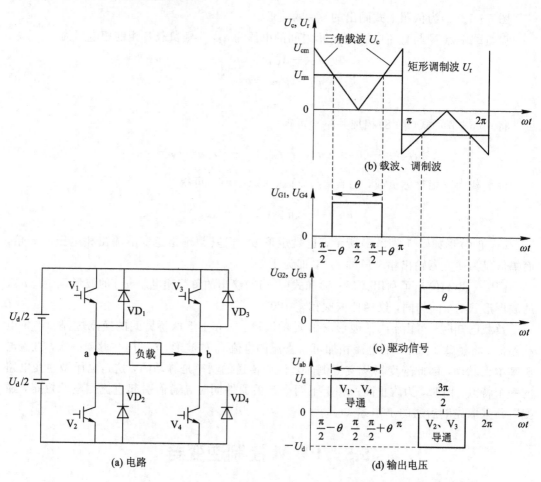

图 5-13　单脉冲调制原理及输出波形

若将参考电压幅值与载波电压幅值的比值定义为调制系数 M，即

$$M = \frac{U_{rm}}{U_{cm}} \tag{5-11}$$

则输出电压的脉宽 $\theta = \pi \cdot U_{rm}/U_{cm} = M \cdot \pi$，因此，改变调制系数就可改变输出电压的脉宽，从而达到改变输出基波电压的目的。

进一步依据傅里叶展开式可得到输出电压的瞬时值和有效值以及基波有效值的表达式：

$$u_o = \sum_{n=1,3,\dots}^{\infty} \frac{4 U_d}{n \pi} \sin \frac{n\theta}{2} \times \left[-(-1)^{\frac{n+1}{2}} \right] \times \sin n\omega t \tag{5-12}$$

$$U_o = \left[\frac{2}{2\pi} \int_{(\pi-\theta)/2}^{(\pi+\theta)/2} u_o^2 \mathrm{d}(\omega t) \right]^{1/2} = U_d \sqrt{\frac{\theta}{\pi}} \tag{5-13}$$

$$U_1 = \frac{4}{\pi\sqrt{2}} U_d \cdot \sin\frac{\theta}{2} \tag{5-14}$$

若假定 $\theta = \pi/2$，则可计算出对应的总谐波系数 $THD = \sqrt{\dfrac{U_o^2 - U_1^2}{U_d^2}} = 0.3066$。

因此，单脉冲调制不仅实现了逆变器的输出幅值可调，而且谐波质量相对方波逆变器也得以改善。单脉冲时改变脉宽角 θ 可以有效地改变输出电压基波大小，但不能有效地减小谐波大小（或改善有限）。

5.5.2　正弦脉冲宽度调制(SPWM)

PWM 控制最重要的理论基础是面积等效原理，即冲量相等（变量对时间的积分相等）而形状不同的窄脉冲加在具有惯性的环节上时，其效果基本相同。冲量即指窄脉冲的面积，这里所说的效果基本相同，是指环节的输出响应波形基本相同。若把各输出波形用傅里叶变换分析，则其低频段非常接近，仅在高频段略有差异。例如，图 5-14 所示的三个窄脉冲形状不同，其中图 5-14(a)为矩形脉冲，图 5-14(b)为三角形脉冲，图 5-14(c)为正弦半波脉冲，但它们的面积（即冲量）都等于 1，那么当将它们分别加在具有惯性的同一环节上时，其输出响应基本相同。当窄脉冲为图 5-14(d)所示的单位脉冲时，环节的响应即为该环节的脉冲过渡函数。

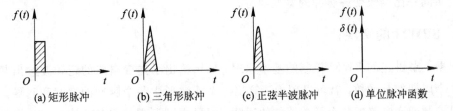

(a) 矩形脉冲　　(b) 三角形脉冲　　(c) 正弦半波脉冲　　(d) 单位脉冲函数

图 5-14　形状不同而冲量相同的各种窄脉冲

图 5-15(a)所示的电路是一个具体例子。图中 $e(t)$ 为电压窄脉冲，其形状和面积分别如图 5-14(a)、(b)、(c)、(d)所示，为电路的输入。该输入加在可以看成惯性环节的 $R-L$ 电路上，设其电流 $i(t)$ 为电路的输出。图 5-15(b)给出了不同窄脉冲 $i(t)$ 的响应波形。从波形可以看出，在 $i(t)$ 的上升段，脉冲波形不同时，$i(t)$ 的形状也略有不同，但其下降段则几乎完全相同。脉冲越窄，各 $i(t)$ 波形的差异也越小。若周期性地施加上述脉冲，则响应 $i(t)$ 也是周期性的。上述即为面积等效原理，它是 PWM 控制技术的重要理论基础。

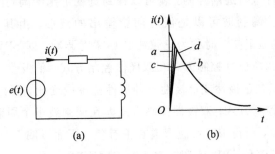

(a)　　　　　　(b)

图 5-15　冲量相等的各种窄脉冲的响应波形

基于面积等效原理，可分析如何利用一系列等幅不等宽的脉冲来代替一个正弦半波。将正弦半波 N 等分，即将其看成是由 N 个彼此相连、脉冲宽度相等而脉冲幅值不等的脉冲序列所组成的波形。如果将上述脉冲序列用相同数量的等幅而不等宽的矩形脉冲代替，使得矩形脉冲的中点和相应正弦波部分的中点重合，且使矩形脉冲和相应的正弦波部分面积（冲量）相等，即可得到图 5-16 所示的 PWM 脉冲波形，各脉冲幅值相等，而宽度按正弦规律变化。根据面积等效原理，该 PWM 波形和正弦半波的作用是等效的，对于正弦波的负半周，也可以用同样的方法得到对应的 PWM 波形。像这种脉冲宽度按照正弦规律变化而和正弦波等效的 PWM 波形，称为 SPWM（sinusoidal PWM）波形。

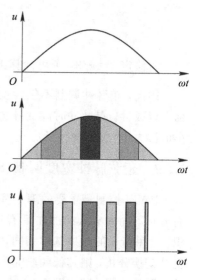

图 5-16　PWM 波代替正弦半波

基于面积等效原理，PWM 波形既可以是等幅的也可以是不等幅的。但根据第 4 章的分析可知，电压源型逆变器的特点之一是直流侧电压基本恒定，因此逆变电路中均为等幅不等宽的 PWM 波，当需要改变等效输出正弦波的幅值时，只需按照同一比例改变各脉冲的宽度即可。

5.5.3　SPWM 的实现

根据上节讲述的 PWM 控制的基本原理，如果给出了逆变电路的正弦波输出频率、幅值和半个周期的脉冲数，就可以精确计算出 PWM 波形中各个脉冲的宽度和间隔。按照计算结果控制逆变电路中各个开关器件的通断，即可得到所需的 PWM 波形，这种方法称为计算法。但该方法过于烦琐，当需要改变输出正弦波的频率、幅值或相位时，均需重新计算，算法通用性差。

与计算法相对应的是调制法，即把期望输出的波形作为调制波，把接受调制的信号作为载波，通过调制波与载波的比较调制得到所需的输出 PWM 波形。通常采用等腰三角波或锯齿波作为载波信号，其中等腰三角波应用最多，由于等腰三角波上任一点的水平宽度和高度呈线性关系且左右对称，当它与任一平缓变化的调制波相交时，如果在交点时刻对逆变电路中的开关器件进行通断控制，就可以得到宽度正比于调制波幅值的脉冲，这正符合 PWM 控制的要求。调制波可以是任意期望输出的波形，由其均可得到与之等效的 PWM 波形。当调制波为正弦波时称为正弦波脉冲宽度调制，即 SPWM。根据实现方式的不同，SPWM 又可分为单极性控制方式和双极性控制方式。单极性控制方式即在调制波半个周期内，三角载波只在正极性或负极性一种极性范围内变化，所得 PWM 波形也只在单个极性范围内变化的控制方式；双极性控制方式即在调制波半个周期内，三角载波不再是单极性，而是有正有负，所得 PWM 波形也有正有负。下面以图 5-17 所示的单相桥式逆变电路为例，具体分析两种 SPWM 调制方式的工作原理。

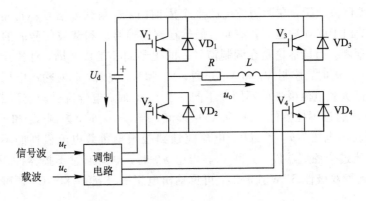

图 5-17 单相桥式 PWM 逆变电路

1. 单极性 SPWM 调制

单极性 SPWM 调制的分析方法与 5.3 节所述的方波逆变电路分析方法类似。逆变电路带阻感负载，工作时 V_1 和 V_2 的通断状态互补，V_3 和 V_4 的通断状态互补(见图 5-17)。具体控制规律为：在调制波 u_r 的正半周，使 V_1 始终保持导通，V_2 始终保持关断，通过调制波 u_r 和载波 u_c 控制 V_3 和 V_4 交替导通，当 $u_r > u_c$ 时，控制 V_4 开通 V_3 关断，当 $u_r < u_c$ 时，控制 V_4 关断 V_3 开通。由于阻感负载情况下负载电流滞后于电压，当负载电流为正时，V_1 和 V_4 导通，则输出电压 $u_o = U_d$。V_1 和 V_3 导通，负载电流通过 V_1 和 VD_3 续流，则输出电压 $u_o = 0$。当负载电流为负时，V_1 和 V_4 导通，负载电流流过 VD_1 和 VD_4，输出电压仍然为 $u_o = U_d$。V_1 和 V_3 导通，负载电流通过 VD_1 和 V_3 续流，输出电压仍然为 $u_o = 0$。因此，u_o 总是可以得到 U_d 和零两种电平。同理在 u_r 的负半周，使 V_2 始终保持导通，V_1 始终保持关断，V_3 和 V_4 交替导通，负载电压 u_o 总是可以得到 $-U_d$ 和零两种电平。这样就得到了单极性 SPWM 波形 u_o，u_{of} 表示 u_o 中点基波分量，如图 5-18 所示。

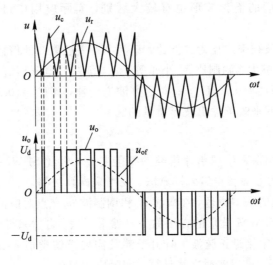

图 5-18 单极性 PWM 控制方式波形

2. 双极性 SPWM 调制

与单极性 SPWM 实现不同，图 5-19 所示为单相桥式逆变电路在双极性控制方式下的波形图。该控制方式下，在调制波u_r的半个周期内，三角载波信号不再是单极性的，而是有正有负，输出 PWM 波也有正有负。仍然在调制信号u_r和载波信号u_c的交点时刻控制各开关器件的通断，而且不论是在调制信号u_r的正半周还是负半周，对各开关器件的控制规律一致。当$u_r > u_c$时，控制 V_1 和 V_4 开通、V_2 和 V_3 关断，此时输出电压为$u_o = U_d$，电流流通路径根据负载电流极性的不同而不同，当$i_o > 0$时，电流流过全控型器件 V_1 和 V_4，当$i_o < 0$时，电流通过不控器件 VD_1 和 VD_4 续流；当$u_r < u_c$时，控制 V_1 和 V_4 关断、V_2 和 V_3 开通，此时输出电压为$u_o = -U_d$，电流流通路径根据负载电流极性的不同而不同，当$i_o < 0$时，电流流过全控型器件 V_2 和 V_3，当$i_o > 0$时，电流通过不控器件 VD_2 和 VD_3 续流。这样就得到了双极性 SPWM 波形，可见输出电压中只有U_d和$-U_d$两种电平。

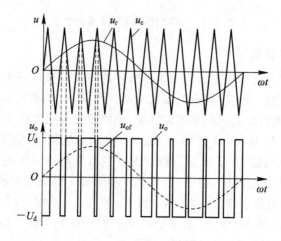

图 5-19　双极性 PWM 控制方式波形

单相桥式逆变电路既可以采取单极性调制，也可以采取双极性调制，由于对开关器件的控制规律不同，它们的输出波形也有较大区别，实际应用中最常用的是双极性调制方式。

定义调制波与载波频率之比为载波比，记为 N，一般取 3 的倍数。对于 SPWM 调制方式，如果载波比 N 足够大，调制比 M 小于等于 1，则基波电压幅值$U_{1m} = M \cdot U_d$，输出电压基波最大有效值为$U_{o1} = 0.707U_d$，而对比方波逆变器，其$U_{o1} = 0.9U_d$，可见 SPWM 是通过牺牲直流电压利用率来改善输出波形质量的。

3. 规则采样法

目前许多变流系统都采用像单片机类的智能芯片，因此 SPWM 驱动信号的生成普遍采用软件方法，常用的方法有自然采样算法、规则采样算法等。

按照 SPWM 控制的基本原理，在载波 u_c 和调制波 u_r 交点对应的时刻控制功率开关器件的通断，这种产生 SPWM 波形的方法称为自然采样法。自然采样法是最基本的方法，所得到的 SPWM 波形也很接近正弦波，但由于涉及需要求解类似 $a \sin \omega t = kt + b$ 的超越方程，其计算时间相当长，难以实时在线计算，实际应用很少。

规则采样法是一种应用较广的工程实用方法，其效果接近自然采样法，但计算量却比自然采样法小得多。图 5-20 为规则采样法原理示意图，其基本思路是：取三角载波两个正峰值之间为一个采样周期，使每个 PWM 脉冲的中点和三角载波一个周期的中点（即负峰点)重合，在三角载波的负峰时刻对正弦信号波采样而得到正弦波的值，用幅值与该正弦波值相等的一条水平直线近似代替正弦信号波，用该直线与三角载波的交点代替正弦波与载波的交点，即可得出控制功率开关器件通断的时刻。比起自然采样法，规则采样法的计算非常简单，计算量大大减少，而效果接近于自然采样法，得到的 SPWM 波形仍然很接近正弦波，克服了自然采样法难以在实时控制中在线计算且在工程中实际应用不多的缺点。

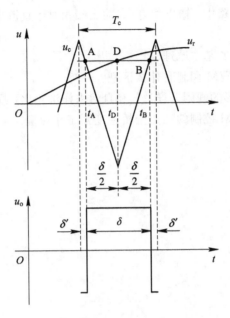

图 5 - 20　规则采样法原理示意图

设正弦波调制信号为 $u_r = a\sin\omega_r t$，其中 a 称为调制度，$0 \leqslant a < 1$，ω_r 为信号波角频率，根据规则采样法原理及图 5 - 20，可得如下关系式：

$$\frac{1 + a\sin\omega_r t_D}{\delta/2} = \frac{2}{T_c/2} \tag{5-15}$$

由此可得

$$\delta = \frac{T_c}{2}(1 + a\sin\omega_r t_D) \tag{5-16}$$

在三角载波一个周期内，脉冲两边的间隙宽度 δ' 为

$$\delta' = \frac{1}{2}(T_c - \delta) = \frac{T_c}{4}(1 - a\sin\omega_r t_D) \tag{5-17}$$

习　　题

1. 为什么逆变电路中晶闸管 SCR 不适合于作开关器件？

2. 在电压型单相半桥逆变电路和电压型单相全桥逆变电路中，二极管起什么作用？为什么电流型逆变电路中没有反馈二极管？在一个周期中，二极管和三极管的导电时间由什么因素决定？在什么情况下可以不用二极管？纯感性负载电流为什么是三角形？在半桥或

全桥逆变电路中，如果 U_d 都是 300 V，断态时开关器件两端最高电压是多少？

3. 有哪些方法可以调控逆变器的输出电压？

4. 什么是电压型逆变电路？什么是电流型逆变电路？二者各有何特点？

5. 三相桥式电压型逆变电路，180°导电方式，$U_d = 100$ V。试求输出相电压的基波幅值 U_{UN1m} 和有效值 U_{UN1}、输出线电压的基波幅值 U_{UN1m} 和有效值 U_{UV1}、输出线电压中 5 次谐波的有效值 U_{UV5}。

6. 在三相桥式逆变电路中，输出相电压(输出端相对于直流电源中点的电压)和线电压波形各有几种电平？

7. 试说明 PWM 控制的基本原理。

8. 单极性和双极性 PWM 调制有什么区别？

9. 什么是 SPWM 波形的规则采样法？和自然采样法相比，规则采样法有什么优缺点？

10. 简述双极性 SPWM 控制的三相全桥逆变器工作原理。

第 6 章 软开关技术

现代电力电子装置的发展趋势是小型化、轻量化，同时对装置的效率和电磁兼容性也提出了更高的要求。通常，电力电子装置中滤波电感、电容和变压器在装置的体积和重量中占了很大比例。在隔离型变换器中，通过提高工作频率可以减小变压器的匝数，从而减小变压器的体积；对于滤波电感而言，在同样的阻抗下，频率越高，所需的电感值越小；从能量传递的角度而言，频率越高，可控性能越好。可见，高频化是降低装置体积和提高性能的重要手段。

然而，高频化使得开关损耗急剧增加，电路效率严重降低，电磁干扰加大。针对这些问题出现了软开关技术，即利用谐振为主的辅助换流手段，使器件在近似零电压或零电流的情况下进行通断，可以有效地解决高频化带来的开关损耗和开关噪声等一系列问题，从而使开关频率大幅提升。

软开关技术最早可追溯到 1970 年，F.C.Schwas 提出了 L、C 串联谐振型 DC - DC 变换器。此后 F.C.Lee 提出了颇有影响的准谐振变换器，该技术可应用于大部分的 DC - DC 变换器。此后，又出现了使谐振仅发生在开关开通和关断的较短时间内的有源钳位技术、零电压转移（ZVT）和零电流转移（ZCT）技术。Divan 提出了谐振直流环节逆变器，将软开关技术引入 DC - AC 逆变器。总之，软开关技术是基于谐振原理的开关技术，其目标是减少电力电子器件的开关损耗和器件的电压、电流过冲，提高器件的工作可靠性。

6.1 软开关的基本概念

本书前面章节对电力电子电路进行分析时，一般基于开关器件理想化的假设，忽略开关过程对电路的影响，这有助于理解电路的工作原理，然而开关过程是客观存在的，一定条件下还可能对电路的工作造成严重影响，实际电路必须考虑开关过程的影响。

图 6-1 所示为降压斩波电路及其工作波形，其实际开通、关断过程中的电压、电流变化波形如图 6-2 所示，开关过程中电压和电流均不为零，出现了重叠，因此有显著的开关损耗，而且电压、电流变化速度很快，波形出现明显的过冲，产生开关噪声，这样的开关过程在电力电子学领域称为硬开关，主要开关过程为硬开关的电路称为硬开关电路。硬开关要切断或接通全部负载电流，承受较大的开关应力，在开通时要承受较大的浪涌电流，关断时则承受由电路电感引起的浪涌电压，这对开关元件提出了较高的要求。

开关损耗与开关频率之间呈线性关系，随着开关频率的提高，开关损耗显著升高，此时必须采用软开关技术来降低开关损耗。

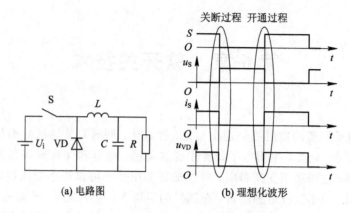

(a) 电路图　　　　　　　　　　(b) 理想化波形

图 6-1　硬开关降压型电路及波形

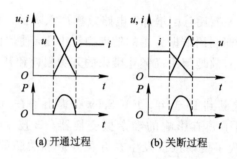

(a) 开通过程　　　　　　　　(b) 关断过程

图 6-2　硬开关过程中的电压和电流

　　图 6-3 所示为一种典型的降压型零电压开关准谐振软开关电路及其理想化波形，图 6-4 为该软开关电路中开关 S 开通关断过程的电压、电流波形。同硬开关电路相比，软开关电路中增加了谐振电感 L_r 和谐振电容 C_r，其值相对于滤波电感和滤波电容小得多，开关 S 增加了反并联二极管 VD_S。软开关电路工作过程中，当开关 S 关断后，L_r 和 C_r 间产生谐振，电路中电压、电流的波形类似于正弦半波。谐振减缓了开关过程中电压、电流的变化，使得 S 两端电压在其开通前就降为零，从而降低了开关损耗和开关噪声。

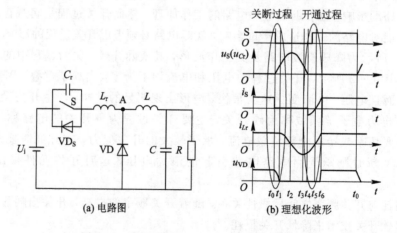

(a) 电路图　　　　　　　　　　(b) 理想化波形

图 6-3　降压型零电压开关准谐振电路及波形

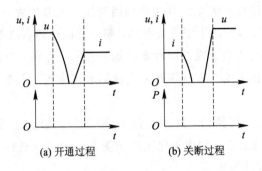

(a) 开通过程　　　　　　　　(b) 关断过程

图 6-4　软开关过程中的电压和电流

软开关技术在原电路中增加了小电感、电容等谐振元件，在开关过程前后引入谐振，使开关开通前电压先降到零，关断前电流先降到零，从而消除电压、电流的重叠，大大减小甚至消除开关损耗；同时谐振过程限制了开关过程中电压、电流的变化率，使得开关损耗也显著减小。这样的电路称为软开关电路，这样的开关过程称为软开关。

6.2　软开关的行为

开关器件如果在开通前两端电压为零，那么开通时就不会产生冲击电流，也就不会产生损耗和噪声，这种开通称为零电压开通，零电压开通是理想的开通形式。开关器件如果在关断时电流为零，那么关断时不会造成电流突变和尖峰电压，就不会产生损耗和噪声，这种关断称为零电流关断，零电流关断是理想的关断形式。在很多情况下，不再具体指出开通或关断，仅指零电压开关和零电流开关。

与开关并联的电容能够使开关关断后电压上升延缓，从而降低开关损耗，有时称这种关断过程为零电压关断；与开关串联的电感能够使开关开通后电流上升缓慢，从而降低开关损耗，有时称这种开通过程为零电流开通。简单的利用并联电容实现零电压关断和利用串联电感实现零电流开通一般会给电路造成总损耗增加、关断过电压增大等负面影响，是得不偿失的，没有应用价值。

6.3　典型的软开关拓扑

软开关的目的是降低开关器件在开关过程中的开关应力与损耗，这一点与缓冲电路类似。有时将缓冲电路也称为缓冲型软开关电路。缓冲电路是一种无源的软开关电路，大多数软开关电路都比较复杂。需要加入特定的谐振网络进行巧妙地切换。电路过于复杂是造成软开关不能普遍应用的主要原因。根据主开关元件的开通和关断形式可将软开关电路分为零电压电路和零电流电路；根据实现方法可分为谐振开关变换器、谐振直流环等。

6.3.1　谐振开关变换器

谐振开关在硬开关的基础上增加了辅助谐振部分，改变开关时电流、电压波形，实现零电流或零电压切换。谐振开关变换器就是利用谐振开关取代硬开关，实现电压变换的电路，它的电路变换机理基本等同于硬开关电路，第 4 章讲述的直流-直流变换器都可作为谐振开关变换器。谐振开关变换器在控制时要附加一些约束条件，以保证实现零电压或零电流切换。谐振开关变换器主要有零电压开关变换器和零电流开关变换器两种，其实现方法有多种形式。

图 6-5 为零电压开关变换器，其主电路为降压型斩波电路，图中 L 为主滤波电感，L_r、C_r 为谐振元件，其稳态工作的理想化波形如图 6-6 所示，选择开关 S 关断时作为分析的起点，此前 S 导通，VD 关断。

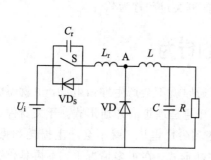

图 6-5　零电压开关变换器

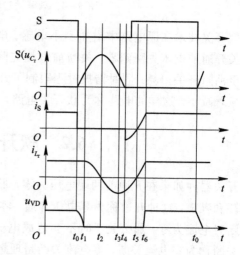

图 6-6　零电压开关变换器理想化波形

（1）t_0—t_1 时段：t_0 时刻之前，开关 S 为通态，二极管 VD 为断态，$u_{C_r}=0$，$i_{L_r}=I_L$，t_0 时刻，S 关断，与其并联的电容 C_r 使 S 关断后电压上升减缓，因此 S 的关断损耗减小。S 关断后，VD 尚未导通，电路可等效为图 6-7。电感 L_r+L 向 C_r 充电，u_{C_r} 线性上升，同时 VD 两端电压 u_{VD} 逐渐下降，直到 t_1 时刻，$u_{VD}=0$，VD 导通。

（2）t_1—t_2 时段：t_1 时刻，二极管 VD 导通，电感 L 通过 VD 续流，C_r、L_r、U_i 形成谐振回路，电路可等效为图 6-8。t_2 时刻，i_{L_r} 下降到零，u_{C_r} 达到谐振峰值。

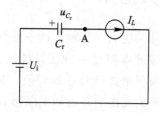

图 6-7　$t_0 \sim t_1$ 时段等效电路

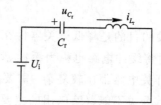

图 6-8　$t_1 \sim t_2$ 时段等效电路

（3）t_2—t_3 时段：t_2 时刻以后，C_r 向 L_r 放电，直到 t_3 时刻，$u_{C_r}=U_i$，i_{L_r} 达到反向谐振峰值。

（4）t_3—t_4 时段：t_3 时刻以后，L_r 向 C_r 反向充电，u_{C_r} 继续下降，直到 t_4 时刻，$u_{C_r}=0$。

（5）t_4—t_5 时段：u_{C_r} 被钳位于零，i_{L_r} 线性衰减，直到 t_5 时刻，$i_{L_r}=0$。由于此时开关 S 两端电压为零，所以必须在此时开通 S，才不会产生开通损耗。

（6）t_5—t_6 时段：S 为通态，i_{L_r} 线性上升，直到 t_6 时刻，$i_{L_r}=I_L$，VD 关断。

（7）t_6—t_0 时段：S 为通态，VD 为断态。

该电路的缺点是：谐振电压峰值将高于输入电压 U_i 的 2 倍，增加了对开关器件耐压的要求，降低了可靠性。

6.3.2　谐振直流环

谐振直流环是适用于变频器的一种软开关电路，应用于交流-直流-交流变换电路的中间直流环节（DC - link）。通过在直流环节中引入谐振，电路中的整流或逆变电路的开关器件就可工作在零电压或零电流的软开关条件下，该技术在 1986 年由 Divan 博士提出。

图 6-9 为用于电压型逆变器的谐振直流环电路，在电压源与逆变桥之间引入了由 L_r、C_r 和 S 构成的谐振直流环，为逆变桥的零电压通断创造了条件。值得注意的是，该电路图仅用于原理分析，实际电路中并不需要开关 S，S 的开关动作可以用逆变电路中开关的导通与关断来代替。

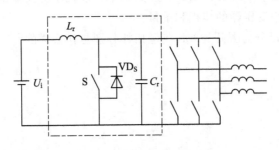

图 6-9　谐振直流环电路原理图

由于电压型逆变器的负载通常为感性，而且在谐振过程中逆变电路的开关状态是不变的，因此分析时可将电路等效为图 6-10，其理想化波形如图 6-11 所示。

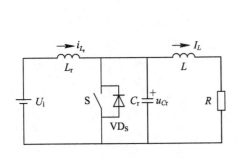

图 6-10　谐振直流环电路的等效电路

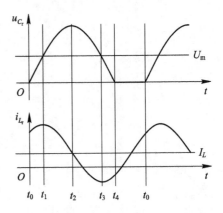

图 6-11　谐振直流环电路的理想化波形

以开关关断时刻为起点，因同谐振过程相比，感性负载的电流变化非常缓慢，因此可

以将负载电流视为常量,在分析中可忽略电路中的损耗,具体过程分析如下:

(1) t_0—t_1 时段:t_0 时刻之前,开关 S 处于通态,$i_{L_r} > I_L$。t_0 时刻,S 关断,电路中发生谐振,i_{L_r} 对 C_r 充电,t_1 时刻,$u_{C_r} = U_i$。

(2) t_1—t_2 时段:t_1 时刻,谐振电流 i_{L_r} 达到峰值,t_1 时刻以后,i_{L_r} 继续向 C_r 充电,直到 t_2 时刻,$i_{L_r} = I_L$,u_{C_r} 达到谐振峰值。

(3) t_2—t_3 时段:u_{C_r} 向 L_r 和 L 放电,i_{L_r} 降低,到零后反向,直到 t_3 时刻,$u_{C_r} = U_i$。

(4) t_3—t_4 时段:t_3 时刻,i_{L_r} 达到反向谐振峰值,开始衰减,u_{C_r} 继续下降,t_4 时刻,$u_{C_r} = 0$,S 的反并联二极管 VD_S 导通,u_{C_r} 被钳位于零。

(5) t_4—t_0 时段:S 导通,电流 i_{L_r} 线性上升,直到 t_0 时刻,S 再次关断。

谐振直流环在工作过程中产生了很高的谐振电压峰值,增加了对器件耐压的要求。

习　　题

1. 怎样才能实现完全无损耗的软开关过程?

2. 零开关,即零电压开通和零电流关断的含义是什么?

3. 高频化的意义是什么?为什么提高开关频率可以减小滤波器的体积和重量?为什么提高开关频率可以减小变压器的体积和重量?

4. 软开关电路可以分为哪几类?其典型拓扑分别是什么样的?各有什么特点?

第二部分

电机基础

第 7 章　直 流 电 机

直流电机是电能和机械能相互转换的旋转电机之一，它可以将机械能转换为电能，也可以将电能转换为机械能，前者称为直流发电机，后者称为直流电动机。

直流发电机主要作为直流电源，如供给直流电动机、同步电机的励磁以及化工、冶金、采矿、交通运输等部门的直流电源。目前由于电力电子技术的迅速发展，直流发电机已逐步被取代，但从电源的质量与可靠性来说，直流发电机仍有其突出优点，所以目前其应用仍相当广泛。

直流电动机的优点是：调速范围大且调速平滑，过载能力大；启动、制动转矩大；易于控制且可靠性高；调速时的能量损耗较少。在调速要求较高的场所，如轧钢机、轮船推进器、电车、电气铁道牵引，高炉送料、造纸、纺织拖动、吊车、挖掘机械、卷扬机拖动等方面，直流电动机均得到广泛的应用。近年来，采用电力电子技术配合交流电动机调速，在某些场合也具有直流电动机的性能，但总的来说，该方式还远未做到能代替直流电动机的程度。

直流电机的主要缺点是换向困难，它使直流电机的容量受到限制，不能做得更大，目前极限容量也不过 1 万 kW，而且由于有换向器，其比交流电机费工费料、造价昂贵，运行时换向器经常要维修，寿命也较短。

本章主要介绍直流电机的基本工作原理及其特性，特别是直流电动机的机械特性。

7.1　直流电机的基本结构和工作原理

7.1.1　直流电机的基本结构

图 7-1 和图 7-2 所示为直流电机的基本结构。它主要由定子和转子两大部分组成，所谓定子就是固定部分，而转子就是旋转部分。在定子和转子之间有空气隙，以保证转子自由转动。定子的作用是产生主磁场和在机械上支撑电机，它主要由主磁极、换向极、机座、端盖、电刷装置等部分组成。转子的作用是产生感应电动势（即直流发电机将机械能转变成电能）或产生电磁转矩（即直流电动机将电能转变成机械能），它是电机进行机电能量转换的关键部件，因此也称为电枢，其主要由电枢铁芯、电枢绕组、换向器、转轴、风扇等部分组成。现分别介绍如下。

1. 定子部分

主磁极：主磁极的作用是产生气隙磁场。在直流电机中，气隙磁场的方向是固定不变的，定子中没有铁耗，无须采用硅钢片制造。因此，主磁极的铁芯通常由 1.0～1.5 mm 厚的低碳钢片叠加而成。在主磁极的铁芯上绕有励磁绕组，励磁绕组由绝缘铜线绕成。整个主磁极用螺杆固定在磁轭（机座）上，如图 7-2 所示。

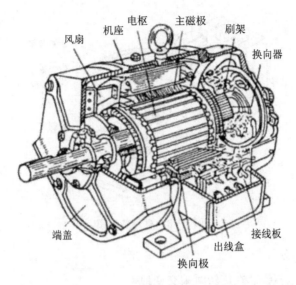

图 7-1　直流电机的基本结构图

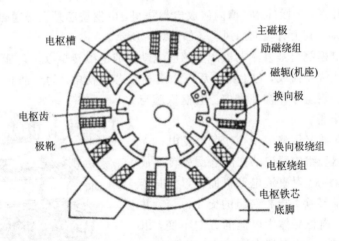

图 7-2　直流电机横剖面示意图(四极)

　　换向极：两相邻主磁极之间的小磁极称为换向极，其作用是减小电机运行时电刷与换向器之间可能产生的火花，换向极也由铁芯和绕组组成。

　　机座：机座分磁轭和底脚两部分，如图 7-2 所示。磁轭的作用是固定主磁极和换向极，同时作为直流电机磁路的一部分。底脚的作用是将整个直流电机固定在地基上。机座一般由铸钢制造或由钢板焊接而成。

　　端盖：端盖上有轴承，转子在轴承中旋转，端盖固定在机座两端，使直流电机组成为一个整体。

　　电刷装置：电刷装置是将直流电压(电流)引入(在直流电动机中)或引出(在直流发电机中)的装置。它由电刷、刷握、刷杆座和铜丝辫组成，如图 7-3 所示。电刷放在刷握的刷盒内，用压紧弹簧压在换向器表面上；刷握固定在刷杆上，对于容量较大的直流电机，每一个刷杆上安放有由一排电刷组成的一个电刷组；刷杆安装在刷杆座上，彼此之间都绝缘，刷杆座装在端盖或轴承内盖上，调整好后，将其固定。

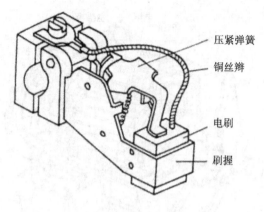

图7-3　电刷装置图

2. 转子(电枢)部分

电枢铁芯：由于电枢铁芯在旋转时被交变地
磁化，为了减少铁芯损耗，它通常采用0.35 mm或0.5 mm厚的硅钢片叠加而成，硅钢叠片
彼此绝缘，呈圆柱形，表面冲槽，槽内嵌放电枢绕组，电枢铁芯是主磁通磁路的一部分。为
了加强铁芯的冷却，其上有轴向通风孔，如图7-2所示。

电枢绕组：电枢绕组是直流电机产生感应电动势或电磁转矩以实现能量转换的关键部
分，它一般由铜线绕制而成，包上绝缘后嵌入电枢铁芯的槽中，为了防止离心力将绕组甩
出槽外，用槽楔将绕组导体楔在槽内。电枢铁芯与
电枢绕组统称为电枢。

换向器：换向器又称整流子，对直流发电机而
言，换向器将电枢绕组内感应的交流电动势转换成
电刷间的直流电动势。对直流电动机而言，换向器
将外加的直流电流转换为电枢绕组的交变电流，并
保证每一磁极下，电枢导体中电流的方向不变，以
产生恒定的电磁转矩。换向器由许多彼此绝缘的燕
尾形铜片(换向片)组合而成，电枢绕组的每一个线
圈的两端分别接在两个换向片上。换向器结构如图
7-4所示。

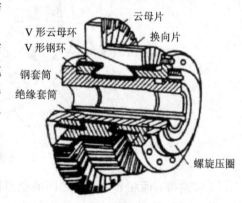

图7-4　换向器结构图

转轴：转轴对旋转的转子起支撑作用，需要有
一定的机械强度，一般由圆钢加工而成。为了使电机能够自如地运转，定子与转子之间要
有间隙，称为气隙，气隙是磁路的组成部分。

7.1.2　直流电机的基本工作原理

任何电机的工作原理都是建立在电磁力定律和电磁感应定律基础之上的，直流电机也
是如此。

为了讨论问题的方便，可把复杂的直流电机的结构作如下简化：直流电机具有一对磁
极，电枢绕组只是一个线圈，线圈的两端分别连在两个换向片上，换向片上压着电刷。

1. 直流发电机的工作原理

图 7-5 是经简化后的直流发电机的工作原理图。图中，N、S 是固定不动的定子磁极，在定子磁极上装有励磁线圈，其中通入直流励磁电流 I_f，以产生大小及方向均为恒定的磁通 Φ，在两个主磁极之间安放着一个可转动的圆筒形铁芯，称为电枢铁芯。电枢铁芯与磁极之间的间隙称为气隙。电枢铁芯表面开槽安放转子绕组，$abcd$ 代表其中的一个单匝线圈，且与两个换向片相连，换向片上压着固定不动的两个电刷 A、B，实现转子线圈与外电路的连接。

如图 7-5(a)所示，假设电枢由原动机驱动，在磁场中以转速 n 按逆时针方向旋转，则在 ab、cd 导体中产生感应电动势 e，其方向可由右手定则确定。很显然，A 端为＋，B 端为－。如图 7-5(b)所示，当电枢转过 180°时，cd 在上面，而 ab 在下面，同样也产生感应电动势 e，其方向分别与原来相反，但由于有换向片和电刷的缘故，A 端仍为＋，B 端仍为－，因此在电刷间的 AB 端产生一个极性的电动势。可见，直流发电机电枢线圈中的感应电动势的方向是交变的，而通过换向器和电刷的作用，转换成电刷间极性不变的直流电动势。当 A、B 两端接上一定的负载时，在电动势 e 的作用下，在电枢回路中产生电流，该电流通常被称为电枢电流 I_a。

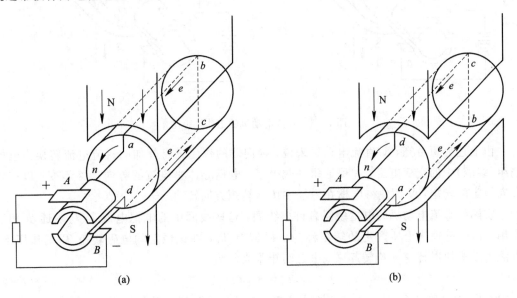

图 7-5 直流发电机的工作原理图

因为实际的直流发电机的电枢绕组有许多线圈，且按一定的方式串联或并联在一起，所以在电刷间产生一个恒定的直流电动势 E_a，其大小为

$$E_a = K_e \Phi n \tag{7-1}$$

式中：E_a 为直流电动势（V）；Φ 为主磁极所产生的主磁通（Wb）；n 为转子（电枢）的转速（r/min）；K_e 为与直流电机结构有关的常数。

2. 直流电动机的工作原理

图 7-6 是经简化后的直流电动机的工作原理图。如图 7-6(a)所示，若在 A、B 间加一个直流电压 U，即 A 端为＋，B 端为－，则在电枢导体 ab、cd 中便流过电枢电流 i_a，带

电导体在磁场中受到电磁力的作用。由左手定则可知，ab 受力方向往里，cd 受力方向往外，这样便在线圈（电枢）的轴线上产生逆时针方向的转矩，使得线圈按逆时针方向转动。当线圈转过 90°时，由于电枢导体均不切割磁力线，因此它们均不受力，但在惯性的作用下，线圈继续转动。如图 7-6(b)所示，当线圈转过 180°时，cd 在上面，而 ab 在下面，由于有换向片的缘故，电枢电流 i_a 的方向不变，cd 受力方向往里，ab 受力方向往外，在线圈的轴线上产生的转矩方向仍为逆时针，因此线圈仍按逆时针方向转动。这样一直维持下去，使得线圈始终按该方向转动，这就是直流电动机的工作原理。

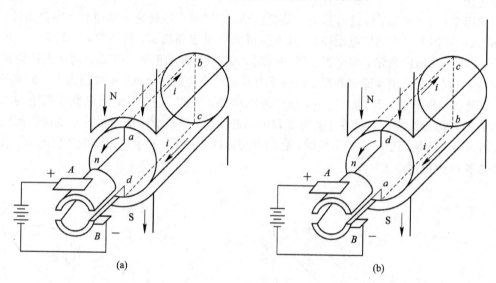

图 7-6　直流电动机的工作原理图

由上述分析可知，对直流电动机来说，换向器的作用是将外加的直流电流转换为电枢绕组（线圈）中的交变电流，并保证每一磁极下，电枢导体中电流的方向始终不变，以产生方向恒定的转矩，从而使得电枢在磁场中按该转矩方向转动。

实际的直流电动机的电枢绕组有许多线圈，这些线圈中的电枢电流 I_a 与磁通 Φ 相互作用，在电枢轴线上所产生的转矩称为电磁转矩 T_e，在该恒定的电磁转矩 T_e 的作用下，直流电动机便以转速 n 旋转起来。电磁转矩常表示为

$$T_e = K_T \Phi I_a \tag{7-2}$$

式中：T_e 为电磁转矩（N·m）；Φ 为主磁极所产生的主磁通（Wb）；I_a 为电枢电流（A）；K_T 为与直流电机结构有关的常数，且

$$K_T = 9.55 K_e$$

实际上，从原理上讲，一台电机，不论是交流电机还是直流电机，都可在一种条件下作为发电机运行，把机械能转变为电能，而在另一种条件下作为电动机运行，把电能转变为机械能，这就是电机的可逆原理。关于这一点，在后续的章节分析中可以看出。

7.1.3　直流电机的铭牌和额定值

每一台直流电机上都有铭牌，铭牌上标明的数据称为直流电机的额定值。直流电机运行时，如果各个物理量均为额定值，就称电机工作在额定运行状态，亦称为满载运行。

1. 直流电机的型号

型号说明直流电机总的特点，即其所适用的场所、功率范围、尺寸等大致概念。我国生产的直流电机的型号有 Z、ZF、ZT、ZZJ、ZQ、ZA、ZKJ 等系列。

2. 额定功率 P_N

额定功率是电机所能提供的输出功率。对直流发电机而言，是指出线端输出的电功率；对直流电动机而言，是指转轴上输出的机械功率，单位为瓦(W)或千瓦(kW)。

3. 额定电压 U_N

额定电压是电机的电枢绕组能够安全工作的最大外加电压或输出电压，单位为伏(V)。

4. 额定电流 I_N

额定电流是指电机在额定运行状态时，电枢绕组允许流过的最大电流，单位为安(A)。对直流发电机而言，是指输出的直流电流；对直流电动机而言，是指输入的直流电流。

直流发电机：

$$P_N = U_N I_N \tag{7-3}$$

直流电动机：

$$P_N = U_N I_N \eta_N \tag{7-4}$$

电动机轴上输出的额定转矩用 T_{2N} 表示，其大小是额定功率除以转子角速度的额定值，即

$$T_{2N} = \frac{P_N}{\omega} = \frac{P_N}{\dfrac{2\pi n_N}{60}} = 9.55 \frac{P_N}{n_N} \tag{7-5}$$

5. 额定转速 n_N

额定转速是指电机在额定运行状态时的旋转速度，单位为转/分(r/min)。对于无调速要求的直流电机，一般不允许其最大运行转速 n_{max} 超过 $1.2 n_N$，以免发生危险。

6. 额定效率 η_N

额定效率是指在额定运行状态下直流电机的输出功率与输入功率之比。

对直流发电机而言，是指额定功率与原动机输入的机械功率 P_1 之比，即

$$\eta_N = \frac{P_N}{P_1} \times 100\% \tag{7-6}$$

对直流电动机而言，是指额定功率与输入的电功率之比，即

$$\eta_N = \frac{P_N}{U_N I_N} \times 100\% \tag{7-7}$$

此外，电机铭牌上也标有励磁方式、工作方式、绝缘等级、允许温升，还有制造厂家、出厂年月、出厂序号等。

例 7-1 一台直流电动机，其额定功率 $P_N = 120$ kW，额定电压 $U_N = 220$ V，额定效率 $\eta_N = 89\%$，额定转速 $n_N = 1500$ r/min，求该电动机的输入功率、额定电流及额定输出转矩各为多少？

解 额定输入功率为

$$P_1 = \frac{P_N}{\eta_N} = \frac{120}{0.89} = 134.83 \text{ kW}$$

额定电流为

$$I_N = \frac{P_1}{U_N} = \frac{134.83 \times 10^3}{220} = 612.86 \text{ A}$$

额定输出转矩为

$$T_{2N} = 9.55 \frac{P_N}{n_N} = 9.55 \times \frac{120 \times 10^3}{1500} = 764 \text{ N} \cdot \text{m}$$

7.2　直流电机的磁场

　　磁场是直流电机进行能量转换的媒介,要使直流电机运行必须具有一定强度的磁场。本节介绍直流电机磁场的分布规律。

7.2.1　直流电机的励磁方式

　　直流电机主磁场是由永久磁铁或励磁绕组通入直流励磁电流产生的。励磁绕组的供电方式称为励磁方式。按励磁方式的不同,直流电机可以分为四类,如图7-7所示。

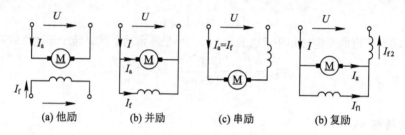

(a) 他励　　　　(b) 并励　　　　(c) 串励　　　　(b) 复励

图7-7　直流电机的励磁方式

1. 他励直流电机

　　他励直流电机的特点是:励磁绕组是由外电源供电的,励磁电流不受电枢端电压或电枢电流的影响,电路如图7-7(a)所示,图中电流参考方向是按电动机惯例设定的。此外,永磁式直流电机是用永久磁铁来产生主磁场的,因此也属于这一类。

2. 并励直流电机

　　并励直流电机的特点是:励磁绕组与电枢两端并联,由电枢的端电压供给励磁电流,电路如图7-7(b)所示。其励磁绕组的导线较细而匝数较多,因而电阻较大,通过的电流较小。

3. 串励直流电机

　　串励直流电机的特点是:励磁绕组与电枢串联,电机的负载电流既是电枢电流又是励磁电流,电路如图7-7(c)所示。其励磁绕组的导线较粗且匝数较少,因而电阻较小,能通过的电流较大。

4. 复励直流电机

　　复励直流电机的特点是:它有两个励磁绕组,一个与电枢绕组并联,另一个与电枢绕组串联,电路如图7-7(d)所示。

因为并励、串励、复励直流电机的励磁电流是电枢电流的一部分或全部，所以称它们为自励直流电机。

7.2.2　直流电机的空载磁场

直流电机不带负载时的运行状态称为空载运行。空载运行时电枢电流为零或近似等于零，因此，空载磁场是指主磁极励磁磁动势单独产生的磁场，也称主磁场。

1. 主磁通和漏磁通

图 7-8 所示为两对磁极的直流电机的空载磁场，当励磁绕组通入励磁电流时，产生的磁通大部分由 N 极出来，经气隙进入电枢齿，通过电枢铁芯的磁轭到 S 极下的电枢齿，再一次穿过气隙回到定子的 S 极，再经过定子磁轭形成闭合回路。这部分磁通同时与励磁绕组和电枢绕组交链，称为主磁通，用 Φ_0 表示。还有一部分磁通不通过气隙，仅交链励磁绕组本身，并不进入电枢铁芯，不和电枢绕组相交链。这部分磁通称为漏磁通 Φ_δ。因为主磁通磁回路中的气隙较小，所以总磁导率较大；而漏磁通的磁回路空间气隙较大，其磁导率较小。这两个磁回路中所作用的磁通势都是励磁磁通势，故漏磁通的数量比主磁通要小得多，大约只有主磁通的 20%。

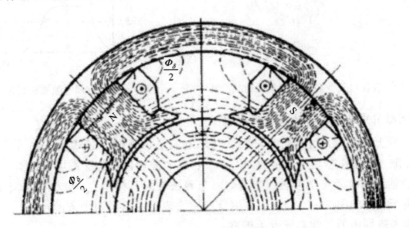

图 7-8　直流电机的空载磁场

2. 直流电机的空载磁化特性

直流电机磁化曲线为电机主磁通与励磁电流的关系曲线，可以表示为 $\Phi = f(I_f)$，如图 7-9 中曲线 1 所示，磁化曲线可以通过实验测定。I_f 小时铁芯不饱和，磁通与励磁电流成正比，即 $\Phi = KI_f$；当磁通达到一定值时，I_f 增加，但磁通增加很小，空载磁化曲线具有饱和现象，此时可以认为磁通为一常数。

直流电机空载磁化特性具有饱和特点还可以理解为：当气隙每极磁通 Φ 较小时，励磁磁通主要消耗在气隙里，气隙磁导率为常数，空载特性呈直线关系，如图 7-9 中斜直线 2 称为气隙线。

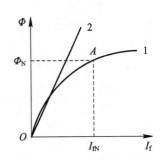

图 7-9　直流电机空载磁化曲线

为了经济地利用材料，直流电机额定运行的磁通额定值的大小取在空载磁化特性开始拐弯的地方，如图 7-9 中的 A 点。

3. 空载时磁场分布和气隙磁通密度分布曲线

直流电机空载时主磁场磁力线分布如图 7-10 所示，空载气隙磁通密度分布如图 7-11 所示，主磁通经过的磁路中，铁磁材料的磁阻很小，可以认为主磁极的励磁磁动势主要消耗在气隙上。气隙 δ 的大小如图 7-11 所示，磁极中心及其附近，气隙较小且均匀，磁通密度较大且基本为常数；靠近磁极两边缘极尖处，气隙逐渐增大，磁通密度减小；在磁极之间的几何中心线处，气隙磁通密度为零。因此，空载气隙磁通密度分布为一礼帽形的平顶波，如图 7-11 所示，在分析计算时常用平均磁通密度 B_{av} 代替，τ 为极距。

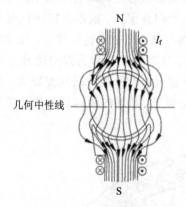

图 7-10　直流电机空载时主磁场磁力线分布　　　图 7-11　空载气隙磁通密度分布

4. 直流电机负载时的磁场及电枢反应

当电机带上负载时，电枢绕组内流过电枢电流 I_a，该电流必然会在电机的磁路（即由主磁极、气隙、电枢铁芯和磁轭组成）中又产生一个磁场，即电枢磁场，如图 7-12 所示，电枢磁动势轴线的位置与电刷轴线重合，而与磁极轴线互相垂直。电枢磁场对主磁场的影响称为电枢反应，如图 7-13 所示。电枢反应主要表现在以下两个方面：

（1）使主磁场中的气隙磁场发生畸变；

（2）使负载时的主磁通 Φ 比空载时的主磁通 Φ_0 要小，即呈去磁作用。

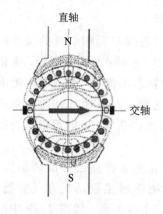

图 7-12　电枢磁场

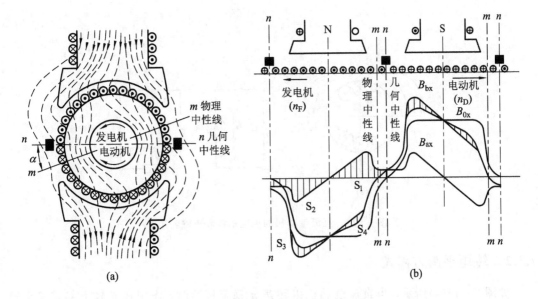

图 7 - 13　直流电机的电枢反应

电枢反应是直流电机实现机电能量转换的一个重要的物理过程，有关它的详细分析，请读者参考相关文献。

7.3　直流电动机稳态运行的基本平衡方程

稳态运行是指电机运行的加速度为零的工作状态，本节介绍直流电机稳态运行时的基本平衡方程式，包括电气系统中的电压平衡方程式、机械系统中的转矩平衡方程式以及反映直流电动机能量转换关系的功率平衡方程式。下面以他励直流电动机为例进行分析。

7.3.1　电压平衡方程式

当在直流电动机(以他励电机为例)电枢两端加上电源电压 U 时，电枢回路中便有电枢电流 I_a 流过，则该电流与主磁通 Φ 相互作用，便在电枢轴上产生电磁转矩 T，其方向由左手定则确定。在此电磁转矩 T 的作用下，直流电动机便以转速 n 带动负载按逆时针方向旋转，如图 7-14(a)所示。同时电枢绕组切割主磁极所产生的主磁通 Φ 而产生感应电动势 e，其方向由右手定则确定。很显然，I_a 的方向与 e 的方向相反。习惯上称直流电动机中的感应电动势为反电动势 E_a，且 $E_a = K_e \Phi n$。

如图 7-14(b)所示，由 KVL 可得电枢回路的电压平衡方程式为

$$U = E_a + I_a R_a \tag{7-8}$$

式中：U 为直流电动机的电枢电压；E_a 为直流电动机的反电动势；R_a 为直流电动机的电枢电阻。

式(7-8)表明，直流电动机的电枢电压等于反电动势与内部损耗压降之和。

很显然，他励直流电动机的负载电流 I 就是电枢电流 I_a；励磁电流 I_f 由外加励磁电压 U_f 提供，即

$$I = I_a,\ I_f = \frac{U_f}{R_f} \qquad\qquad (7-9)$$

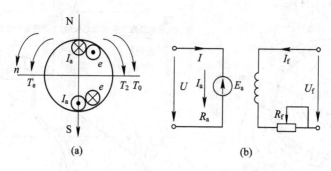

图 7-14　直流电动机的反电动势和电磁转矩

7.3.2　转矩平衡方程式

如图 7-14(a)所示，当直流电动机以转速 n 稳定运行时，作用在其轴上的有三个转矩：驱动性质的电磁转矩 T_e，拖动负载转矩 T_2 和空载转矩 T_0，T_2、T_0 都是制动性质的转矩，其方向与电磁转矩 T_e（或 n）相反，合并称为总制动转矩 T_L。因此直流电动机的转矩平衡方程式为

$$T_e = T_2 + T_0 = T_L \qquad\qquad (7-10)$$

7.3.3　功率平衡方程式

在图 7-14(b)中，当直流电动机（他励）接上电源（即加上电枢电压 U、励磁电压 U_f）时，电枢回路和励磁回路分别流过电枢电流 I_a 和励磁电流 I_f，则电网向直流电动机输入的电功率为

$$P_1 = UI = U I_a \qquad\qquad (7-11)$$

将式(7-8)同乘以 I_a，得

$$U I_a = E_a I_a + I_a^2 R_a \qquad\qquad (7-12)$$

综合式(7-11)、式(7-12)，则有

$$P_1 = E_a I_a + I_a^2 R_a = P_M + P_{Cua} \qquad\qquad (7-13)$$

式中：P_1 为电网向直流电动机输入的电功率；P_M 为直流电动机的电磁功率；P_{Cua} 为直流电动机的电枢铜耗。

式(7-13)表明，在电网输入给直流电动机的电功率 P_1 中。扣除铜耗 P_{Cua} 后，全部转换成电磁功率 P。

将式(7-10)两边同乘以转子的角速度 ω，可得

$$T_e \omega = T_2 \omega + T_0 \omega$$

可写成

$$P_M = P_2 + P_0 = P_2 + P_{Mec} + P_{Fe} \qquad\qquad (7-14)$$

式中：$P_M = T\omega$ 为直流电动机的电磁转矩 T 所产生的电磁功率；$P_2 = T_2\omega$ 为直流电动机轴上输出的机械功率；$P_0 = P_{Mec} + P_{Fe}$ 为直流电动机的空载转矩 T_0 所产生的空载损耗功

率，包括机械损耗 P_{Mec} 和铁损耗 P_{Fe}。

综上所述，直流电动机的功率平衡方程式为

$$P_1 = P_2 + P_{\mathrm{Cua}} + P_{\mathrm{Mec}} + P_{\mathrm{Fe}} = P_2 + \sum P \qquad (7-15)$$

式(7-15)表明，在电网输入给直流电动机的电功率中，扣除铜耗和空载损耗后，全部转换成直流电动机轴上输出的机械功率，带动生产机械工作。

上述三个平衡方程式虽是以他励直流电动机为例推导出来的，但其结论适合于其他类型的直流电动机。

例 7-2 一台并励直流电动机，额定功率 $P_{\mathrm{N}} = 17 \ \mathrm{kW}$，额定电压 $U_{\mathrm{N}} = 220 \ \mathrm{V}$，额定转速 $n_{\mathrm{N}} = 3000 \ \mathrm{r/min}$，额定电流 $I_{\mathrm{N}} = 88.9 \ \mathrm{A}$，电枢电阻 $R_{\mathrm{a}} = 0.114 \ \Omega$，励磁电阻 $R_{\mathrm{f}} = 181.5 \ \Omega$。求该电机在额定状态下运行时的输入功率 P_1、电磁功率 P_{M}、总损耗 $\sum P$、效率 η、电磁转矩 T_{e}、输出转矩 T_2 和空载转矩 T_0。

解 并励电动机的等效电路如图 7-15 所示。

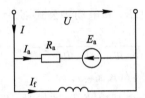

图 7-15 并励直流电动机的等效电路

输入功率为

$$P_1 = U_{\mathrm{N}} I_{\mathrm{N}} = 220 \times 88.9 = 19.558 \ \mathrm{kW}$$

电枢电流为

$$I_{\mathrm{a}} = I_{\mathrm{N}} - I_{\mathrm{f}} = 88.9 - \frac{220}{181.5} = 87.69 \ \mathrm{A}$$

电动势为

$$E_{\mathrm{a}} = U_{\mathrm{N}} - I_{\mathrm{a}} R_{\mathrm{a}} = 220 - 87.69 \times 0.114 = 210 \ \mathrm{V}$$

电磁功率为

$$P_{\mathrm{M}} = E_{\mathrm{a}} I_{\mathrm{a}} = 210 \times 87.69 = 18.41 \ \mathrm{kW}$$

总损耗为

$$\sum P = P_1 - P_{\mathrm{N}} = 19.558 - 17 = 2.558 \ \mathrm{kW}$$

效率为

$$\eta = \frac{P_{\mathrm{N}}}{P_1} \times 100\% = \frac{17}{19.558} \times 100\% = 86.92\%$$

电磁转矩为

$$T_{\mathrm{e}} = 9550 \times \frac{P_{\mathrm{M}}}{n_{\mathrm{N}}} = 9550 \times \frac{18.41}{3000} = 58.61 \ \mathrm{N \cdot m}$$

输出转矩为

$$T_2 = 9550 \times \frac{17}{3000} = 54.12 \ \mathrm{N \cdot m}$$

空载转矩为

$$T_0 = T_e - T_2 = 58.61 - 54.12 = 4.49 \text{ N} \cdot \text{m}$$

7.4　直流电动机的工作特性和机械特性

7.4.1　直流电动机的工作特性

直流电动机的工作特性是指当其端电压 $U = U_N$，电枢回路中无外加电阻，励磁电流 $I_f = I_{fN}$ 时，电动机的转速 n、电磁转矩 T 和效率 η 三者与输出功率 P_2 之间的关系。

1. 他(并)励直流电动机的转速特性

当 $U = U_N$，$I_f = I_{fN}(\Phi = \Phi_N)$ 时，转速 n 与电枢电流 I_a 之间的关系为 $n = f(I_a)$，称为转速特性。

由电压平衡方程式 $U = E_a + I_a R_a$ 和电动势公式 $E_a = K_e \Phi n$，可得转速特性：

$$n = \frac{U_N}{K_e \Phi_N} - \frac{R_a}{K_e \Phi_N} I_a = n_0 - \beta I_a \qquad (7-16)$$

式中：n_0 为理想空载转速，$n_0 = U_N/(K_e \Phi_N)$。

如果忽略电枢反应的影响，当电枢电流 I_a 增加时，转速 n 下降。因为电枢电阻 R_a 较小，斜率 β 小，所以转速下降得不多。

转速调整率为

$$\Delta n = \frac{n_0 - n_N}{n_N} \times 100\%$$

他(并)励电机 $\Delta n = 2\% \sim 8\%$，特性比较硬。

2. 他(并)励直流电动机的转矩特性

当 $U = U_N$，$I_f = I_{fN}(\Phi = \Phi_N)$ 时，转矩 T 与电枢电流 I_a 之间的关系为 $T = f(I_a)$，称为转矩特性。

$$T = K_T \Phi I_a = K'_T I_a \qquad (7-17)$$

由此可见，当气隙磁通为额定值 Φ_N 时，电磁转矩 T 与电枢电流 I_a 成正比。

3. 他(并)励直流电动机的效率特性

当 $U = U_N$，$I_f = I_{fN}(\Phi = \Phi_N)$ 时，效率 η 与电枢电流 I_a 之间的关系为 $\eta = f(I_a)$，称为效率特性。

$$\eta = \frac{P_2}{P_1} \times 100\% = \frac{P_1 - P_{Cua} - P_0}{P_1} \times 100\%$$

$$= \frac{P_1 - I_a^2 R_a - P_0}{P_1} \times 100\% \qquad (7-18)$$

他(并)励电动机的工作特性如图 7-16 所示。

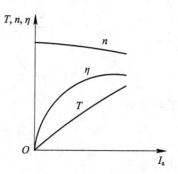

图 7-16　他(并)励电动机的工作特性

铜耗 P_{Cua} 与电枢电流 I_a 有关，称为可变损耗，空载损耗 P_0 与电枢电流 I_a 无关，称为不变损耗，当两者相等时，效率最高。这个结论具有普遍意义，对其他电机及不同的运行方式都适用。

7.4.2 他励直流电动机的机械特性

直流电动机的机械特性是指当电枢电压 U 为常数，励磁电流 I_f 为常数，以及电枢回路中的总电阻 R 为常数时，其转速 n 与电磁转矩 T 之间的关系，即 $n=f(T)$。机械特性是电动机机械性能的具体表现，它与拖动系统运动方程密切相关，将决定拖动系统稳态运行及动态过程的工作情况。

本节主要介绍在调速系统中用得最多的他励直流电动机的机械特性。

1. 机械特性方程

由电磁转矩方程可得

$$I_a = \frac{T}{K_T \Phi}$$

代入转速特性方程式得

$$n = \frac{U - RI_a}{K_e \Phi}$$

得到机械特性方程式：

$$n = \frac{U}{K_e \Phi} - \frac{R}{K_e K_T \Phi^2} T \tag{7-19}$$

式(7-19)就是他励直流电动机机械特性方程的一般表达式，同时，该式也可以写成

$$n = n_0 - KT = n_0 - \Delta n \tag{7-20}$$

式中：$n_0 = U/K_e \Phi$ 为理想空载转速，即 $T=0$ 时的转速（实际上直流电动机总存在空载制动转矩，靠其自身的作用是不可能使其转速上升到 n_0 的，"理想"的含义就在于此）；$K = \dfrac{R}{K_e K_T \Phi^2}$ 为机械特性的斜率；$\Delta n = KT$ 为转速降。

若忽略电枢反应对气隙磁通的影响，那么主磁通 Φ 可视为常数，则机械特性方程用图来表示是一条向下倾斜的直线，如图 7-17 所示。

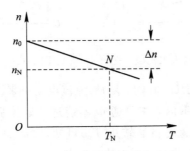

图 7-17 他励直流动电机的机械特性

2. 固有机械特性与人工机械特性

并励直流电动机的机械特性与他励直流电动机的机械特性相似。

　　直流电动机的机械特性有固有机械特性和人工机械特性两种,下面分别加以介绍。

　　固有机械特性又称为自然机械特性,是指在额定条件下(即额定电压 U_N、额定磁通 Φ_N 或额定励磁电流 I_{fN}、电枢回路不串任何附加电阻 R_{ad})的 $n=f(T)$,即

$$n=\frac{U_N}{K_e\Phi_N}-\frac{R_a}{K_eK_T\Phi_N^2}T$$

　　人为地改变电动机的参数,如改变电枢端电压 U、改变励磁电流 I_f(改变磁通 Φ)、电枢回路串电阻所得的机械特性称为人工机械特性。

　　电枢回路串电阻使斜率增大,特性曲线变软,但理想空载转速不变,所以人工机械特性为一组经过理想空载转速点的放射性直线,如图 7-18 所示。

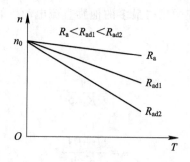

图 7-18　电枢串电阻的人工机械特性

　　改变电枢电压会改变理想空载转速,但不会改变斜率 K,所以人工机械特性是一组平行直线,如图 7-19 所示。

　　减小励磁电流即减小气隙磁通,理想空载转速和斜率都变大,人工机械特性曲线如图 7-20 所示。

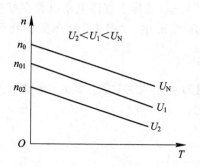

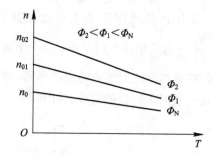

图 7-19　降低电枢端电压的人工机械特性　　　图 7-20　弱磁的人工机械特性

　　改变主磁通 Φ 时,对他励(或并励、复励)直流电动机来说,必须注意以下三点:

　　(1)在负载转矩 T_L 为常数时,主磁通 Φ 不能过分地被削弱,否则会使电动机严重过载。因为由转矩平衡方程式(忽略空载转矩 T_0)可知, $T=T_L=K_T\Phi I_a=$ 常数,若 Φ 降低得太多,则电枢电流 I_a 将大大增加,从而使电动机严重过载。若长期在此状态下运行,则会烧坏电枢绕组,从而损坏电动机。一般地, Φ 在 $0.8\Phi_N\sim\Phi_N$ 之间变化。

　　(2)在运行过程中,绝对不能切断励磁回路,否则会出现“飞车”事故。因为此时励磁电流 $I_f=0$,主磁通 $\Phi\rightarrow0$(虽有剩磁的存在),且瞬间反电动势 $E_a=K_e\Phi n$ 不能突变,所以

电动机的转速 $n \to \infty$，使直流电动机的机械强度无法承受，有可能将电枢绕组甩出去。一般地，直流电动机均设有"失磁"保护。

(3) 他励直流电动机在起动前，要先加励磁电压，再加电枢电压。因为起动前，其励磁电流 $I_f = 0$，主磁极只存在很小的剩磁，由图 7-20 可知，起动转矩 T_{st} 将很小。若空载运行，则会出现"飞车"事故；若带载运行，则电动机起动不了，即出现"堵车"现象。这时电枢电压 U（通常为 220 V）将全部加在电枢电阻 R_a（通常小于 1 Ω）上，使得电枢电流很大，从而烧坏转子，干扰电网或其他生产机械的正常运行。

7.4.3 串励直流电动机的机械特性

图 7-21(a) 是串励直流电动机的原理电路图。其主要特点是励磁电流 I_f 既是电枢电流 I_a 也是负载电流 I，因而主磁通 Φ 与电枢电流 I_a 的函数关系满足 7.2 节图 7-9 所示的直流电机磁化曲线，所以其机械特性 $n = f(T)$ 将与他励直流电动机大不相同。下面分轻载和重载两种情况加以讨论。

当串励直流电动机的负载较轻时，电枢电流（励磁电流）较小，其磁路的饱和程度不高，因此可近似地认为主磁通 Φ 与电枢电流 I_a 成正比，即

$$\Phi = K_f I_a$$

因此，电磁转矩 T 为

$$T = K_T \Phi I_a = K_T K_f I_a^2 = K_T' I_a^2$$

电机转速特性为

$$n = \frac{U - I_a R_a'}{K_e \Phi} = \frac{U}{K_e' I_a} - \frac{R_a'}{K_e'}$$

式中：$K_e' = K_e K_f$；R_a' 是串励直流电动机电枢回路总电阻，包括电枢电阻 R_a、外串电阻 R 和串励绕组的电阻 R_f。

根据以上两式可以得到串励直流电动机的机械特性为

$$n = \frac{\sqrt{K_T'}}{K_e'} \frac{U}{\sqrt{T}} - \frac{R_a'}{K_e'} \tag{7-21}$$

式(7-21)表明：串励直流电动机在轻载时的机械特性曲线具有双曲线的形状，n 轴是它的一条渐近线，理想空载转速 n_0 趋近于无穷大，如图 7-21(b) 中 AB 段所示。

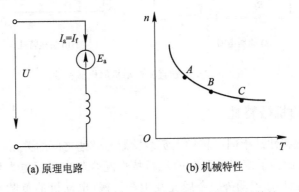

(a) 原理电路　　　　　　　(b) 机械特性

图 7-21　串励直流电动机的原理电路和机械特性

当串励直流电动机的负载较重时,电枢电流(励磁电流)较大,磁路趋于饱和,因此,可以近似地认为主磁通 Φ 为常数。此时的机械特性曲线近似于一条直线,如图 7-21(b)中 BC 段所示。将两条机械特性曲线组合在一起,就构成了串励直流电动机完整的机械特性曲线,如图 7-21(b)所示。

从图 7-21 可以看出,串励直流电动机的机械特性的硬度要比他励直流电动机小得多,即为软特性。串励直流电动机负载的大小对其转速的影响很大:当负载转矩较大时,其转速较低;当负载较轻时,其转速又能迅速上升。这对于牵引机一类的运输机械来说是一个可贵的特性,因为重载时,它可以自动降低运行速度以确保运行安全,而轻载时,又可自动提高运行速度以提高生产效率。它的另一个优点是:起动时,励磁电流 $I_f = I_a$ 较大,因

$$T = K_T \Phi I_a = K_T K_f I_a^2 \propto I_a^2$$

所以在电网或串励直流电动机容许起动电流为某一定值时,其起动转矩要比他励的大得多,故串励直流电动机多用于起重运输机械,如市内、矿石、军工等电气机车。

值得注意的是:串励直流电动机绝对不允许空载运行,因为其转速极高,所产生的离心力足以将绕组甩出槽外,非常危险;另一方面,串励直流电动机可反向运行,但不能用改变电源极性的方法实现,由于此时电枢电流 I_a 与主磁通 Φ 同时反向,使电磁转矩 $T = K_T \Phi I_a$ 依然保持原方向不变,因此其不可能反转。

7.4.4　复励直流电动机的机械特性

图 7-22(a)是复励直流电动机的原理电路图,其特点是具有并励和串励两个励磁绕组。工业上常用的是积复励直流电动机,即并励和串励绕组所产生的磁通方向一致。积复励直流电动机的机械特性介于他励和串励直流电动机特性之间,如图 7-22(b)所示。它具有串励电动机的起动转矩大,过载倍数强的优点,而没有空载转速很高的缺点。这种电动机的用途也很广泛,如无轨电车就是用积复励直流电动机拖动的。

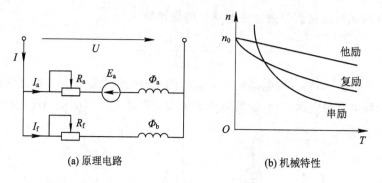

(a) 原理电路　　　　　　　　　　(b) 机械特性

图 7-22　复励直流电动机的机械特性

7.4.5　生产机械的机械特性

生产机械的机械特性是指同一转轴上负载转矩与转速之间的关系。由于生产机械往往是电动机的负载,因此为了便于将两者的机械特性配合起来分析电力传动系统(电力拖动系统)的运行情况,除特加说明外,今后提及生产机械(电动机的负载)的机械特性均指电动机轴上的负载转矩与转速之间的关系,即 $n = f(T_L)$。不同类型的生产机械由于在运行

中所受阻力的性质不同，因而其机械特性曲线的形状也有所不同，但大体上可以归纳为以下几种典型的机械特性。

1. 恒转矩型负载的机械特性

此类负载机械特性的特点是负载转矩恒为常数，如图 7 - 23 所示。属于此类的生产机械有提升机构、提升机构的行走机构、皮带运输机以及金属切削机床等。依据负载转矩与运动方向的关系，可以将恒转矩型负载分为反抗型负载和位能型负载两种。

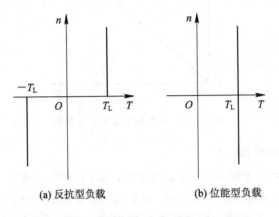

(a) 反抗型负载　　　　(b) 位能型负载

图 7 - 23　两种恒转矩型负载的机械特性

反抗型负载是因摩擦和非弹性体的压缩、拉伸与扭转等作用所产生的负载，其负载转矩的方向恒与运动方向相反，即运动方向发生改变时，负载转矩的方向也随之改变，因而它总是阻碍运动的。本书约定：若取电动机某一旋转方向的转速 n 为正，则取电磁转矩 T 与 n 一致的方向为正方向；取负载转矩 T_L 与 n 相反的方向为正方向。根据这一约定可知，反抗型负载的负载转矩恒与转速 n 取相同的符号，因而其机械特性在第一、三象限，如图 7 - 23(a)所示。

位能型负载是由物体的重力和弹性体的压缩、拉伸与扭转等作用所产生的负载。其负载转矩的方向恒定，与运动方向无关，它有时阻碍运动，有时促进运动。由于位能型负载的负载转矩恒定，故其机械特性在第一、四象限，如图 7 - 23(b)所示。

2. 离心式通风机型负载的机械特性

此类型的生产机械是按照离心力原理工作的，如离心式鼓风机、水泵等。其负载转矩 T_L 与 n 的平方成正比，即 $T_L = Cn^2$（C 为常数），如图 7 - 24 所示。

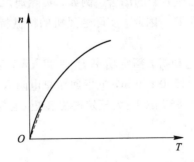

图 7 - 24　离心式通风机型负载的机械特性

3. 直线型负载的机械特性

此类型生产机械的负载转矩 T_L 与 n 成正比，即 $T_L = Cn$（C 为常数），如图 7 - 25 所示。对于实验室中作模拟负载用的他励直流发电机，当励磁电流和电枢电阻恒定不变时，其电磁转矩便与转速成正比。

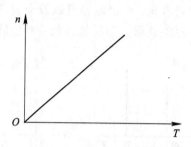

图 7 - 25　直线型负载的机械特性

4. 恒功率型负载的机械特性

此类型生产机械的负载转矩 T_L 与 n 成反比，即 $T_L = K/n$ 或 $T_L n = K$（K 为常数），如图 7 - 26 所示。例如车床加工：粗加工时，切削量大，负载阻力大，开低速；精加工时，切削量小，负载阻力小，开高速。当选择这样的方式加工时，不同转速下，切削功率基本不变。

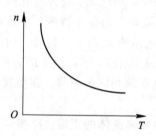

图 7 - 26　恒功率型负载的机械特性

除了上述几种类型的生产机械外，还有一些生产机械具有各自的机械特性，如带曲柄连杆机构的生产机械，它们的负载转矩 T_L 是随转角 α 变化的；而球磨机、碎石机等生产机械的负载转矩则随时间作无规律的随机变化，等等。同时还应指出，电动机的实际负载可能是单一类型的，也可能是几种类型的综合。例如，实际通风机除了主要是通风机型负载外，轴上还有一定的空载转矩 T_0，因此，实际通风机的机械特性应为 $T_L = T_0 + Cn^2$，如图 7 - 24 中的虚线所示。

例 7 - 3　一台他励直流电动机，额定功率 $P_N = 22\ \text{kW}$，额定电压 $U_N = 220\ \text{V}$，额定电流 $I_N = 115\ \text{A}$，额定转速 $n_N = 1500\ \text{r/min}$，电枢回路总电阻 $R_a = 0.1\ \Omega$，忽略空载转矩 T_0，电动机拖动恒转矩负载 $T_L = 0.85T_N$（T_N 为额定电磁转矩）运行，求稳定运行时电动机的转速、电枢电流及电动势。

解　电动机的 $K_e\Phi_N$ 为

$$K_e\Phi_N = \frac{U_N - I_N R_a}{n_N} = \frac{220 - 115 \times 0.1}{1500} = 0.139\ (\text{V}/(\text{r/min}))$$

理想空载转速为

$$n_0 = \frac{U_N}{K_e \Phi_N} = \frac{220}{0.139} = 1582.7 \ (\text{r/min})$$

额定转速差为

$$\Delta n_N = n_0 - n_N = 1582.7 - 1500 = 82.7 \ (\text{r/min})$$

负载时的转速差为

$$\Delta n = K T_L = K \times 0.85 T_N = 0.85 \Delta n_N = 0.85 \times 82.7 = 70.3 \ (\text{r/min})$$

电机运行转速为

$$n = n_0 - \Delta n = 1582.7 - 70.3 = 1512.4 \ (\text{r/min})$$

电枢电流为

$$I_a = \frac{T_L}{K_T \Phi_N} = \frac{0.85 T_N}{K_T \Phi_N} = 0.85 I_N = 0.85 \times 115 = 97.75 \ (\text{A})$$

电枢电动势为

$$E_a = K_e \Phi_N n = 0.139 \times 1512.4 = 210.2 \ (\text{V})$$

或

$$E_a = U_N - I_a R_a = 220 - 97.75 \times 0.1 = 210.2 \ (\text{V})$$

例 7 - 4　一台他励直流电动机的额定数据为：$P_N = 100 \ \text{kW}$，$U_N = 220 \ \text{V}$，$I_N = 517 \ \text{A}$，$n_N = 1200 \ \text{r/min}$，电枢回路电阻 $R_a = 0.044 \ \Omega$，试求：

(1) 固有机械特性方程式；

(2) 额定负载时的电枢电势和额定电磁转矩；

(3) 额定输出转矩和空载转矩；

(4) 理想空载转速和实际空载转速；

(5) 电机额定运行，分别求电枢回路外串电阻 $R_{a\Omega} = 0.206 \ \Omega$ 时的转速、电压 $U = 50 \ \text{V}$ 时的转速和磁通 $\Phi = 75\% \Phi_N$ 时的转速。

解　(1) 固有机械特性方程式为

$$K_e \Phi_N = \frac{U_N - I_N \cdot R_a}{n_N} = \frac{220 - 517 \times 0.044}{1200} = 0.164 \ (\text{V}/(\text{r/min}))$$

$$n = \frac{U_N}{K_e \Phi_N} - \frac{R_a}{K_e K_T \Phi_N^2} T = \frac{U_N}{K_e \Phi_N} - \frac{R_a}{9.55 (K_e \Phi_N)^2} T$$

$$= \frac{220}{0.164} - \frac{0.044}{9.55 \times 0.164^2} T = 1341 - 0.17 T$$

(2) 电枢电势为

$$E_a = K_e \Phi_N \cdot n_N = 0.164 \times 1200 = 196.8 \ (\text{V})$$

电磁转矩为

$$T = 9.55 K_e \Phi_N \cdot I_a = 9.55 \times 0.164 \times 517 = 809.7 \ (\text{N} \cdot \text{m})$$

(3) 额定输出转矩为

$$T_{2N} = 9.55 \frac{P_N}{n_N} = 9.55 \times \frac{100 \times 10^3}{1200} = 795.8 \ (\text{N} \cdot \text{m})$$

空载转矩为

$$T_0 = T - T_{2N} = 809.7 - 795.8 = 13.9 \ (\text{N} \cdot \text{m})$$

（4）理想空载转速为

$$n_0 = \frac{U_N}{K_e \Phi_N} = 1341 \; (\text{r/min})$$

实际空载转速为

$$n_0' = n_0 - \frac{R_a}{K_e K_T \Phi_N^2} T_0$$

$$n_0' = 1341 - 0.17 T_0 = 1341 - 0.17 \times 13.9 = 1338.6 \; (\text{r/min})$$

（5）电枢回路外串电阻 $R_{a\Omega} = 0.206 \; \Omega$ 时的转速为

$$n = 1341 - \frac{R_a + R_{a\Omega}}{9.55 (K_e \Phi_N)^2} T = 1341 - \frac{0.044 + 0.206}{9.55 \times 0.164^2} \times 809.7 = 553 \; (\text{r/min})$$

电压 $U = 50 \; \text{V}$ 时的转速为

$$n = \frac{U}{K_e \Phi_N} - \frac{R_a}{9.55 (K_e \Phi_N)^2} T = \frac{50}{0.164} - \frac{0.044}{9.55 \times 0.164^2} \times 809.7 = 166 \; (\text{r/min})$$

7.5　他励直流电动机的起动

他励直流电动机起动时，为了产生较大的起动转矩及不使起动后转速过高，应该满磁通起动，即励磁电流为额定值，使每极磁通为额定值，因此，起动时励磁回路不能串电阻，而且绝对不允许励磁回路出现断路。

7.5.1　直流电动机起动性能的技术指标

直流电动机的起动是指电动机接通电源后，从静止状态加速到所要求的稳定转速的过程。直流电动机起动性能的好坏可由以下 5 个指标来衡量：

（1）起动电流 I_{st}，一般地，I_{st} 越小越好；

（2）起动转矩 T_{st}，一般地，T_{st} 越大越好；

（3）起动时间 t，一般地，t 越小越好；

（4）起动的平滑性（转速变化是否均匀），一般地，起动越平滑越好；

（5）起动的经济性，由起动设备的价值和起动时所消耗的电能来评价。

在上述技术指标中，最主要的是起动电流 I_{st} 和起动转矩 T_{st}。为了提高生产效率、缩短起动时间，要求直流电动机要有足够大的起动转矩 T_{st}，它是指直流电动机在起动瞬间（$n = 0$，$E = 0$）所产生的电磁转矩，即

$$T_{st} = K_T \Phi I_{st} \tag{7-22}$$

式中：I_{st} 为起动电流，即起动瞬间的电枢电流。

一般地，直流电动机的起动方法有三种：

（1）直接起动；

（2）降压起动；

（3）在电枢回路中串接附加电阻起动。

下面以他励直流电动机为例来加以说明。

7.5.2　直接起动与降压起动

1. 直接起动

直接起动就是指在电动机的电枢上直接加额定电压而起动的方法。起动瞬间，由于机械惯性的影响，电动机的转速 $n=0$，反电动势 $E=0$，故此时的起动电流为

$$I_{st}=\frac{U_N}{R_a} \tag{7-23}$$

由于电枢电阻 R_a 很小(通常小于 $1\ \Omega$)，因此 I_{st} 可达额定电流的 $10\sim50$ 倍，这样大的起动电流将带来以下危害：

(1) 使电动机在换向过程中产生危险的火花，烧坏换向器；

(2) 过大的起动电流产生过大的电动应力，可能引起电枢绕组的损坏；

(3) 由式(7-22)可知，起动转矩 T_{st} 很大，会在机械系统和传动机构中产生过大的动态冲击转矩($T_{st}-T_L$)，损坏传动机械部件；

(4) 对供电电源来说，过大的起动电流将使保险装置动作，切断电源，造成事故，或引起电网电压下降，影响其他负载的正常运行。

因此，除了小容量的直流电动机可采取直接起动外，对于大容量的直流电动机来说，是不允许直接起动的，即在起动时必须设法限制起动电流的大小。例如，对于普通的 Z2 型直流电动机，规定电枢的瞬时电流不得大于额定电流的 $1.5\sim2$ 倍，故其只能采用降压起动和在电枢回路中串接附加电阻起动的方法。

2. 降压起动

降压起动即在起动瞬间，降低供电电源电压，随着转速 n 的升高、反电动势 E 的增大，再逐步提高供电电压，最后达到额定电压 U_N 时，电动机达到所要求的转速。最典型的降压起动方法是晶闸管整流直流调速系统，这将在第 10 章中加以讨论。

7.5.3　在电枢回路中串接附加电阻起动

保持电枢电压为额定电压 U_N 不变，而在电枢回路中串接附加电阻 R_{st} 也可以达到限制起动电流的目的，其大小为

$$I_{st}=\frac{U_N}{R_a+R_{st}} \tag{7-24}$$

随着电动机转速 n 的升高、反电动势 E 的增大，再逐步切除附加电阻，一直到全部切除为止，电动机达到所要求的转速。

生产机械对电动机起动的要求是有差异的。例如，市内无轨电车的直流电动机传动系统，要求平稳慢速起动，若起动过快，会使乘客感到不舒服；而一般生产机械则要求有足够大的起动转矩，以缩短起动时间，提高生产效率。从技术上来说，一般希望平均起动转矩大些，以缩短起动时间，这样，起动电阻的段数就应多些；而从经济角度来看，则要求起动设备简单、经济、可靠，这样，起动电阻的段数就应少些。如图 7-27(a)所示，图中只有一段起动电阻 R_{st}，起动后，若将接触器的辅助触头 KM 接通，即将起动电阻 R_{st} 切除，则其起动特性如图 7-27(b)所示。此时由于起动电阻 R_{st} 被切除，电动机的工作点将从人工机

械特性 1 切换到固有机械特性 2 上，又由于在切除 R_{st} 的瞬间，机械惯性的作用使电动机的转速 n 不能突变，因此从 A 点切换到 B 点，最后沿特性 2 在 N 点稳定运行。这种情况在切换瞬间冲击电流仍会很大，为了避免这种情况，通常采用逐级切除起动电阻的方法来起动。

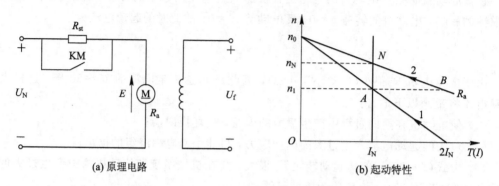

(a) 原理电路　　　　　　　　　　(b) 起动特性

图 7 - 27　具有一段起动电阻的他励直流电动机的原理电路和起动特性

图 7 - 28 所示的是具有两段起动电阻的原理电路和起动特性。T_1、T_2 分别称为最大（尖峰）转矩和最小（换接）转矩。起动开始，接触器的辅助触头 KM_1、KM_2 为断开状态，电枢回路总电阻为 R_{a1}，起动过程中，依次闭合 KM_1、KM_2，电枢回路总电阻为 R_{a2} 和转子电阻 r_a，其起动特性如图 7 - 28(b) 所示。

可见，起动级数越多，T_1、T_2 与平均转矩 $T_{av}=(T_1+T_2)/2$ 越接近，起动过程越快而平稳，但所需的控制设备也就越多。我国生产的标准控制柜都是按照快速起动的原则设计的，一般起动电阻为 3～4 段。

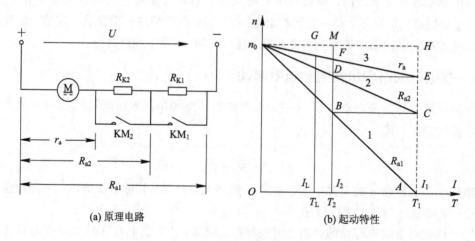

(a) 原理电路　　　　　　　　　　(b) 起动特性

图 7 - 28　具有两段起动电阻的他励直流电动机

例 7 - 5　一台他励直流电动机，$P_N=96$ kW，$U_N=440$ V，$I_N=250$ A，$n_N=500$ r/min，$R_a=0.078\ \Omega$，拖动额定大小的恒转矩负载运行，忽略空载转矩。试求：

(1) 若采用电枢回路串电阻起动，$I_{st}=2I_N$ 时，计算应串入的电阻值及起动转矩；

(2) 若采用降压起动，条件同上，求电压应降至多少，并计算起动转矩。

解　(1) 电枢回路串电阻时，串入的电阻值为

$$R_{st} + R_a = \frac{U_N}{I_{st}} = \frac{440}{2 \times 250} = 0.88 \ (\Omega)$$

$$R_{st} = 0.88 - 0.078 = 0.802 \ (\Omega)$$

额定转矩为

$$T_N \approx 9.55 \frac{P_N}{n_N} = 9.55 \times \frac{96\ 000}{500} = 1833.5 \ (N \cdot m)$$

起动转矩为

$$T_{st} = 2T_N = 3667 \ (N \cdot m)$$

（2）采用降压起动时，起动电压为

$$U_{st} = I_{st} R_a = 2 \times 250 \times 0.078 = 39 \ (V)$$

起动转矩为

$$T_{st} = 2T_N = 3667 \ (N \cdot m)$$

7.6　他励直流电动机的调速

所谓调速，是指在一定的负载条件下，人为地改变电动机的电路参数，从而达到改变其稳定运行转速的目的。

电动机的调速是生产机械所要求的。例如，对金属切削机床，根据工件尺寸、材料性质、切削用量、刀具特性、加工精度等不同，需要选用不同的切削速度，以保证产品质量和提高生产效率；对电梯类或其他要求稳速运行或准确停车的生产机械，要求在起动和制动时速度要慢或停车前要降低运行速度以实现准确停车。实现生产机械的调速可以采用机械的、液压的或电气的方法。有关直流调速系统的共性和详细分析，将在第 10 章中予以讨论。下面以他励直流电动机为例，对调速方法作一般性的介绍。

由他励直流电动机的机械特性方程式

$$n = \frac{U}{C_e \Phi} - \frac{R_a + R_{ad}}{C_e C_T \Phi^2} T$$

可知，改变电枢电压 U、电枢回路中串接的附加电阻 R_{ad}、主磁通 Φ 都可以得到不同的人工机械特性，从而在负载不变时可以改变电动机的转速，达到调速的目的。故他励直流电动机的调速方法有以下三种：改变电枢电压 U 调速，电枢回路串接附加电阻 R_{ad} 调速和改变主磁通 Φ 调速。

7.6.1　改变电枢电压 U 调速

改变电枢电压 U 可得到人为机械特性，如图 7 - 29 所示。从特性可以看出，在一定的负载转矩 T_L 下，加上不同的电枢电压 U_N、U_1、U_2、…，可得到不同的稳定运行转速 n_N、n_c、…，即改变电枢电压可达到调速的目的。此调速方法也称调压调速。现以电压由额定电压 U_N 降低至为 U_1 为例说明其调速的机电过程。

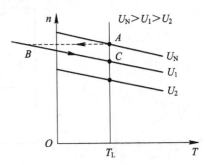

图 7 - 29　改变电枢电压的调速特性

设起始接额定电压为 U_N 时，电动机带动恒转矩负载 T_L 工作在特性曲线上的 A 点，稳定运行转速为额定转速 n_N。在电压突然降为 U_1 的一瞬间，由于转速 n_N、反电动势 $E_a = C_e \Phi n_N$ 不能突变，电枢电流将由 $I_a = (U_N - E_a)/R_a$ 突减至 $I_a = (U_1 - E_a)/R_a$。相应地，电磁转矩也有所减小，即电动机的工作点由 A 点过渡到 U_1 特性曲线上的 B 点。由于 $T > T_L$，因此电动机开始减速，反电动势 E_a 随转速 n 的减小而减小，电枢电流重新增大，电磁转矩也相应增大，电动机的工作点将沿 U_1 特性曲线由 B 点向 C 点移动。到达 C 点，电动机的 $T = T_L = T_N$，调速过程结束，此时电动机已工作在一个新的稳定运行状态。

这种调速方法的优点是：

（1）调速时，机械特性硬度不变，故调速的稳定度较高，调速范围较大。

（2）当电枢电压（电源电压）连续变化时，调速平滑，即转速可以平滑无级调节，但一般只能在额定转速 n_N 以下调节。

（3）由于调速过程中 $\Phi = \Phi_N$ 为常数，因而当 T_L 为常数时，稳定运行状态下的电枢电流 $I_a = I_N$ 也是一个常数，即与电枢电压 U 的大小无关，所以电动机的电磁转矩 $T = C_T \Phi_N I_a = T_L$ 不变，故称调压调速为恒转矩调速，适合于恒转矩型负载调速。

（4）调速时电能损耗较少，电动机的效率较高。

（5）可以靠调节电枢电压来起动电动机，而不需要另用其他设备。

这种调速方法的缺点是：调压电源设备复杂，投资大，价格昂贵。

目前这种调速方法用得相当普遍，但只适合于他励直流电动机；调压电源已普遍采用晶闸管整流装置，用晶体管脉宽调制放大器供电的调速系统也已应用于工业生产中，这些将在第 10 章中予以分析。

7.6.2　电枢回路串接附加电阻 R_{ad} 调速

在不考虑电枢反应的情况下，电枢回路串接附加电阻调速的机电过程如图 7 - 30 所示。设未串接附加电阻之前，电动机带动恒转矩负载 T_L 在固有机械特性曲线 1 上的 N 点稳定运行，当串入附加电阻 R_{ad1} 时，其人工机械特性变为曲线 2，此时电动机的机械惯性使其转速 n 不能突变，其运行点由 N 点跳到曲线 2 上的 A 点，由于 A 点的电磁转矩 T_A 小于

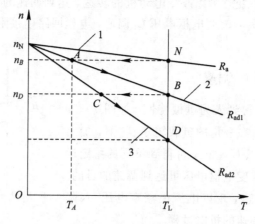

图 7 - 30　电枢回路串接附加电阻的调速特性

负载转矩 T_L，所以电动机沿 AB 段减速，直至 B 点。电磁转矩等于负载转矩，电动机稳定运行于 B 点，这样就实现了由 n_N 调到 n_B 的调速过程。若再将附加电阻增至 R_{ad2}，则电动机便按图中 $B—C—D$ 的箭头方向进行调速，从而实现了从稳定转速 n_B 调至新的稳定转速 n_D 的调速过程。

这种调速方法的缺点是：

（1）机械特性硬度变软，所串附加电阻愈大，特性愈软，稳定度愈低。

（2）在调速电阻上消耗大量的电能，电动机的效率下降。

（3）调速不平滑，实现无级调速困难，因为调速电阻不能连续变化，调速只能在额定转速 n_N 以下调节，且在空载或轻载时，调速范围不大。

正因为存在上述缺点，该方法目前很少采用，仅用于起重机、卷扬机等低速、运行时间不太长的传动系统中。但必须指出，该调速方法属于恒转矩调速，适合于恒转矩负载。此方法也可用于起动，但要特别注意，调速电阻不能当作起动电阻，否则会烧坏电动机。

7.6.3 改变主磁通 Φ 调速

在不考虑电枢反应的情况下，改变主磁通 Φ 调速的机电过程如图 7-31 所示。图中所示的曲线 $n=f(T_L)$ 表示恒功率型负载，其特点为负载转矩 T_L 与转速 n 成反比，即 $T_L \cdot n/9.55=P$ 为常数。设在额定磁通 Φ_N 时，电动机带动恒功率型负载在额定点 N 稳定运行时，转速为 n_N。若将磁通突然由 Φ_N 减少至 Φ_1，则电动机升速时按 $N—C—A$ 进行，即稳定转速从 n_N 升至 n_A；设电动机原来在 B 点稳定运行，若将磁通突然由 Φ_2 增至 Φ_1，则电动机降速时按 $B—D—A$ 进行，即稳定转速从 n_B 降至 n_A。

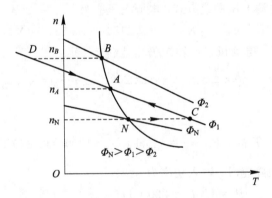

图 7-31 改变主磁通 Φ 的调速特性

这种调速方法的特点是：

（1）当主磁通 Φ 连续变化时，可实现平滑无级调速。

（2）调速时，机械特性变软，且受电动机本身换向条件和机械强度的限制，主磁通 Φ 一般只能在 $[0.8\Phi_N, \Phi_N]$ 的范围内变化，因此调速范围不大，即转速 n 的调速范围为 $[n_N, 1.2n_N]$。

（3）在弱磁调速时，维持电枢电压 $U=U_N$ 和电枢电流 $I_a=I_N$ 不变，因为 $T=C_T\Phi I_N$，磁通 Φ 减小，电磁转矩 T 也减小，但转速 n 增大，因此，电动机的输出功率 $P=T \cdot n/9.55$ 为常数，故称弱磁调速为恒功率调速。因为恒功率型负载的特点正好与弱磁调速的特点（电磁转矩 T 与转速 n 成反比）相吻合，所以这种调速适合于对恒功率型负载进行调速。

在实际的调速系统中，往往是调压调速和弱磁调速两者配合使用，即在额定转速以下，用调压调速（降压调速），而在额定转速以上，用弱磁调速。

例 7-6 一台他励直流电动机，额定功率 $P_N = 22$ kW，额定电压 $U_N = 220$ V，额定电流 $I_N = 115$ A，额定转速 $n_N = 1500$ r/min，电枢回路总电阻 $R_a = 0.1$ Ω，忽略空载转矩 T_0，电动机带额定负载运行时，要求把转速降到 $n = 1000$ r/min，试求：

(1) 采用电枢回路串电阻需要串入的电阻值；

(2) 采用降低电源电压调速需要把电源电压降到多少；

(3) 上述两种调速情况下，电动机的输入功率与输出功率。

解　(1) 先计算 $K_e \Phi_N$

$$K_e \Phi_N = \frac{U_N - I_N R_a}{n_N} = \frac{220 - 115 \times 0.1}{1500} = 0.139 \ (\text{V}/(\text{r} \cdot \text{min}^{-1}))$$

当把转速降为 $n = 1000$ r/min 时，电动势为

$$E_a = K_e \Phi_N n = 0.139 \times 1000 = 139 \ (\text{V})$$

因为电动机带额定恒转矩负载，再次稳定运行时，电磁转矩仍然等于额定负载转矩，电枢电流仍然等于额定电流。因此，根据电源平衡方程有

$$U_N = E_a + I_N (R_a + R_{ad})$$

可求出需要串入的附加电阻为

$$R_a + R_{ad} = \frac{U_N - E_a}{I_N} = \frac{220 - 139}{115} = 0.705 \ (\Omega)$$

$$R_{ad} = 0.705 - 0.1 = 0.605 \ (\Omega)$$

(2) 若采用降低电源电压调速方式，电源电压应为

$$U = E_a + I_N R_a = 139 + 115 \times 0.1 = 150.5 \ (\text{V})$$

(3) 电动机降速后，电动机输出转矩仍然是额定转矩：

$$T_2 = 9.55 \frac{P_N}{n_N} = 9.55 \times \frac{22 \times 1000}{1500} = 140.1 \ (\text{N} \cdot \text{m})$$

输出功率为

$$P_2 = T_2 \omega = T_2 \frac{2\pi n}{60} = 140.1 \times \frac{2\pi}{60} \times 1000 = 14\ 670 \ (\text{W})$$

电枢回路串接电阻降速时，输入功率为

$$P_1 = U_N I_N = 220 \times 115 = 25\ 300 \ (\text{W})$$

降低电源电压降速时，输入功率为

$$P_1 = U_1 I_N = 150.5 \times 115 = 17\ 308 \ (\text{W})$$

7.7　他励直流电动机的制动

所谓制动过程就是指电动机从某一稳定运行转速开始减速到零或从起动加速到某一匀速运行状态，即制动的目的就是快速停车或限速。但要注意，电动机的制动与自然停车是两个不同的概念，自然停车是电动机脱离电网，靠很小的摩擦阻转矩消耗机械能，使转速慢慢下降到零而停车，这种停车过程所需时间较长，不能满足生产机械的要求。为了提高

生产效率，保证产品质量，需要加快停车过程，实现准确停车，要求电动机运行在制动状态。就能量转换的观点而言，电动机有以下两种运行状态：

（1）电动状态：其特点是电动机的电磁转矩 T 与转速 n 的方向相同，T 为拖动转矩，此时电动机向电网吸收电能并将其转化为机械能，拖动负载。

（2）制动状态：其特点是电动机的电磁转矩 T 与转速 n 的方向相反，T 为制动转矩（它所对应的电枢电流 I_a 称为制动电流），此时电动机吸收机械能（位能或动能）并将其转化为电能反馈回电网或消耗在电枢回路的电阻中。

根据直流电动机处于制动状态时的外部条件和能量传递情况，可将其制动分为能耗制动、反接制动和回馈制动三种形式，下面以他励直流电动机为例分别予以阐述。

7.7.1　能耗制动

1. 制动原理

电动机在电动状态运行时，若把电枢电压 U 突然降为零，而将电枢用一个附加制动电阻 R_{ad} 短接起来，便能得到能耗制动。如图 7-32(a) 所示，即制动时，保持主磁通 Φ 不变，接触器 KM 断电，其常开触头断开（使电枢脱离电源），其常闭触头闭合（使电枢串接附加制动电阻 R_{ad}），此时，由于机械惯性，电动机仍在旋转，即有主磁通 Φ 和转速 n 的存在，使电枢绕组上继续有反电动势 $E = K_e \Phi n$，其方向与电动状态时的方向相同。该反电动势 E 在电枢和 R_{ad} 所组成的回路中产生电枢电流 I_a，如图 7-32(a) 中虚线所示，该电流方向与电动状态下由电源电压 U 所决定的电枢电流方向相反，故电磁转矩 $T = K_T \Phi I_a$ 反向，即 T 与 n 反向，T 变成制动转矩。此时，由工作机械的机械能带动电动机发电，使传动系统储存的机械能转化为电能，并通过电阻 $R_a + R_{ad}$ 转化为热能消耗掉，故称之为能耗制动。

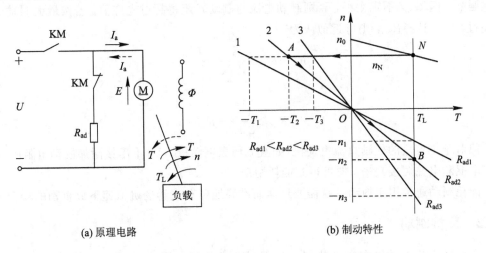

(a) 原理电路　　　　　　　　　　　　　(b) 制动特性

图 7-32　他励直流电动机的能耗制动

2. 制动特性

因能耗制动时，电枢电压 $U=0$，若反电动势 E、电枢电流 I_a 仍为电动状态下假定的正方向，则由图 7-32(a) 可知，其电压平衡方程式为

$$E = -I_a(R_a + R_{ad}) \tag{7-25}$$

又由于 $E = K_e\Phi n$，$I_a = T/(K_T\Phi)$，所以能耗制动时的机械特性方程为

$$n = -\frac{R_a + R_{ad}}{K_e K_T \Phi^2}T \tag{7-26}$$

其机械特性见图 7-32(b) 中的直线 1、2、3，它们是通过原点且位于第二、四象限的直线。

如果电动机带的是反抗型负载，它只具有惯性能量(动能)，能耗制动的作用是消耗掉传动系统储存的电能，使电动机迅速而准确地停车于原点。其制动过程如图 7-32(b) 所示，设电动机原来运行于额定点 N，转速为 n_N。刚开始制动时 n_N 不变，但机械特性为直线 2，因此电动机的工作点由 N 点移到 A 点，此时电动机的电磁转矩 T 变为负值(因为在反电动势 E 的作用下，电枢电流 I_a 反向)，是制动转矩。在制动转矩 T 和负载转矩 T_L 的共同作用下，拖动系统开始减速，电动机的工作点沿特性直线 2 上的箭头方向变化。随着转速 n 的下降，制动转矩 T(绝对值) 也逐渐减小，直至 $n=0$ 时，电动机产生的制动转矩 T 也下降到零，能耗制动自行结束。

若电动机带的是位能型负载，则在制动到 $T=0$，$n=0$ 时，重物将拖着电动机反转，使电动机向转速下降的方向加速，即电动机进入第四象限的能耗制动状态。随着反向转速升高，反电动势 E 增加，电枢电流和制动转矩也增加，系统的状态由能耗制动特性直线 2 上的 O 点向 B 点移动，当 $T=T_L$ 时，电动机以 n_B 的转速使重物匀速下降。

改变附加制动电阻 R_{ad} 的大小，可以得到不同斜率的机械特性，如图 7-32(b) 所示。在一定负载转矩 T_L(位能型或反抗型) 的作用下，不同大小的 R_{ad} 便有不同的稳定转速，如 $-n_1$、$-n_2$、$-n_3$；或者在一定的转速 n_N 下，可使制动电流与制动转矩不同，如 $-T_1$、$-T_2$、$-T_3$。R_{ad} 愈小，制动时的机械特性愈平，即制动转矩愈大，制动时间愈短，制动效果愈强烈。但 R_{ad} 又不宜太小，否则制动电流与制动转矩将超过允许值。若按最大制动电流不超过 $2I_N$ 来选择 R_{ad}，则可近似认为

$$R_a + R_{ad} \geqslant \frac{E_N}{2I_N} \approx \frac{U_N}{2I_N}$$

即

$$R_{ad} \geqslant \frac{U_N}{2I_N} - R_a \tag{7-27}$$

但对于小容量的他励直流电动机(如直流伺服电动机)，可不串接附加制动电阻 R_{ad}，直接使电枢断电并短接起来，便可得到能耗制动。

能耗制动通常用于拖动系统需要迅速而准确地停车或卷扬机恒速下放重物的场合。

7.7.2　反接制动

当他励直流电动机在电动状态下运行时，若电枢电压 U 或反电动势 E 中的任何一个在外部条件作用下改变了方向，即两者由反向变为同向，则电动机即运行于反接制动状态。把改变电枢电压 U 的方向所产生的反接制动称为电枢反接制动，而把改变反电动势 E 的方向所产生的反接制动称为倒拉反接制动。下面对这两种反接制动分别加以讨论。

1. 电枢反接制动

1) 制动原理

如图 7-33 所示，若电动机原来运行于正向电动状态，其电枢电压 U 的极性为：A 端为 $+$，B 端为 $-$，滑动触点电位器的触头在最右端，即电枢回路不串附加电阻（限流电阻）R_{ad}，此时电动机稳速运行在固有机械特性曲线 1 上的 N 点，转速为 n_N。若突然将电枢电压 U 的极性反接，即 A 端为 $-$，B 端为 $+$，即图 7-33(a) 中虚线方向，亦即 U、E 同相；同时在电枢回路中串入限流电阻 R_{ad}（将触头滑向最左边），此时电压平衡方程式为（各参量的参考方向为电动状态下假定的正方向不变）

$$-U = E + I_a(R_a + R_{ad})$$

即

$$I_a = -\frac{U + E}{R_a + R_{ad}} \tag{7-28}$$

可见，$I_a < 0$，见图 7-33(a) 中虚线方向，因而电磁转矩 $T < 0$，故 T、n 反向，T 变成制动转矩，电动机进入电枢反接制动状态，在制动转矩 T 和负载转矩 T_L 的共同作用下，电动机迅速减速。由于这种制动是由电枢电压 U 的反接而引起的，故称之为"电枢反接制动"。

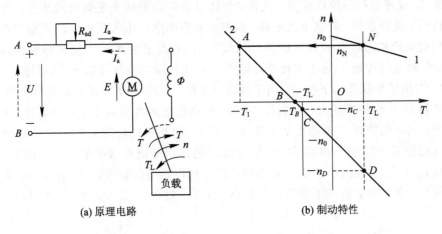

(a) 原理电路　　　　　　　　　　　　　　(b) 制动特性

图 7-33　他励直流电动机的电枢反接制动

2) 制动特性

将 $E = K_e \Phi n$，$I_a = T/(K_T \Phi)$ 代入式(7-28)，便可得到电枢反接制动状态下的机械特性表达式：

$$n = \frac{-U}{K_e \Phi} - \frac{R_a + R_{ad}}{K_e K_T \Phi^2} T \tag{7-29}$$

因此电枢反接制动时，电动机的理想空载转速变为 $-n_0 = -U/(K_e \Phi)$，其机械特性曲线为图 7-33(b) 中的直线 2，其制动特性曲线在第二象限。由于在电枢极性反接的瞬间，电动机的转速和由其所决定的反电动势不能突变，若不考虑电枢反应，此时系统的状态由直线 1 的 N 点变到直线 2 的 A 点，电动机产生的电磁转矩 $T < 0$，与转速 n 反向，T 为制动转矩，它与负载转矩 T_L 共同作用，使电动机的转速迅速下降，制动转矩 T（绝对值）随 n 的下降而减小，系统的状态沿直线 2 自 A 点向 B 点移动。当 n 下降到 0 时，电枢反接制动过程

结束。这时若电枢未从电源拉开，电动机将反向起动，并将在 C 点（T_L 为反抗型负载且 $T_B > T_L$）或 D 点（T_L 为位能型负载）建立系统的稳定平衡点。

由于在电枢反接制动期间，反电动势 E 和电枢电压 U 是串联相加的，因此为了限制电枢电流 I_a，电动机的电枢回路中必须串接足够大的限流电阻 R_{ad}。若按最大制动电流不超过 $2I_N$ 来选择 R_{ad}，则可近似认为

$$R_a + R_{ad} \geqslant \frac{U_N + E_N}{2I_N} \approx \frac{2U_N}{2I_N} = \frac{U_N}{I_N}$$

即

$$R_{ad} \geqslant \frac{U_N}{I_N} - R_a \qquad\qquad (7-30)$$

电枢反接制动一般应用在生产机械迅速减速、停车和反向的场合以及要求经常正反转的机械上。

2. 倒拉反接制动

1）制动原理

这种制动方法一般发生在提升重物转化为下放重物的情况下，负载是位能型的，如图 7-34 所示。设在进行倒拉反接制动之前，他励直流电动机处于正向电动状态。以 n_N 的转速稳定运行，提升重物。若欲下放重物，则需在电枢回路中串入足够大的附加电阻 R_{ad}，这时电动机的运行状态将由固有机械特性曲线 1 的 N 点过渡到人工机械特性曲线 2 的 A 点，由于此时电磁转矩 T 远小于负载转矩 T_L，因此传动系统的转速下降（即提升重物的速度减慢），并沿着曲线 2 向下移动，由于转速 n 下降，反电动势 E 减小，电枢电流 I_a 增大，因此电磁转矩 T 也相应增大，但仍比 T_L 小，所以系统速度继续下降，即提升重物的速度愈来愈慢，当电磁转矩 T 沿曲线 2 下降到 B 点时，电动机的转速 $n=0$，即重物停止上升，同时反电动势 $E=0$，但电枢在外加电枢电压 U 的作用下仍有很大的电枢电流 I_a，此电流产生堵转转矩 T_{stB}，但仍小于 T_L，故重物所产生的位能型负载转矩 T_L 倒拉着电动机反转，即重物开始下降，电动机的工作状态进入第四象限，这时，$T>0$，而 $n<0$，所以 T、n 反

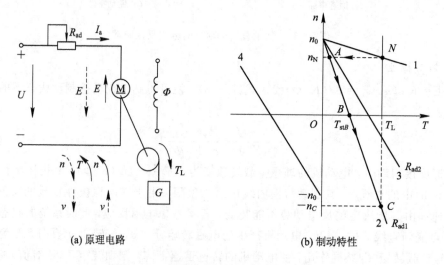

(a) 原理电路   (b) 制动特性

图 7-34　他励直流电动机的倒拉反接制动

向，T 为制动转矩，电动机进入倒拉反接制动状态。B 点以后，由于 $n<0$，因而反电动势 E 也反向，且 E、U 同向，故电枢电流 $I_a=[U-(-|E|)]/(R_a+R_{ad})$ 增大，电磁转矩 T 也增大。随着转速 n 在反方向的增大，反电动势 $|E|$、电枢电流 I_a、电磁转矩 T 也逐渐增大。直至 C 点，$T=T_L$，转速不再增加，而以较稳定的转速 n_C 匀速下放重物。由于这种制动是由重物倒拉着电动机反转而引起的，并使 E、U 由反向变为同向，故称之为"倒拉反接制动"或"电势反接制动"。值得注意的是，在倒拉反接制动时，重物是靠本身所产生的位能型负载转矩 T_L 的作用来下放的，而电动机所产生的电磁转矩 T 是用来反抗重物下放的，起制动作用，否则，重物下降的速度会失控。

2) 制动特性

在图 7-34 中，因为各参量的参考方向都是电动状态下假定的正方向（虚线方向为制动时 n、E、v 的实际方向），所以倒拉反接制动状态下的电压平衡方程式、机械特性在形式上与电动状态下相同，即分别为

$$E=U-I_a(R_a+R_{ad}) \tag{7-31}$$

$$n=\frac{U}{K_e\Phi}-\frac{R_a+R_{ad}}{K_eK_T\Phi^2}T \tag{7-32}$$

因为在倒拉反接制动时，电动机反向旋转，故上述各式中的转速 n、反电动势 E 应是负值，其制动特性曲线实际上是第一象限中电动状态下的机械特性曲线在第四象限中的延伸。若电动机反向运行在电动状态，则其倒拉反接制动状态下的机械特性曲线就是第三象限中电动状态下的机械特性曲线在第二象限中的延伸，如图 7-34(b) 中的曲线 4 所示。

由图 7-34(b) 可知，适当地选择电枢回路中附加电阻 R_{ad} 的大小，可得到不同的下降速度，且附加电阻愈小，下降速度就愈低。这种制动的缺点是：若对 T_L 的大小估计不准，则本应下降的重物可能向上升方向运动；另外，其机械特性硬度较小，因而较小的负载转矩波动就可能引起较大的转速波动，即转速的稳定性较差。

7.7.3　回馈制动

当电动机的转速高于理想空载转速，即 $n>n_0$ 时，反电动势 $E>$ 电枢电压 U，电枢电流 $I_a=(U-E)/(\sum R)<0$（$\sum R$ 为电枢回路的总电阻），故电磁转矩 $T=K_T\Phi I_a<0$，即 T、n 反向，T 为制动转矩，此时电动机处于发电状态，并将机械能（位能或动能）转化为电能，回馈给电网，所以称这种制动为"回馈制动"或"再生发电制动"。回馈制动可能出现下列两种情况。

1. 正向回馈制动运行

(1) 降压调速。

图 7-35 所示为他励直流电动机电源电压降低，转速从高向低调节的过程。原来电动机运行在固有机械特性的 A 点，电压降为 U_1 后，电动机的运行顺序为 A—B—C—D，最后稳定运行在 D 点。在这一降速过渡过程中，在 B—C 这一阶段，电动机的转速 $n>0$，电磁转矩 $T<0$，T 与 n 的方向相反，T 是制

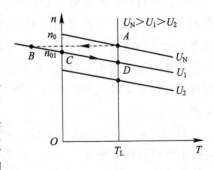

图 7-35　降压调速时的回馈制动过程

转矩,是一种正向回馈制动运行状态。

（2）位能性负载。

如图 7-36 所示,当电车在平路上行驶时,它所产生的电磁转矩 T 主要用来克服路面所产生的摩擦性负载转矩 T_r,并以 n_N 的转速稳定运行于 N 点,电动机工作在正向电动状态。当电车下坡时,由电车自重所产生的位能型负载转矩 T_P 使电车加速,当加速到转速 n 大于理想空载转速 n_0 时,反电动势 $E(=K_e\Phi n)$ 将大于电枢电压 $U_N(=K_e\Phi n_0)$,由 $U_N=E+I_aR_a$ 可知,电枢电流 I_a 的方向与正向电动状态时相反,即电磁转矩 T 的方向与正向电动状态时相反,故 T、n 反向,T 变成制动转矩,电动机工作在回馈制动状态。之后电车继续加速,直到 A 点（$T_P=T+T_r$ 时）为止,电动机以 n_A 的稳定转速控制电车匀速下坡。这时,实际上是电车的位能型负载转矩带动电动机发电,把机械能变成电能向电网回馈。

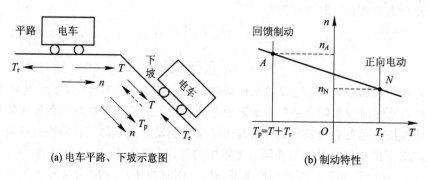

(a) 电车平路、下坡示意图　　　　　　(b) 制动特性

图 7-36　电车下坡时的回馈制动

在回馈制动状态下,电动机的机械特性表达式仍是式（7-32）,所不同的是 T 改变了符号（T 为负值）,而理想空载转速和特性的斜率均与正向电动状态时相同,这说明电动机正转时,回馈状态下的机械特性是第一象限中电动状态下的机械特性在第二象限内的延伸,称为正向回馈制动运行。

2. 反向回馈制动运行

图 7-37 所示为带位能型负载的电枢反向回馈制动过程。当 $n=0$ 时,若不切断电源,则电动机便在电磁转矩 T 和位能型负载转矩 T_L 的共同作用下,迅速反向加速;当 $|-n|>|-n_0|$ 时,电动机进入回馈制动状态,最终以 n_C 的转速匀速下放重物,此时,$T>0$,而 $n<0$,回馈制动时的机械特性位于第四象限,B 点是电枢不串电阻固有机械特性的反向回馈制动稳定运行点。若改变电枢回路中 R_{ad} 的大小,则可以调节回馈制动状态下电动机匀速下放重物的速度,R_{ad} 愈大,其下降速度就愈大（这一点正好与电动状态下的情况相反）。为使重物下降速度不致过大,串接的 R_{ad} 不宜过大,但即使不串接任何附加电阻,重物下放过程中电动机的转速仍高于 n_0,若下放的重物较重,则采用这种回馈制动方式是不太安全的。

到此为止,他励直流电动机四个象限的运行状态已经全部分析完毕,可以将四个象限运行的机械特性集中画在一起,如图 7-38 所示。在第一、三象限内,T 与 n 同方向,是电动运行状态,在第二、四象限内,T 与 n 反方向,是制动运行状态。

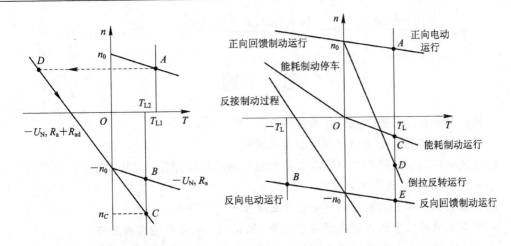

图 7-37　带位能型负载的电枢反向　　图 7-38　他励直流电动机各种运行状态
　　　　　回馈制动过程

在实际的电力拖动系统中，生产机械的生产工艺要求电动机一般都要在两种以上的状态下运行。例如，经常需要正、反转的反抗型恒转矩负载，拖动它的电动机就应该运行在下面各种状态：正向起动接着正向电动运行；反接制动；反向起动接着反向电动运行；反方向的反接制动；回到正向起动接着正向电动运行……最后能耗制动停车。因此，要想掌握他励直流电动机是怎样拖动各种负载工作的，就必须掌握电动机各种不同的运行状态，以及怎样从一种稳定运行状态变到另一种稳定运行状态。

例 7-7　一台他励直流电动机的额定数据为 $P_N = 33\ \text{kW}$，$U_N = 440\ \text{V}$，$I_N = 85\ \text{A}$，$n_N = 1050\ \text{r/min}$，$R_a = 0.352\ \Omega$。试求：

（1）电动机在反向回馈制动运行状态下放重物，设 $I_a = 62\ \text{A}$，电枢回路不串电阻，电动机的转速为多少？

（2）若采用能耗制动运行状态下放同一重物，要求电动机转速 $n = -550\ \text{r/min}$，电枢负载电流为额定电流，电枢回路应串入多大电阻？

（3）若采用倒拉反转的反接制动运行状态下放同一重物，要求电动机转速 $n = -650\ \text{r/min}$，电枢负载电流为 50 A，电枢回路应串入多大电阻？

解　先计算 $K_e\Phi_N$：

$$K_e\Phi_N = \frac{U_N - I_N R_a}{n_N} = \frac{440 - 85 \times 0.352}{1050} = 0.3906\ (\text{V}/(\text{r} \cdot \text{min}^{-1}))$$

（1）因为电动机在反向回馈制动运行状态下下放重物，此时电源电压的方向与提升重物时的电源电压方向相反，则

$$n_1 = \frac{-U_N - I'_a R_a}{K_e\Phi_N} = \frac{-440 - 62 \times 0.352}{0.3906} = -1183\ (\text{r/min})$$

（2）电动机在能耗制动运行状态下下放重物，则转速为负，电动机不接电源，电动势与电枢电阻、串接的附加电阻组成回路，因此有

$$R_{ad} = -\frac{C_e\Phi_N n_2}{I_N} - R_a = -\frac{0.3906 \times (-550)}{85} - 0.352 = 2.1754\ (\Omega)$$

（3）电动机在倒拉反转反接制动运行状态下下放重物时，串入的电枢电阻为

$$R_{ad2}=\frac{U_N-K_e\Phi_N n}{I_a''}-R_a=\frac{440-0.3906\times(-650)}{50}-0.352=13.526\ (\Omega)$$

习　题

1. 换向器在直流电机中起到什么作用？

2. 试问怎样才能改变他励直流电动机的转向？

3. 直流电机的主磁极和电枢铁芯都是电机磁路的组成部分，但其冲片材料一个用薄钢板，另一个用硅钢片，这是为什么？

4. 直流电机铭牌上的额定功率是指什么功率？

5. 在直流电动机中是否存在感应电动势？有的话，电动势的方向怎样？

6. 直流电动机有哪几种励磁方式？在不同的励磁方式下，线路电流、电枢电流、励磁电流三者之间的关系如何？

7. 什么因素决定直流电机电磁转矩的大小？电磁转矩的性质和电机运行方式有何关系？

8. 一台他励直流电动机所拖动的负载转矩 T_L 为常数，当电势电压或电枢附加电阻改变时，能否改变其稳定运行状态下电枢电流的大小？为什么？这时拖动系统中哪些量必然要发生变化？

9. 一台他励直流电动机在稳态下运行时，反电动势 $E=E_1$，若负载转矩 T_L 为常数，外加电压和电枢回路中的电阻不变，问减弱磁通使转速上升到新的稳态值后，电枢反电动势将如何变化？是大于、小于还是等于 E_1？

10. 直流电动机的调速方法有几种，各有何特点？

11. 直流电动机起动过程中有哪些要求？对于并励直流电动机，其起动电流由什么因素决定？其正常工作时，电枢电流又决定于什么？

12. 串励直流电动机为什么不能空载运行？和他励直流电动机相比较，串励直流电动机的运行性能有何特点？

13. 电动机的电磁转矩是驱动性质的转矩，电磁转矩增大时，转速似乎上升，但从直流电动机的机械特性来看，电磁转矩增大时，转速反而下降，试分析这是什么原因？

14. 他励直流电动机起动时，为什么一定要先加励磁电流？若忘了先合励磁绕组的电源开关就把电枢电源接通，这时会产生什么现象（试从 $T_L=0$ 和 $T_L=T_N$ 两种情况加以分析）？当电动机运行在额定转速下时，若突然将励磁绕组断开，此时又将出现什么情况？

15. 直流电动机的电动与制动两种运行状态的根本区别何在？

16. 已知某他励直流电动机的铭牌数据如下：$P_N=7.5\ kW$，$U_N=220\ V$，$n_N=1500\ r/min$，$\eta_N=88.5\%$。试求该电机的额定电流和额定转矩。

17. 一台他励直流电动机接在一个电压为 $U_N=220\ V$ 的电网上运行时，电枢电流 $I_a=10\ A$，电枢回路电阻 $R_a=0.5\ \Omega$，试求：该电动机内部反电动势为多少？假定由于某种原因，电网电压降为 $190\ V$，励磁电流和负载转矩都保持不变，达到新的平衡时，电动机内部的反电动势为多少？

18. 一台并励直流电动机的额定数据如下：$P_N=17\ kW$，$U_N=220\ V$，$n_N=3000\ r/min$，

$I_N=88.9$ A，电枢回路总电阻 $R_a=0.114$ Ω，励磁回路电阻 $R_f=181.5$ Ω。忽略电枢反应的影响，试求：

(1) 电动机的额定输出转矩；

(2) 在额定负载时的电磁转矩；

(3) 额定负载时的效率；

(4) 理想空载($I_a=0$)时的转速；

(5) 当电枢回路串入电阻 $R_{ad}=0.15$ Ω 时，额定负载时的转速。

19. 某并励直流电动机的额定数据如下：$P_N=10$ kW，$U_N=220$ V，$I_N=54$ A，$n_N=1000$ r/min，$I_{fN}=1.6$ A，电枢回路的总电阻为 0.393 Ω。保持额定负载转矩不变，不计电枢反应和电感的影响。试求：

(1) 若电枢回路突然串入 $R_\Omega=1.3$ Ω 的调节电阻，求 R_Ω 加入瞬间时的电枢电流以及进入新稳态后的电枢电流与转速；

(2) 若仅在励磁回路中串入电阻，使磁通减少 10%，试计算磁通突然减少瞬间的电枢电流以及进入新稳态后的电枢电流与转速。

20. 一台他励直流电动机的铭牌数据如下：$P_N=5.5$ kW，$U_N=110$ V，$I_N=61$ A，$I_{fN}=2$ A，$n_N=1500$ r/min，$R_a=0.2$ Ω。若忽略机械磨损和铁损，认为额定运行状态下的电磁转矩近似等于额定输出转矩，试绘出其近似的固有机械特性曲线。

21. 一台他励直流电动机的铭牌数据如下：$P_N=6.5$ kW，$U_N=220$ V，$I_N=33.4$ A，$n_N=1500$ r/min，$R_a=0.242$ Ω。试计算出此电动机的如下特性：

(1) 固有机械特性；

(2) 电枢附加电阻分别为 3 Ω 和 5 Ω 时的人为机械特性；

(3) 电枢电压为 $U_N/2$ 时的人为机械特性；

(4) 磁通中 $\Phi=0.8\Phi_N$ 时的人为机械特性，并绘出上述特性的曲线。

22. 一台他励直流电动机，其额定数据如下：$P_N=2.2$ kW，$U_N=U_f=110$ V，$n_N=1500$ r/min，$\eta_N=0.8$，$R_a=0.4$ Ω，$R_f=82.7$ Ω。试求：

(1) 额定电枢电流 I_{aN}；

(2) 额定励磁电流 I_{fN}；

(3) 电枢回路铜耗 P_{Cua} 及励磁回路的铜耗 P_{Cuf}、铁损 P_{Fe} 与机械损耗之和 P_0；

(4) 额定电磁转矩 T_N；

(5) 额定电流时的反电动势 E_N；

(6) 直接启动时的启动电流 I_{st}；

(7) 若要使启动电流不超过额定电流的 2 倍，求启动电阻为多大？此时启动转矩又为多少？

23. 一台他励直流电动机，$P_N=17$ kW，$U_N=220$ V，$I_N=90$ A，$n_N=1500$ r/min，$R_a=0.147$ Ω。试求：

(1) 直接起动时的起动电流；

(2) 拖动额定负载起动，若采用电枢回路串电阻起动，要求起动转矩为 $2T_N$，求应串入多大的电阻；若采用降压起动，电压应降为多少？

24. 一台他励直流电动机，$P_N=17$ kW，$U_N=110$ V，$I_N=185$ A，$n_N=1000$ r/min，

已知电动机最大允许电流 $I_{a\,max}=1.8\,I_N$，电动机拖动 $T_L=0.8T_N$ 负载电动运行，求：

（1）若采用能耗制动停车，电枢应串入多大电阻；

（2）若采用反接制动停车，电枢应串入多大电阻；

（3）两种制动方法在制动开始瞬间的电磁转矩；

（4）两种制动方法在制动到 $n=0$ 时的电磁转矩。

25. 一台他励直流电动机，$P_N=29$ kW，$U_N=440$ V，$I_N=76.2$ A，$n_N=1050$ r/min，$R_a=0.393$ Ω。试求：

（1）电动机在反向回馈制动运行状态下下放重物，设 $I_a=60$ A，电枢回路不串电阻，电动机的转速与负载转矩各为多少？回馈电压的电功率为多大？

（2）若采用能耗制动运行状态下放同一重物，要求电动机转速 $n=-300$ r/min，电枢回路应串入多大电阻？该电阻上消耗的电功率是多少？

第 8 章 交 流 电 机

交流电动机可分为异步电动机(或称感应电动机)和同步电动机。在生产上主要使用的是交流电动机,特别是三相异步电动机。交流电动机被广泛地用来驱动各种金属切削机床、起重机、锻压机、传送带铸造机械、功率不大的通风机及水泵等。仅在需要均匀调速的生产机械,如龙门刨床、轧钢机及某些重型机床的主传动机构,以及在某些电力牵引和起重设备中才采用直流电动机。同步电动机主要应用于功率较大、不需调速、长期工作的各种生产机械,如压缩机、水泵、通风机等。单相异步电动机常用于功率不大的电动工具和某些家用电器中。此外,在自动控制系统和计算机装置中还用到各种控制电机。

本章主要讨论三相异步电动机,对同步电动机和单相异步电动机仅作简单介绍。

8.1 三相异步电动机的构造

三相异步电动机分成定子(固定部分)和转子(旋转部分)两个基本部分,定子与转子之间由气隙分开,图 8-1 所示的是三相异步电动机的构造。三相异步电动机的定子由机座和装在机座内的圆筒形铁芯以及其中的三相定子绕组组成。机座的主要作用是支撑电机各部件,因此应该有足够的机械强度和刚度,通常由铸铁或铸钢制成。为了减小涡流和磁滞损耗,定子铁芯由互相绝缘的硅钢片叠加而成,铁芯的内圆周表面冲有槽,如图 8-2 所示,槽内嵌放定子绕组。定子绕组是定子的电路部分,有六个出线端,分别接到机座的接线盒内,有的连接成星形,有的连接成三角形,如图 8-3 所示,以便使用时与三相交流电源相连接。

三相异步电动机的转子用来带动机械负载转动,由转子铁芯、转子绕组、转轴和风扇等组成,根据构造上的不同分为鼠笼式和绕线式两种形式。转子铁芯是圆柱状,也由硅钢片叠加而成,表面冲有槽,如图 8-2 所示。铁芯压装在转轴上,轴上加机械负载。

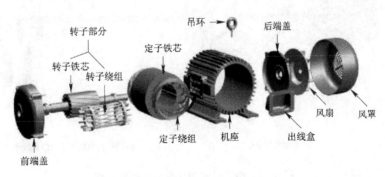

图 8-1 三相异步电动机的构造

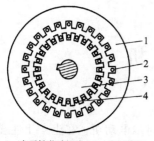

1—定子铁芯硅钢片；2—定子绕组；
3—转子铁芯硅钢片；4—转子绕组

图 8-2　定子和转子的铁芯片

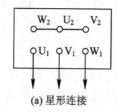

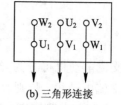

(a) 星形连接　　　　　　　(b) 三角形连接

图 8-3　三相定子绕组的连接方法

　　鼠笼式转子的绕组做成鼠笼状，就是在转子铁芯的槽中放置铜条，其两端用端环连接，如图 8-4(a)所示。或者在槽中浇铸铝液，铸成鼠笼状，如图 8-4(b)所示，这样便可以用比较便宜的铝来代替铜，同时制造得也快。因此，目前中小型鼠笼式三相异步电动机的转子很多是铸铝的。鼠笼式三相异步电动机的"鼠笼"是其构造特点，易于识别。

　　绕线式三相异步电动机的结构如图 8-5 所示，它的转子绕组同定子绕组一样，也是三相的，连接成星形。每相的始端连接在三个铜制的滑环上，滑环固定在转轴上。环与环、环与转轴都互相绝缘。在环上用弹簧压着碳质电刷，起动电阻和调节电阻是借助于电刷同滑环和转子绕组连接的。绕线式异步电动机通常根据具有三个滑环的构造特点来进行辨认。

(a) 铜条转子　　　　　　　　(b) 铸铝转子

图 8-4　鼠笼式转子

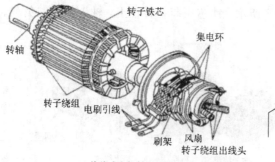

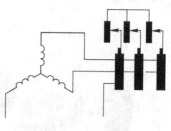

(a) 绕线式电机转子结构　　　　　　(b) 绕线式电机转子绕组接线示意图

图 8-5　绕线式三相异步电动机的结构

鼠笼式与绕线式只是在转子的构造上不同，它们的工作原理是一样的。由于鼠笼式三相异步电动机构造简单、价格低廉、工作可靠、使用方便，因而成为生产上应用最为广泛的一种电动机。

异步电动机的气隙是均匀的。气隙大小对异步电动机的运行性能和参数影响较大，由于励磁电流由电网供给，气隙越大，励磁电流也就越大，继而影响电网的功率因数，因此，异步电动机的气隙大小往往是机械条件所能允许到达的最小数值，中小型电动机一般为 0.1～1 mm。

8.2　三相异步电动机的工作原理

三相异步电动机接上电源就会转动。下面通过演示说明转动原理。图 8-6 所示的是一个装有手柄的蹄形磁铁，磁极间放有一个可以自由转动、由铜条组成的转子。铜条两端分别用铜环连接起来，形成鼠笼，作为鼠笼式转子。磁极和转子之间没有机械联系。摇动磁极时，转子跟着磁极一起转动，磁极摇得快，转子转得快；磁极摇得慢，转子转得也慢；反摇磁极，转子马上反转。

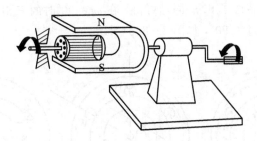

图 8-6　异步电动机转子转动的演示

从这一演示得出两点启示：第一，有一个旋转的磁场；第二，转子跟着磁场转动。

异步电动机转子转动的原理与上述演示相似。那么，在三相异步电动机中，磁场从何而来，又怎么旋转呢？下面就首先来讨论这个问题。

8.2.1　旋转磁场

1. 旋转磁场的产生

三相异步电动机的定子铁芯中放有三相对称绕组 U_1、U_2，V_1、V_2 和 W_1、W_2，在空间按顺时针排列，将三相绕组连接成星形，接在三相电源上，如图 8-7(a)所示，绕组中便通入三相对称电流：

$$i_1 = i_U = I_m \sin \omega t$$
$$i_2 = i_V = I_m \sin(\omega t - 120°)$$
$$i_3 = i_W = I_m \sin(\omega t + 120°)$$

其波形如图 8-7(b)所示，取绕组始端到末端的方向作为电流的参考方向。在电流的正半周，其值为正，实际方向与参考方向一致；在电流的负半周，其值为负，实际方向与参考方向相反。

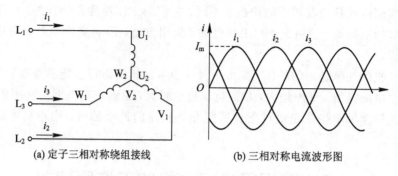

(a) 定子三相对称绕组接线　　　　　(b) 三相对称电流波形图

图 8-7　三相对称电流通入定子三相对称绕组

当 $\omega t = 0°$ 时，定子绕组中的电流方向如图 8-8(a)所示。此时 $i_1 = 0$；i_2 为负，其方向与参考方向相反，即自 V_2 到 V_1；i_3 为正，其方向与参考方向相同，即自 W_1 到 W_2。将每相电流所产生的磁场相加，并将得出的三相电流合成磁场。在图 8-8(a)中，合成磁场轴线的方向为自上而下。

图 8-8(b)所示的是 $\omega t = 60°$ 时定子绕组中电流的方向和三相电流合成磁场的方向，此时的合成磁场已在空间转过了 60°。同理可得，在 $\omega t = 90°$ 时的三相合成磁场，其比 $\omega t = 0°$ 时的合成磁场在空间转过了 90°，如图 8-8(c)所示。

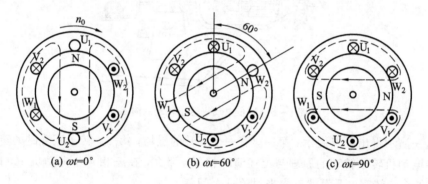

(a) $\omega t = 0°$　　　　　　(b) $\omega t = 60°$　　　　　　(c) $\omega t = 90°$

图 8-8　三相电流产生的旋转磁场($p = 1$)

由上可知，当定子绕组中通入三相电流后，它们共同产生的合成磁场随电流的交变而在空间不断地旋转着，这就是旋转磁场。旋转磁场同磁极在空间旋转所起的作用相同。

2. 旋转磁场的转向

图 8-8(a)所示的情况是 U 相电流 $i_1 = +I_m$，此时旋转磁场轴线的方向恰好与 U 相绕组的轴线一致。在三相电流中，电流出现正幅值的顺序为 $i_1—i_2—i_3$，合成磁场的轴线依次为 U、V、W 的轴线，因此磁场的旋转方向就是定子绕组的空间排列顺序，即磁场的转向与通入绕组的三相电流的相序有关。

若将同三相电源连接的三根导线中任意两根的一端对调位置（如对调 V 与 W 两相），则电动机三相绕组的 V 相与 W 相对调（注意：电源三相端子的相序未变），旋转磁场因此反转，如图 8-9 所示。

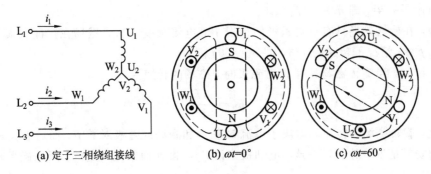

(a) 定子三相绕组接线   (b) $\omega t=0°$ (c) $\omega t=60°$

图 8-9 旋转磁场的反转

3. 旋转磁场的极数

三相异步电动机的极数就是旋转磁场的极数。旋转磁场的极数和三相绕组的安排有关。在图 8-8 的情况下,每相绕组只有一个线圈,绕组的始端之间相差 120°空间角,则产生的旋转磁场具有一对磁极,即 $p=1$(p 是磁极对数)。若使每相绕组有两个线圈串联,绕组的始端之间相差 60°空间角,则产生的旋转磁场具有两对磁极,即 $p=2$,如图 8-10 所示。

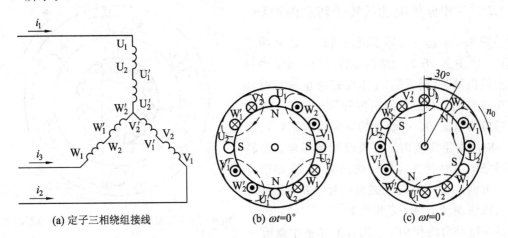

(a) 定子三相绕组接线   (b) $\omega t=0°$ (c) $\omega t=0°$

图 8-10 三相电流产生的旋转磁场($p=2$)

同理,若要产生三对磁极,即 $p=3$ 的旋转磁场,则每相绕组必须有均匀安排在空间的串联的三个线圈,绕组的始端之间相差 40°($=120°/p$)空间角。

4. 旋转磁场的转速

三相异步电动机的转速与旋转磁场的转速有关,而旋转磁场的转速取决于磁场的磁极对数。在旋转磁场具有一对磁极的情况下,由图 8-8 可知,当电流从 $\omega t=0°$ 到 $\omega t=60°$ 经历了 60°时,磁场在空间也旋转了 60°,当电流交变一次(一个周期)时,磁场恰好在空间旋转了一转。设电流的频率为 f_1,即电流每秒钟交变 f_1 次或每分钟交变 $60f_1$ 次,则旋转磁场的转速为 $n_0=60f_1$,转速的单位为转每分(r/min)。

在旋转磁场具有两对磁极的情况下,由图 8-10 可知,当电流也从 $\omega t=0°$ 到 $\omega t=60°$ 时,磁场在空间仅旋转了 30°,即当电流交变了一次时,磁场仅旋转了半转,比 $p=1$ 情况下的转速慢了一半，即 $n_0=60f_1/2$。

同理，在旋转磁场具有三对磁极的情况下，电流交变一次，磁场在空间仅旋转了 1/3 转，只是 $p=1$ 情况下转速的 1/3，即 $n_0=60f_1/3$。

由此推知，当旋转磁场具有 p 对磁极时，磁场的转速为

$$n_0=\frac{60f_1}{p} \tag{8-1}$$

因此，旋转磁场的转速 n_0 取决于电流频率 f 和磁场的磁极对数 p，而后者又取决于三相绕组的安排情况。对于某一异步电动机来说，f_1 和 p 通常是一定的，所以磁场转速 n_0 是一个常数。

在我国，工频 $f=50$ Hz，于是由式（8-1）可得出对应于不同磁极对数 p 的旋转磁场转速 n_0，如表 8-1 所示。

表 8-1　不同磁极对数 p 的旋转磁场转速 n_0

p	1	2	3	4	5
n_0(r/min)	3000	1500	1000	750	600

8.2.2　三相异步电动机转子转动的原理

图 8-11 是三相异步电动机转子转动的原理图，图中 N、S 表示两极旋转磁场，转子中只示出两根导条（铜或铝）。当旋转磁场向顺时针方向旋转时，其磁力线切割转子导条，导条中就感应出电动势。电动势的方向由右手定则确定。应用右手定则时，可假设磁极不动，而转子导条向逆时针方向旋转切割磁力线（如图中的 v 方向），这与实际上磁极顺时针方向旋转时磁力线切割转子导条是相当的。

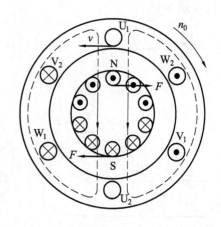

图 8-11　三相异步电动机转子转动的原理图

在电动势的作用下，闭合的导条中就有电流。该电流与旋转磁场相互作用，使转子导条受到电磁力 F，电磁力的方向可应用左手定则来确定。由电磁力产生电磁转矩，转子就转动起来。由图 8-11 可知，转子转动的方向和磁极旋转的方向相同，这就是图 8-6 的演示中转子跟着磁场转动的道理。当旋转磁场反转时，电动机也跟着反转。

因此，异步电动机的转动原理可以小结为：

（1）电生磁：定子三相对称绕组通入三相对称电流，产生圆形旋转磁场。

（2）磁生电：旋转磁场切割转子导体，在转子导体中产生感应电动势，转子导体是闭合的，因此形成感应电流。

（3）电磁力：转子载流（有功分量电流）导体在磁场中受到电磁力的作用，形成电磁转矩，驱动电动机转子旋转，从而实现了将电能转换为机械能。

请读者思考：定子绕组中是否有感应电动势和感应电流？

8.2.3 转差率

由图 8-11 可知,电动机转子转动的方向与磁场旋转的方向相同,但转子的转速 n 不可能达到与旋转磁场的转速 n_0 相等,即 $n < n_0$。因为若两者相等,则转子与旋转磁场之间就没有相对运动,因而磁通就不切割转子导条,转子电动势、转子电流以及转矩也就都不存在,这样,转子就不可能继续以 n_0 的转速转动,因此,转子转速与磁场转速之间必须要有差别。这就是异步电动机名称的由来。而旋转磁场的转速 n_0 常被称为同步转速。

用转差率 s 来表示转子转速 n 与磁场转速 n_0 相差的程度,即

$$s = \frac{n_0 - n}{n_0} \tag{8-2}$$

转差率是异步电动机一个重要的物理量。转子转速越接近于磁场转速,转差率越小。由于三相异步电动机的额定转速与同步转速相近,所以其转差率很小。通常异步电动机在额定负载时的转差率约为 $1\% \sim 9\%$。

当 $n = 0$ 时(起动初始瞬间),$s = 1$,这时转差率最大。

式(8-2)也可写成

$$n = (1-s)n_0 = (1-s)\frac{60 f_1}{p} \tag{8-3}$$

例 8-1 有一台三相异步电动机,其额定转速 $n = 975$ r/min。试求电动机的极数和额定负载时的转差率(电源频率 $f = 50$ Hz)。

解 由于电动机的额定转速接近而略小于同步转速,而同步转速对应于不同的磁极对数有一系列固定的数值(见表 8-1)。显然,与 975 r/min 最相近的同步转速 n_0 为 1000 r/min,与此相应的磁极对数 $p = 3$。因此,额定负载时的转差率为

$$s = \frac{n_0 - n}{n_0} \times 100\% = \frac{1000 - 975}{1000} \times 100\% = 2.5\%$$

8.2.4 三相异步电动机的三种运行状态

根据转差率的大小和正负,异步电动机有三种运行状态。

(1)电磁制动状态。异步电机定子绕组仍接至电源,使用外力拖着电机逆着旋转磁场的旋转方向转动,如图 8-12(a)所示。此时电磁转矩与电机旋转方向相反,起制动作用。电机定子仍然从电网吸收电功率,同时,转子从外力吸收机械功率,这两部分功率都在电机内部以损耗的方式转化成热能消耗掉。这种运行状态称为电磁制动运行状态。此时,转速 n 为负值,即 $n < 0$,$s > 1$。

(2)电动机运行状态。当定子绕组接至电源时,转子就会在电磁矩的驱动下旋转,电磁转矩即为驱动转矩,其转向与旋转磁场方向相同,如图 8-12(b)所示,此时电机从电网取得电功率转化为机械功率,通过转轴传输给负载。电动机的转速范围为 $0 < n < n_0$,转差率范围为 $0 < s < 1$。

(3)发电机运行状态。异步电机定子绕组仍接至电源,该电动机的转轴不再接机械负载,而用原动机拖动异步电动机的转子以大于同步速($n > n_0$)并顺着旋转磁场的方向旋转,如图 8-12(c)所示。显然,此时电磁转矩方向与转子转向相反,起着制动作用,为制动转

矩。为克服电磁转矩的制动作用而使转子继续旋转，并保持 $n > n_0$，电动机必须不断地从原动机输入机械功率，把机械功率变为输出的电功率，因此称为发电机运行状态。此时，电动机的转速范围为 $n > n_0$，转差率范围为 $s < 0$。

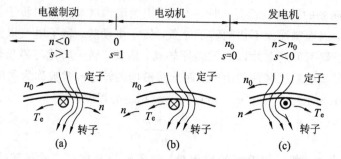

图 8-12　异步电动机的三种运行状态

综上所述，异步电动机可以作为电动机运行，也可以作为发电机运行和电磁制动运行。但一般作电动机运行，异步发电机很少使用，电磁制动是异步电机在完成某一生产过程中出现的短时运行状态，例如，起重机下放重物时，为了安全、平稳，需限制下放速度，使异步电动机短时处于电磁制动状态。

8.2.5　三相异步电动机的铭牌

和直流电动机相同，异步电动机的机座上也有一个铭牌，铭牌上标注着额定数据。主要额定数据如下：

额定功率：电动机在额定运行状态时输出的机械功率，单位为 kW。

额定电压：额定运行状态下，电网加在定子绕组的线电压，单位为 V。

额定电流：电动机在等电压下使用，输出额定功率时，定子绕组中的线电流，单位为 A。

额定频率：我国规定标准工业用电的频率为 50 Hz。

额定转速：电动机在额定电压、额定频率及额定功率下的转速，单位是 r/min。

此外，铭牌上还标明定子绕组的相数与连接法（星形或三角形）、绝缘等级及允许温升等。绕线式转子异步电动机还标明转子的额定电动势及额定电流。

铭牌上还标有电动机的型号。型号一般由大写印刷体的汉语拼音字母和阿拉伯数字组成。例如，电动机的型号为 Y2-100L1-2，每部分所代表的意义如下：

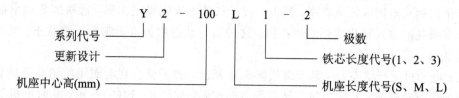

机座长度代号有 S、M、L，S 表示短机座，M 表示中等机座，L 表示长机座；铁芯长度代号有 1、2、3，数字越大铁芯越长。所以上述型号的异步电动机是一台机座中心高 100 mm、长机座、短铁芯、两极、第二次改型设计的鼠笼式异步电动机。

例 8-2　已知一台三相异步电动机的额定功率 $P_N = 4$ kW，额定电压 $U_N = 380$ V，额定功率因数 $\cos \varphi_N = 0.77$，额定效率 $\eta_N = 0.84$，额定转速 $n_N = 960$ r/min，求额定电流。

解 额定电流为

$$I_N = \frac{P_N}{\sqrt{3}U_N\cos\varphi_N\eta_N} = \frac{4000}{\sqrt{3}\times380\times0.77\times0.84} = 9.4\ \text{A}$$

8.3 三相异步电动机的电路分析

图 8-13 是三相异步电动机的一相电路图,对于鼠笼式转子,在一般情况下,每根转子导条相当于一相,转子绕组一般是短接的。下面分析三相异步电动机中的电磁关系。

需要说明的是,三相异步电动机定子绕组加的是三相电源的线电压,通常测量的也是定子端的线电流,但在电路分析时,由于三相异步电动机是三相对称负载,通常采用一相等效电路进行分析,因此,图 8-13 等效电路中的电压、电动势和电流都是相值。

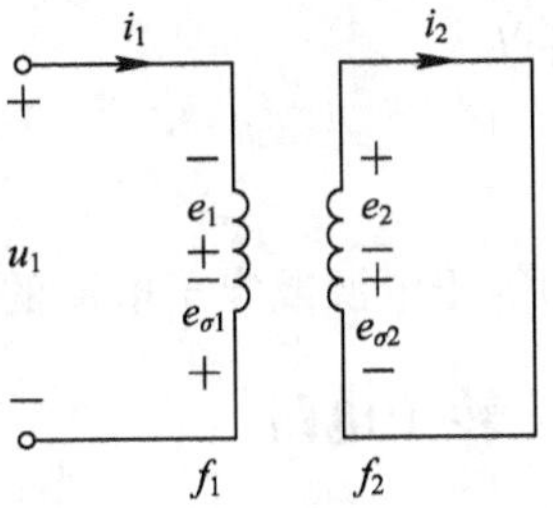

图 8-13 三相异步电动的每相电路图

当定子绕组接上三相电源电压 u_1 时,则有三相电流 i_1 通过,定子三相电流产生旋转磁场,其磁通通过定子和转子铁芯而闭合,这时磁场不仅在转子每相绕组中感应出电动势 e_2(转子绕组是闭合的,由此产生电流 i_2),而且在定子每相绕组中感应出电动势 e_1。实际上,三相异步电动机中的旋转磁场是由定子电流和转子电流共同产生的。可以证明,定子旋转磁场和转子旋转磁场是相对静止的,具体请读者参考《电机学》相关文献。此外,还有漏磁通,在定子绕组和转子绕组中产生漏磁电动势 $e_{\sigma1}$ 和 $e_{\sigma2}$。定子和转子每相绕组的匝数分别为 N_1 和 N_2。

8.3.1 定子电路

根据基尔霍夫电压定律,定子每相电路的电压方程为

$$u_1 = R_1 i_1 + (-e_{\sigma1}) + (-e_1) = R_1 i_1 + L_{\sigma1}\frac{\mathrm{d}i_1}{\mathrm{d}t} + (-e_1) \tag{8-4}$$

若用相量表示,则为

$$\dot{U}_1 = R_1\dot{I}_1 + (-\dot{E}_{\sigma1}) + (-\dot{E}_1) = R_1\dot{I}_1 + \mathrm{j}X_1\dot{I}_1 + (-\dot{E}_1) \tag{8-5}$$

式中:R_1 和 $X_1 = \omega L_{\sigma1}$ 分别为定子每相绕组的电阻和漏感抗,漏感抗由漏磁通产生,漏磁通的磁路是非磁性材料,可近似为线性电感。

由于定子绕组的电阻 R_1 和漏电抗 X_1 较小,其两端的电压降也较小,与主磁通产生的电动势 E_1 比较起来可以忽略不计,于是

$$\dot{U}_1 \approx -\dot{E}_1$$

对于主磁通产生的电动势 E_1,由于主磁电感或相应的主磁感抗不是常数,应按下面的方法计算。

设主磁通 $\Phi = \Phi_m\sin\omega t$,则

$$e = -N\frac{\mathrm{d}\Phi}{\mathrm{d}t} = -N\frac{\mathrm{d}(\Phi_m\sin\omega t)}{\mathrm{d}t} = N\omega\Phi_m\cos\omega t$$

$$= 2\pi f N\Phi_m\sin(\omega t - 90°) = E_m\sin(\omega t - 90°) \tag{8-6}$$

式中：$E_m = 2\pi f N\Phi_m$ 是主磁电动势 e 的幅值，其有效值为

$$E = \frac{E_m}{\sqrt{2}} = \frac{2\pi f N\Phi_m}{\sqrt{2}} = 4.44 f N\Phi_m \tag{8-7}$$

因此，定子绕组的电压和电动势的关系为

$$U_1 \approx E_1 = 4.44 f_1 N_1 \Phi_m k_{w1} = 4.44 f_1 N_1 \Phi \tag{8-8}$$

式中：$\Phi = \Phi_m k_{w1}$ 是通过每相绕组的磁通最大值，k_{w1} 是定子绕组系数，该系数小于 1 但接近于 1，是由于异步电动机的定子绕组采用分布式放在槽中的，而且采用短矩放法，详细内容可以参看《电机学》相关文献；f_1 是 e_1 的频率，因为旋转磁场和定子间的相对转速为 n_0，所以

$$f_1 = \frac{p n_0}{60} \tag{8-9}$$

即等于电源或定子电流的频率，见式（8-1）。

8.3.2　转子电路

同理，转子每相电路的电压方程为

$$e_2 = R_2 i_2 + (-e_{\sigma2}) = R_2 i_2 + L_{\sigma2}\frac{\mathrm{d}i_2}{\mathrm{d}t} \tag{8-10}$$

若用相量表示，则为

$$\dot{E}_2 = R_2 \dot{I}_2 + (-\dot{E}_{\sigma2}) = R_2 \dot{I}_2 + \mathrm{j}X_2 \dot{I}_2 \tag{8-11}$$

式中：R_2 和 X_2 分别为转子每相绕组的电阻和漏感抗。

上式中转子电路的各个物理量对电动机的性能都有影响，介绍如下。

1. 转子频率 f_2

因为旋转磁场和转子间的相对转速为 $n_0 - n$，所以转子频率为

$$f_2 = \frac{p(n_0 - n)}{60}$$

也可写成

$$f_2 = \frac{n_0 - n}{n_0} \times \frac{p n_0}{60} = s f_1 \tag{8-12}$$

可见转子频率 f_2 与转差率 s 有关，也就是与转速 n 有关。

当 $n = 0$，即 $s = 1$ 时（电动机起动初始瞬间），转子与旋转磁场间的相对转速最大，转子导条被旋转磁通切割得最快，所以此时 f_2 最高，即 $f_2 = f_1$。异步电动机在额定负载时，$s = 1\% \sim 9\%$，则 $f_2 = 0.5 \sim 4.5$ Hz（$f_1 = 50$ Hz）。

2. 转子电动势 E_2

转子电动势 e_2 的有效值为

$$E_2 = 4.44 f_2 N_2 \Phi = 4.44 s f_1 N_2 \Phi \tag{8-13}$$

当 $n = 0$，即 $s = 1$ 时，转子不动时的电动势为

$$E_{20} = 4.44 f_1 N_2 \Phi \tag{8-14}$$

此时 $f_2 = f_1$，转子电动势最大。

由以上两式可得

$$E_2 = sE_{20} \tag{8-15}$$

可见转子电动势 E_2 与转差率 s 有关。

3. 转子感抗 X_2

转子感抗 X_2 与转子频率 f_2 有关，即

$$X_2 = 2\pi f_2 L_{\sigma2} = 2\pi s f_1 L_{\sigma2} \tag{8-16}$$

当 $n=0$，即 $s=1$ 时，转子不动时的感抗为

$$X_{20} = 2\pi f_1 L_{\sigma2} \tag{8-17}$$

此时 $f_2 = f_1$，转子感抗最大。

由以上两式可得

$$X_2 = sX_{20} \tag{8-18}$$

可见转子感抗 X_2 与转差率 s 有关。

4. 转子电流 I_2

转子每相电路的电流可由式(8-11)得出，即

$$I_2 = \frac{E_2}{\sqrt{R_2^2 + X_2^2}} = \frac{sE_{20}}{\sqrt{R_2^2 + (sX_{20})^2}} \tag{8-19}$$

可见转子电流 I_2 也与转差率 s 有关。当 s 增大，即转速 n 降低时，转子与旋转磁场间的相对转速 $n_0 - n$ 增加，转子导体切割磁通的速度提高，于是 E_2 增加，I_2 也增加，I_2 随 s 变化的关系可用图 8-14 的曲线表示。

当 $s=0$，即 $n_0 - n = 0$ 时，$I_2 = 0$；当 s 很小时，$R_2 \gg sX_{20}$，忽略 sX_{20}，$I_2 \approx sE_{20}/R_2$，即 I_2 与 s 近似成正比；当 s 接近于 1 时，$sX_{20} \gg R_2$，忽略 R_2，$I_2 \approx E_{20}/X_{20}$ 为常数。

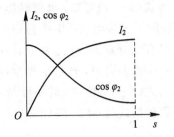

图 8-14　I_2 和 $\cos\varphi_2$ 与转差率 s 的关系

5. 转子电路的功率因数 $\cos\varphi_2$

由于转子有漏磁通，相应的感抗为 X_2，因此 $\dot{I}_2$ 比 $\dot{E}_2$ 滞后 φ_2 角，因而转子电路的功率因数为

$$\cos\varphi_2 = \frac{R_2}{\sqrt{R_2^2 + X_2^2}} = \frac{R_2}{\sqrt{R_2^2 + (sX_{20})^2}} \tag{8-20}$$

功率因数也与转差率 s 有关。当 s 增大时，X_2 也增大，于是 φ_2 增大，即 $\cos\varphi_2$ 减少。$\cos\varphi_2$ 随 s 的变化关系如图 8-14 所示。

当 s 很小时，$R_2 \gg sX_{20}$，忽略 sX_{20}，$\cos\varphi_2 \approx 1$；当 s 接近于 1 时，$sX_{20} \gg R_2$，忽略 R_2，$\cos\varphi_2 \approx R_2/sX_{20}$，即 $\cos\varphi_2$ 与 s 之间近似呈双曲线关系。

由上述讨论可知，转子电路的各个物理量，如电动势、电流、频率、感抗及功率因数等都与转差率有关，亦即与转速有关。三相异步电动机的这个特点读者应该特别注意。

8.4　三相异步电动机的转矩与机械特性

电磁转矩 T 是三相异步电动机最重要的物理量之一，机械特性是其主要特性，对电动机的起动、调速和制动进行分析时离不开机械特性。

8.4.1　转矩公式

无论直流电动机还是交流异步电动机，转子旋转是由于转子通电导体在磁场中受到电磁力的作用，由电磁力定律有

$$F = Bli$$

转子导体上下有效边都受到电磁力的作用，从而转轴上受到电磁力矩的作用，驱动转子转轴旋转，电动机的磁场强弱用磁极的气隙磁通 Φ 表示。

直流电动机的电磁转矩可以表示为

$$T = K_T \Phi I_a$$

异步电动机的电磁转矩可以表示为

$$T = K_T \Phi I_2 \cos \varphi_2 \tag{8-21}$$

式中：K_T 是一常数，与电动机的结构有关。

由式(8-21)可知，电磁转矩 T 与 Φ、$I_2 \cos \varphi_2$ 成正比。该转矩表达式称为物理表达式，反映了异步电动机电磁转矩产生的物理本质，异步电动机的电磁转矩是由主磁通 Φ 与转子的有功分量 $I_2 \cos \varphi_2$ 相互作用产生的，是电磁力定律的具体体现。

本书篇幅有限，严格推导读者可以参看《电机学》或《电机与拖动基础》相关文献。

由式(8-21)可知，转矩除与 Φ 成正比外，还与 $I_2 \cos \varphi_2$ 成正比。

再根据式(8-8)、式(8-14)、式(8-17)及式(8-20)，可知

$$\Phi = \frac{E_1}{4.44\, f_1 N_1} \approx \frac{U_1}{4.44\, f_1 N_1} \propto U_1$$

$$I_2 = \frac{s E_{20}}{\sqrt{R_2^2 + (s X_{20})^2}} = \frac{s(4.44\, f_1 N_2 \Phi)}{\sqrt{R_2^2 + (s X_{20})^2}}$$

$$\cos \varphi_2 = \frac{R_2}{\sqrt{R_2^2 + (s X_{20})^2}}$$

由于 I_2 和 $\cos \varphi_2$ 与转差率 s 有关，因此转矩 T 也与 s 有关。

若将上列三式代入式(8-21)，则得出转矩的另一个表示式：

$$T = K\, \frac{s R_2 U_1^2}{R_2^2 + (s X_{20})^2} \tag{8-22}$$

式中 K 是一常数。该式也称为异步电动机的参数表达式。

由式(8-22)可见：

(1) 电磁转矩 T 还与定子每相电压 U_1^2 成正比，$U_1 \downarrow \rightarrow T \downarrow \downarrow$。

(2) 当电源电压 U_1 一定时，T 是 s 的函数。

(3) 电磁转矩 T 还受转子电阻 R_2 的影响。绕线式异步电动机可外接电阻来改变转子电阻 R_2，从而改变转矩。

8.4.2 机械特性曲线

在一定的电源电压 U_1 和转子电阻 R_2 之下，转矩与转差率的关系曲线 $T=f(s)$ 或转速与转矩的关系曲线 $n=f(T)$ 称为电动机的机械特性曲线。其可根据式(8-22)并参照图8-14得出，图8-15(a)所示为 $T=f(s)$ 曲线。将 $T=f(s)$ 曲线按顺时针方向转过 $90°$，再将表示 T 的横轴下移即可得到图8-15(b)所示的 $n=f(T)$ 曲线。

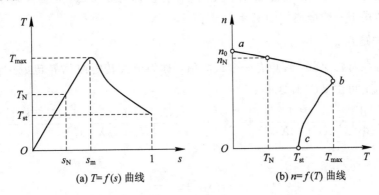

(a) $T=f(s)$ 曲线   (b) $n=f(T)$ 曲线

图 8-15 三相异步电动机的机械特性曲线

研究机械特性的目的是分析电动机的运行性能，在机械特性曲线上，要讨论三个重要转矩。

1. 额定转矩 T_N

在等速转动时，电动机的转矩 T 必须与负载转矩 T_L 相平衡，即

$$T=T_L$$

负载转矩主要是生产机械负载转矩 T_2。此外，还包括空载损耗转矩(主要是机械损耗转矩) T_0，由于 T_0 很小，因此常可忽略，即

$$T=T_2+T_0 \approx T_2$$

并由此得

$$T \approx T_2 = \frac{P_2}{\frac{2\pi n}{60}} = 9.55\frac{P_2}{n} \qquad (8-23)$$

式中：P_2 是电动机轴上输出的机械功率，通常是铭牌中给出的额定功率 P_N。

上式中转矩的单位是牛·米($N \cdot m$)；功率的单位是瓦(W)；转速的单位是转每分(r/min)。功率若用 kW 为单位，则

$$T=9550\frac{P_2}{n} \qquad (8-24)$$

额定转矩是电动机在额定负载时的转矩，可由电动机铭牌上的额定功率(输出机械功率)和额定转速应用式(8-24)求得。

例 8-3 某普通车床的主轴电机(Y132M-4 型)的额定功率为 7.5 kw，额定转速为1440 r/min，则额定转矩为

$$T_N=9550 \times \frac{P_{2N}}{n_N}=9550 \times \frac{7.5}{1440}=49.7 \; N \cdot m$$

通常三相异步电动机都工作在图 8-15 所示特性曲线的 ab 段。当负载转矩增大（如车床切削时吃刀量加大，起重机的起重量加大）时，在最初瞬间电动机的转矩 $T < T_L$，其转矩 n 开始下降。随着转矩的下降，由图 8-15 可知，电动机的转矩增加了，因为此时 I_2 增加的影响超过 $\cos \varphi_2$ 减小的影响（见图 8-14 和式(8-21)），当转矩增加到 $T = T_L$ 时，电动机在新的稳定状态下运行，这时转速较之前低。但是 ab 段比较平坦，当负载在空载与额定值之间变化时，电动机的转速变化不大。这种特性称为硬机械特性。三相异步电动机的这种硬特性适用于一般金属切削机床。

2. 最大转矩 $T_{\max}$

从机械特性曲线上看，转矩有一个最大值，称为最大转矩或临界转矩。对应最大转矩的转差率为 s_m，可由 dT/ds 求得：

$$\frac{dT}{ds} = \frac{d}{ds}\left[K \frac{s R_2 U_1^2}{R_2^2 + (s X_{20})^2} \right] = K \frac{[R_2^2 + (s X_{20})^2]^2 R_2 U_1^2 - s R_2 U_1^2 (2 s X_{20}^2)}{[R_2^2 + (s X_{20})^2]^2} = 0$$

由此可得

$$s = s_m = \pm \frac{R_2}{X_{20}}$$

电动机取正值，即

$$s_m = \frac{R_2}{X_{20}} \tag{8-25}$$

s_m 称为临界转差率，就是最大转矩对应的转差率（注意不是转差率的最大值）。

再将 s_m 代入式(8-22)，则得

$$T_{\max} = K \frac{U_1^2}{2 X_{20}} \tag{8-26}$$

由上列两式可知，$T_{\max}$ 与 U_1^2 成正比，当定子电压 U_1 降低时，最大电磁转矩 $T_{\max}$ 将成平方地降低，机械特性曲线如图 8-16 所示。而最大电磁转矩 $T_{\max}$ 与转子电阻 R_2 无关；s_m 与 R_2 有关，R_2 越大，s_m 也越大。绕线式电机转子回路串电阻可以实现较好的调速性能，$R_2 \uparrow \rightarrow s_m \uparrow \rightarrow n \uparrow$，特性曲线如图 8-17 所示。

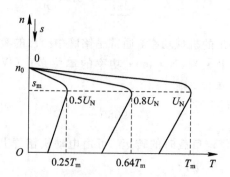

图 8-16　对应于不同电源电压 U_1 的 $n = f(T)$ 曲线（R_2 为常数）

当负载转矩超过最大转矩时，电动机就带不动负载了，发生所谓的闷车现象。闷车后，电动机的电流马上升高六七倍，电动机严重过热，以致烧坏。

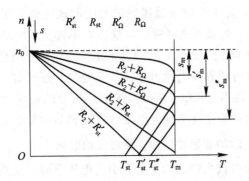

图 8-17 对应于不同转子电阻 R_2 的 $n = f(T)$ 曲线（U_1 为常数）

另一方面也说明电动机的最大过载可以接近最大转矩。如果过载时间较短，那么电动机不至于立即过热，这是容许的。因此，最大转矩也表示电动机短时容许过载能力。电动机的额定转矩 T_N 比 T_{max} 要小，两者之比称为过载系数 λ，即

$$\lambda = \frac{T_{max}}{T_N} \tag{8-27}$$

一般三相异步电动机的过载系数为 1.8～2.2。

在选用电动机时，必须考虑可能出现的最大负载转矩，而后根据所选电动机的过载系数算出电动机的最大转矩，它必须大于最大负载转矩；否则，就要重选电动机。

3. 起动转矩 T_{st}

电动机刚起动（$n = 0$，$s = 1$）时的转矩称为起动转矩。将 $s = 1$ 代入式（8-22），即得

$$T_{st} = K \frac{R_2 U_1^2}{R_2^2 + X_{20}^2} \tag{8-28}$$

由上式可见，T_{st} 与 U_1^2 及 R_2 有关。当电源电压 U_1 降低时，起动转矩也会成平方地减小，如图 8-16 所示。当转子电阻适当增大时，起动转矩会增大，如图 8-17 所示。由式（8-25）、式（8-26）及式（8-27）可推出：当 $R_2 = X_{20}$ 时，$T_{st} = T_{max}$，$s_m = 1$，最大转矩成为起动转矩，起动能力最强。但如果继续增大 R_2，T_{st} 就要随之减小，这时 $s_m > 1$。

起动转矩体现了电动机带负载的起动能力，当 $T_{st} > T_L$ 时，电动机才能起动，否则，不能起动。

8.5 三相异步电动机的起动

8.5.1 三相异步电动机对起动的要求

电动机起动是指电动机接通电源后，由静止状态加速到稳定运行状态的过程，对异步电动机起动性能的要求主要有以下两点。

1. 起动电流要小，以减小对电网的冲击

异步电动机起动时，$n = 0$，转子导体切割磁力线速度很大，转子感应电动势就大，则转子电流大，定子电流也大。如果在额定电压下异步电动机直接起动，普通异步电动机的

起动电流 $I_{st}=(4\sim7)I_N$，需供电变压器提供较大的起动电流，使供电变压器输出电压下降，对供电电网产生影响。如果变压器额定容量相对不够大，电动机较大的起动电流会使变压器输出电压短时间下降幅度较大，若超过了正常规定值，则会影响到由一台变压器供电的其他负载，使其他运行的异步电动机过载甚至停转，照明灯会突然变暗，家用电器无法正常运行等。显然，这是不允许的，所以当供电变压器的额定容量相对电动机额定功率不够大时，三相异步电动机不允许在额定电压下直接起动，需要采取措施，减小起动电流。

2. 起动转矩足够大，以加速起动过程，缩短起动时间

电动机采用直接起动时较大的起动电流会引起电压下降，也使电动机起动转矩下降很多，在轻载或空载情况下起动，一般没有什么影响，但当负载较重时，电动机可能起动不了。一般异步电动机的起动过程很短，短时间产生过大的电流。从发热角度来看，电动机本身是可以承受的。但是对于频繁起动的异步电动机，过大的起动电流会使电动机内部过热，导致电机的温升过高，降低绝缘寿命。一般要求 $T_{st}\geqslant(1.1\sim1.2)T_L$，起动转矩越大，起动过程所需要的时间越短。因此，直接起动一般在小容量的鼠笼式电动机中使用，如 7.5 kW 以下的鼠笼式电动机可采用直接起动。如果电网容量很大，也可允许容量较大的鼠笼式电动机直接起动。一台电动机能否直接起动，可根据下列经验公式来确定，即

$$\frac{I_{st}}{I_N}\leqslant\frac{1}{4}\left[3+\frac{\text{电源容量(kV·A)}}{\text{电机容量}}\right] \tag{8-29}$$

8.5.2　降压起动

如果电动机直接起动时所引起的线路电压降较大，必须采用降压起动，就是在起动时降低在电动机定子绕组上的电压，以减小起动电流。鼠笼式电动机的降压起动常用下列几种方法。

1. 星形—三角形(Y—△)换接起动

如果电动机在工作时其定子绕组是连接成三角形的，那么在起动时可把它连成星形，等到转速接近额定值时再换接成三角形。

图 8-18 是定子绕组的两种连接法，Z 为起动时每相绕组的等效阻抗。当定子绕组连成星形，即降压起动时，

$$I_{1Y}=I_{pY}=\frac{U_1/\sqrt{3}}{|Z|}$$

当定子绕组连成三角形，即直接起动时，

$$I_{1\triangle}=\sqrt{3}\,I_{p\triangle}=\sqrt{3}\,\frac{U_1}{|Z|}$$

比较上列两式，可得

$$\frac{I_{1Y}}{I_{1\triangle}}=\frac{1}{3}$$

即降压起动时的电流为直接起动时的 1/3。

由于转矩和电压的平方成正比，起动转矩也减小到直接起动时的 $(1/\sqrt{3})^2=1/3$，因此，这种方法只适合于空载或轻载时起动。

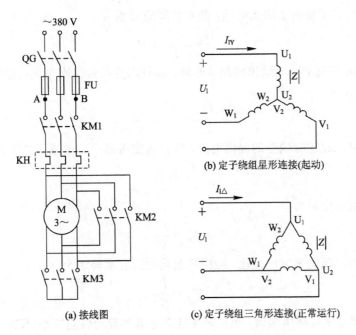

图 8-18 星形—三角形（Y—△）换接起动

2. 自耦降压起动

自耦降压起动是利用三相自耦变压器将电动机在起动过程中的端电压降低，其接线图如图 8-19(a)所示。起动时，先把开关 S_2 扳到"起动"位置，当转速接近额定值时，将 S_2 扳向"工作"位置，切除自耦变压器。自耦变压器备有抽头，以便得到不同的电压(如为电源电压的 73%、64%、55%)，根据对起动转矩的要求而选用。

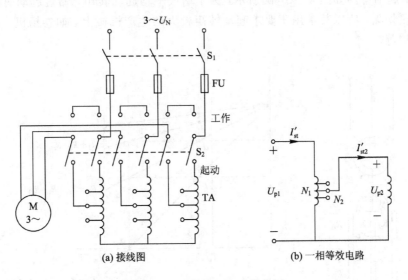

图 8-19 自耦降压起动接线图

自耦变压器降压起动一相等效电路如图 8-19(b)所示。图中：

(1) U_{P1} 是电源相电压，即直接起动时加在电动机定子绕组上的相电压，U_{P2} 是降压起

动时加在电动机定子绕组上的相电压，两者之间的关系为

$$\frac{U_{p1}}{U_{p2}} = \frac{N_1}{N_2} = K$$

（2）I'_{st2} 是降压起动时电动机的起动电流，即自耦变压器二次电流，它与直接起动时起动电流 I_{st} 的关系为

$$\frac{I'_{st2}}{I_{st}} = \frac{U_{p2}}{U_{p1}} = \frac{1}{K}$$

（3）I'_{st} 是降压起动时线路的起动电流，即自耦变压器一次电流，它与 I'_{st2} 的关系为

$$\frac{I'_{st}}{I'_{st2}} = \frac{1}{K}$$

于是得出线路起动电流为

$$I'_{st} = \frac{I_{st}}{K^2}$$

由于转矩与电压的平方成正比，故降压起动时的起动转矩为

$$T'_{st} = \frac{T_{st}}{K^2}$$

可见，采用自耦变压器降压起动，也同时使起动电流和起动转矩减小（$K > 1$）。

自耦变压器降压起动适用于容量较大或正常运行时为星形连接不能采用星形—三角形起动的鼠笼式电动机。但自耦变压器体积大，价格高，维修不便，不允许频繁起动。

3. 绕线式电动机转子回路串电阻起动

前面两种降压起动方法降低了起动电流，但大大减小了起动转矩，影响了起动能力，不能带重载起动，对于线绕式电动机的起动，只要转子电路中接入大小适当的起动电阻（如图 8-20(a) 所示），不仅可达到减小起动电流的目的，而且由图 8-17 可知，起动转矩也能提高，起动特性如图 8-20(b) 所示，为了增大平均起动转矩，缩短起动时间，串接电阻可以分段切除，所以其常用于要求起动转矩较大的生产机械上，如卷扬机、锻压机、起重机及转炉等。

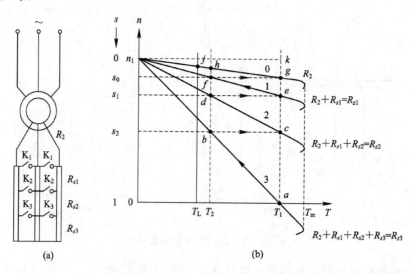

图 8-20　线绕式电动机起动时的接线图

例 8-4 有一台 Y225M-4 型三相异步电动机，其额定数据如表 8-2 所示。试求：

(1) 额定电流；

(2) 额定转差率 s_N；

(3) 额定转矩 T_N、最大转矩 T_{max}，起动转矩 T_{st}。

表 8-2　Y225M-4 型三相异步电动机额定数据

功率	转速	电压	效率	功率因数	I_{st}/I_N	T_{st}/T_N	T_{max}/T_N
45 kW	1480 r/min	380 V	92.3%	0.88	7.0	1.9	2.2

解 (1) 4～100 kW 的电动机通常都是 380 V，△连接。

$$I_N = \frac{P_2}{\eta\sqrt{3}U\cos\varphi} = \frac{45\,000}{0.923\times\sqrt{3}\times380\times0.88} = 84.175\ (A)$$

(2) 由已知 $n = 1480$ r/min 可知，电动机是四极的，即 $p=2$，$n_0 = 1500$ r/min，所以

$$s_N = \frac{n_0-n}{n_0} = \frac{1500-1480}{1500} = 0.013$$

(3)
$$T_N = 9550\frac{P_2}{n} = 9550\times\frac{45}{1480} = 290.4\ (N\cdot m)$$

$$T_{max} = \left(\frac{T_{max}}{T_N}\right)\cdot T_N = 2.2\times290.4 = 638.9\ (N\cdot m)$$

$$T_{st} = \left(\frac{T_{st}}{T_N}\right)T_N = 1.9\times290.4 = 551.8\ (N\cdot m)$$

例 8-5 在上例中：(1) 如果负载转矩为 510.2 N・m，试问在 $U=U_N$ 和 $U'=0.9U_N$ 两种情况下电动机能否起动？(2) 采用 Y—△换接起动时，求起动电流和起动转矩。又当负载转矩为额定转矩 T_N 的 80% 和 50% 时，电动机能否起动？

解 (1) 在 $U=U_N$ 时，$T_{st}=551.8$ N・m＞510.2 N・m，所以能起动。

在 $U'=0.9U_N$ 时，$T'_{st}=0.9^2\times551.8=447$ N・m＜510.2 N・m，所以不能起动。

(2)
$$I_{st\triangle} = 7\,I_N = 7\times84.2 = 589.4\ (A)$$

$$I_{stY} = \frac{1}{3}\times589.4 = 196.5\ (A)$$

$$T_{stY} = \frac{1}{3}\times551.8 = 183.9\ (N\cdot m)$$

在 80% 额定转矩时，有

$$\frac{T_{stY}}{T_N 80\%} = \frac{183.9}{290.4\times80\%} = \frac{183.9}{232.3}<1$$

不能起动。

在 50% 额定转矩时，

$$\frac{T_{stY}}{T_N 50\%} = \frac{183.9}{290.4\times50\%} = \frac{183.9}{145.2}>1$$

可以起动。

例 8-6 对例 8-4 中的电动机采用自耦降压起动，未起动时电动机的端电压降到电源电压的 64%，求线路起动电流和电动机的起动转矩。

解 直接起动时的起动电流为

$$I_{st} = 7 I_N = 7 \times 84.2 = 589.4 \ (\text{A})$$

设降压起动时电动机中（即变压器副边）的起动电流为 I'_{st}，即

$$\frac{I'_{st}}{I_{st}} = 0.64; \ I'_{st} = 0.64 \times 589.4 = 377.2 \ (\text{A})$$

设降压起动线路（即变压器原边）的起动电流为 I''_{st}。因为变压器原副边中电流之比等于电压之比的倒数，所以也等于 64%，即

$$\frac{I''_{st}}{I'_{st}} = 0.64; \ I''_{st} = 0.64^2 \times 589.4 = 241.4 \ (\text{A})$$

设降压起动时的起动转矩为 T'_{st}，则

$$\frac{T'_{st}}{T_{st}} = 0.64^2; \ T'_{st} = 0.64^2 \times 551.8 = 226 \ (\text{N} \cdot \text{m})$$

8.6　三相异步电动机的调速

调速就是在同一负载下能得到不同的转速，以满足生产过程的要求。例如，各种切削机床的主轴运动随着工件与刀具的材料，工件直径、加工工艺的要求及走刀量的大小等不同，要求有不同的转速，以获得最高的生产率及保证加工质量。如果采用电气调速，就可以大大简化机械变速机构。

在讨论异步电动机的调速时，首先从研究公式

$$n = (1-s)n_0 = (1-s) \frac{60 f_1}{p}$$

出发，此式表明，改变电动机的转速有三种可能，即改变电源频率 f_1、磁极对数 p 及转差率 s。前两者是鼠笼式电动机的调速方法，后者是绕线式电动机的调速方法，分别讨论如下。

8.6.1　变频调速

近年来变频调速技术发展得很快，目前主要采用如图 8-21 所示的变频调速装置，它主要由整流器和逆变器两大部分组成。整流器先将频率 f 为 50 Hz 的三相交流电变换为直流电，再由逆变器变换为频率 f_1 可调、电压有效值 U_1 也可调的三相交流电，供给三相鼠笼式电动机。由此可得到电动机的无级调速，并具有硬的机械特性。

图 8-21　变频调速装置

通常有下列两种变频调速方式：

（1）在 $f_1 < f_{1N}$，即低于额定转速调速时，应保持 U_1/f_1 的比值近于不变，也就是两者成比例地同时调节。由 $U_1 = 4.44 f_1 N_1 \Phi$ 和 $T = K_m \Phi I_2 \cos\varphi_2$ 两式可知，此时磁通和转矩 T 也都近似不变。这是恒转矩调速。

如果把转速调低，$U_1 = U_{1N}$ 保持不变，那么在减小 f_1 时磁通 Φ 将增加，这就会使磁路饱和（电动机磁通一般设计在接近铁芯磁饱和点），从而增加励磁电流和铁损，导致电机过热，这是不允许的。

（2）在 $f_1 > f_{1N}$，即高于额定转速调速时，应保持 $U_1 \approx U_{1N}$，此时磁通 Φ 和转矩 T 都将减小。转速减小，将使功率近于不变。这是恒功率调速。

如果把转速调高，U_1/f_1 的比值不变，那么在增加 f_1 的同时 U_1 也要增加，U_1 超过额定电压也是不允许的。频率调节范围一般为 0.5～320 Hz。目前在国内由于逆变器中开关元件（可关断晶闸管、大功率晶体管和功率效应管等）的制造水平不断提高，鼠笼式电动机的变频调速技术的应用也日益广泛。至于变频调速的原理电路，将在其他章节中介绍。

8.6.2 变极调速

由式 $n_0 = 60 f_1/p$ 可知，若磁极对数减小一半，则旋转磁场的转速 n_0 便提高 1 倍，转子转速 n 差不多也提高 1 倍，因此改变 p 可以得到不同的转速。如何改变磁极对数呢？这与定子绕组的接法有关。图 8-22 中是两个线圈串联，得出 $p = 2$。图 8-23 中是两个线圈反并联（头尾相联），得出 $p = 1$。在换极时，一个线圈中的电流方向不变，而另一个线圈中的电流必须改变方向。

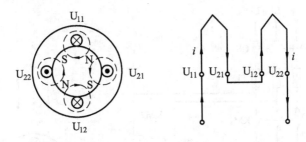

图 8-22　磁极对数 $p = 2$ 定子绕组连接方法

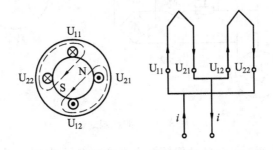

图 8-23　磁极对数 $p = 1$ 定子绕组连接方法

双速电动机在机床上用得较多，像某些镗床、磨床、铣床上都有，这种电动机的调速是变极的。

8.6.3 变转差率调速

只要在绕线式电动机的转子电路中接入一个调速电阻，和起动电阻一样接入（见图 8-20），改变电阻的大小，就可以得到平滑调速。当增大调速电阻时，转差率 s 上升，

而转速 n 下降。这种调速方法设备简单，投资少，但能量损耗较大，广泛应用于起重设备中。

8.7　三相异步电动机的制动

因为电动的转动部分有惯性，所以把电源切断后，电动机还会继续转动一定时间而后停止。为了缩短辅助工时，提高生产机械的生产率，并为了安全起见，往往要求电动机能够迅速停车和反转，这就要对电动机进行制动。对电动机制动，也就是要求其转矩与转子的转动方向相反。这时的转矩称为制动转矩。

异步电动机的制动常有下列几种方法：能耗制动、反接制动、发电反馈制动等。

8.7.1　能耗制动

能耗制动方法就是在切断三相电源的同时，接通直流电源，如图 8-24 所示，使直流电流流入定子绕组。直流电流的磁场是固定的，而转子由于惯性继续在原方向转动。根据右手定则和左手定则，不难确定此时的转子电流与固定磁场相互作用产生的转矩的方向。其与电动转动的方向相反，因而起制动的作用。制动转矩的大小与直流电流的大小有关，直流电流的大小一般为电动机额定电流的 0.5～1 倍。

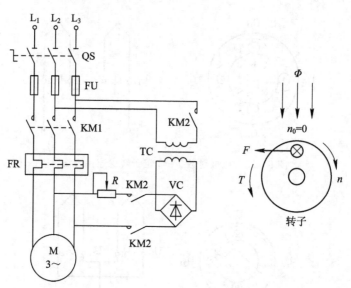

图 8-24　能耗制动

因为这种方法是用消耗转子的动能转换为电能来进行制动的，所以称为能耗制动。

能耗制动的特点是：

（1）消耗的能量小，其制动电流要小得多。

（2）适用于电动机能量较大、制动速度慢、要求制动平稳和制动频繁的场合。

（3）能耗制动需要直流电源整流装置。

8.7.2　反接制动

在电动机停车时，可将接到电源的三根导线中任意两根的一端对调位置，使旋转磁场反向旋转，而转子由于惯性仍在原方向转动，这时的转矩方向与电动机的转动方向相反，因而起制动的作用。当转速接近零时，利用某种控制电器将电源自动切断，否则电动机将会反转，电路接线如图 8-25 所示，图中的 KS 就是速度继电器。由于在反接制动时旋转磁场与转子的相对转速 $n_0 + n$ 很大，因而电流较大。为了限制电流，对功率较大的电动机进行制动时必须在定子电路（鼠笼式）或转子电路（绕线式）中接入电阻。

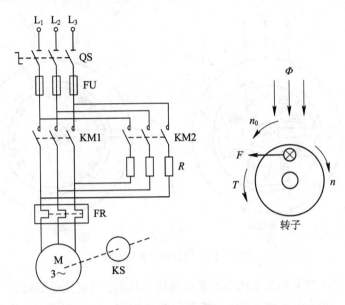

图 8-25　反接制动

反接制动的特点是：

(1) 制动时间短，操作简单。

(2) 制动电流很大，能耗也较大，为了限制制动电流，需要在制动回路串接限流电阻。

(3) 制动转矩较大，会对生产机械造成一定的冲击，影响机械加工精度。

反接制动通常用于一些频繁正反转且功率为 10 kW 以下的生产机械，某些中型车床和铣床主轴的制动采用了这种方法。

8.7.3　发电反馈制动

若转子的转速 n 超过旋转磁场的转速 n_0，则此时的转矩也是制动的，如图 8-26 所示。当起重机快速下放重物时，就会发生这种情况。此时重物拖动转子，使其转速 $n > n_0$，重物受到制动而等速下降。实际上，此时电动机已转入发电机运行，将重物的位能转换为电能而反馈到电网里去，所以称为发电反馈制动。

另外，在将多速电动机从高速调到低速的过程中，也自然发生这种制动。只要将磁极对数 p 加倍，磁场转速 n_0 就立即减半，但由于惯性，转子转速只能下降，因此就出现 $n > n_0$ 的情况。

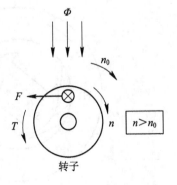

图 8-26　发电反馈制动

8.8 同步电动机

同步电动机的定子和三相异步电动机相同，而它的转子是磁极，由直流励磁，直流经电刷和滑环流入励磁绕组，如图 8-27 所示。按照其磁极结构不同分为凸极式和隐极式两种。

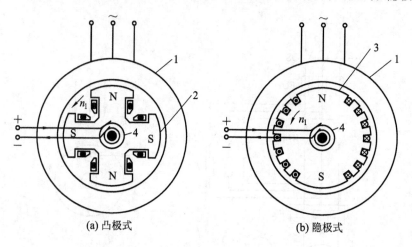

(a) 凸极式　　　　　　　　(b) 隐极式

图 8-27　同步电动机的结构

在磁极的极掌上装有和鼠笼式绕组相似的启动绕组。当将定子绕组接到三相电源产生旋转磁场后，同步电动机就像异步电动机那样起动起来，这时转子尚未励磁。当电动机的转速接近同步转速 n_0 时，才对转子励磁。根据磁极异性相吸原理，旋转磁场就能紧紧地牵引着转子一起转动，如图 8-28 所示。之后两者转速便保持相等（同步），即

$$n = n_0 = \frac{60f}{p}$$

因此，这种电动机称为同步电动机。

当电源频率 f 一定时，同步电动机的转速 n 是恒定的，不随负载而改变，所以它的机械特性曲线 $n = f(t)$ 是一条与横轴平行的直线，如图 8-29 所示。这是同步电动机的基本特性。

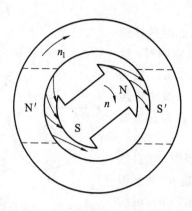

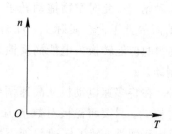

图 8-28　同步电动机的工作原理　　　　图 8-29　同步电动机的机械特性曲线

同步电动机运行时的另一重要特性是：改变励磁电流，可以改变定子相电压 $\dot{U}$ 和相电流 $\dot{I}$ 之间的相位差 φ，也就是改变同步电动机的功率因数 $\cos\varphi$，可以使同步电动机运行于电感性、电阻性和电容性三种状态。这不仅可以提高本身的功率因数，而且还可以利用运行于电容性状态以提高电网的功率因数。同步补偿机就是专门用来补偿电网滞后功率因数的空载运行的同步电动机。

同步电动机常用于长期连续工作及保持转速不变的场所，如用来驱动水泵、通风机、压缩机等。

例 8 - 7 某车间原有功率为 30 kW，平均功率因数为 0.6。现新添设备一台，需用 40 kW 的电动机，车间采用了三相同步电动机，并且将全车间的功率因数提高到 0.96。试问这时同步电动机运行于电容性还是电感性状态？无功功率多大？

解 因为将车间功率因数提高，所以该同步电动机运行于电容性状态。车间原有无功功率为

$$Q = \sqrt{3}\,UI\sin\varphi = \frac{P}{\cos\varphi}\sin\varphi = \frac{30}{0.6}\times\sqrt{1-0.6^2} = 40 \ (\text{kvar})$$

同步电动机投入运行后，车间的无功功率为

$$Q' = \sqrt{3}\,UI'\sin\varphi' = \frac{P'}{\cos\varphi'}\sin\varphi' = \frac{30+40}{0.96}\times\sqrt{1-0.96^2} = 20.4 \ (\text{kvar})$$

同步电动机提供的无功功率为

$$Q'' = Q - Q' = 40 - 20.4 = 19.6 \ (\text{kvar})$$

8.9 单相异步电动机

采用单相电源供电的电动机称为单相异步电动机。单相异步电动机的容量在 750 W 以下，与同容量的三相异步电动机相比体积较大，运行性能差，但是它结构简单、成本低廉、运行可靠、维修方便，广泛应用在小容量的场合，如家用电器(洗衣机、电冰箱、电风扇、抽排油烟机等)、空调设备、电动工具(电钻、搅拌器等)、医疗器械及轻工业设备中。

单相异步电动机的定子绕组不是单相绕组，因为单相绕组通电只能产生脉动磁场，不能产生旋转磁场，没有起动转矩，所以单相异步电动机的定子上必须放置两套绕组(或两相绕组)，一套为工作绕组(也称主绕组)，另一套为起动绕组(也称副绕组)，转子是笼型结构。这样，当定子两相绕组接到单相交流电源上时，才有可能在定子圆周的气隙中产生旋转磁场，进而产生电磁转矩，带动生产机械旋转。

8.9.1 单相定子绕组的脉振磁场和机械特性

当只有工作绕组通入单相正弦交流电流时，在定子圆周上将会产生一个空间按余弦分布的脉振磁动势，其中基波磁动势瞬时值为

$$f_{\Phi 1}(x,\,t) = F_{\Phi 1}\cos\frac{\pi}{\tau}x\cos\omega t$$

式中：$F_{\Phi 1}$ 是基波磁动势的幅值，$\cos\dfrac{\pi}{\tau}x$ 表示基波磁动势在空间按余弦分布，$\cos\omega t$ 表示

基波磁动势在时间上按余弦规律脉动。

利用三角函数积化和差公式将上式进行分解，有

$$f_{\Phi 1}(x,t)=\frac{1}{2}F_{\Phi 1}\cos\left(\omega t-\frac{\pi}{\tau}x\right)+\frac{1}{2}F_{\Phi 1}\cos\left(\omega t+\frac{\pi}{\tau}x\right)$$

式中：$\frac{1}{2}F_{\Phi 1}\cos\left(\omega t-\frac{\pi}{\tau}x\right)$ 是右旋的磁动势波，用相量 $\dot{F}^{+}$ 表示；$\frac{1}{2}F_{\Phi 1}\cos\left(\omega t+\frac{\pi}{\tau}x\right)$ 是左旋的磁动势波，用相量 $\dot{F}^{-}$ 表示。它们的幅值相等，等于基波磁动势幅值的一半，都以相同角频率 ω 旋转。因此，基波磁动势相量可表示为

$$\dot{F}=\dot{F}^{+}+\dot{F}^{-}$$

单相异步电动机转子在基波脉动磁动势作用下产生的电磁转矩就等于在正转磁动势 $\dot{F}^{+}$ 和反转磁动势 $\dot{F}^{-}$ 二者分别作用下产生的电磁转矩的合成。

这样，相当于将单相异步电动机看成两台同轴连接的三相异步电动机，如图 8-30 所示，两台三相异步电动机同时接在三相电源上，但相序相反，因而，两台电动机三相绕组所产生的旋转磁动势幅值相等，转向相反。正转磁动势 $\dot{F}^{+}$ 产生正电磁转矩 T^{+}，反转磁动势 $\dot{F}^{-}$ 产生负电磁转矩 T^{-}。T^{+} 和 T^{-} 对应的机械特性如图 8-31 中虚线所示，实线为单相异步电动机的机械特性曲线。单相异步电动机的电磁转矩是正负转矩之和，即

$$T=T^{+}+T^{-}$$

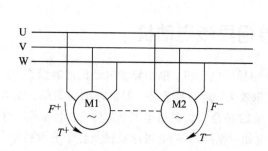
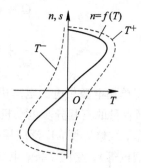

图 8-30　单相异步电动机工作原理示意图　　　图 8-31　单相异步电动机机械特性曲线

从图 8-31 中可以看出：

（1）起动转矩 $T_{st}=0$，单相异步电动机不能自行起动，必须采取措施进行起动。

（2）单相异步电动机起动后，转速 $n\neq 0$，转矩 $T\neq 0$。只要 $T>T_L$，在撤销起动措施后，电动机能自行加速到某一相应转速下稳定运行。

（3）在 $n=0$，$s=1$ 两边，合成转矩是对称的，故单相异步电动机没有固定转向，其转向由起动转矩的方向决定。

下面介绍两种常用的单相异步电动机，它们所采用的起动方法和结构有所不同。

8.9.2　电容分相式异步电动机

图 8-32 所示是电容分相式异步电动机。在它的定子中安装一个起动绕组 B，它与工作绕组 A 在空间相隔 90°。绕组 B 与电容串联，使两个绕组中的电流在相位上近于相差

90°，这就是分相。这样，在空间相差 90° 的两个绕组分别通有在相位上相差 90°（或接近于 90°）的两相电流，也能产生旋转磁场。

设两相电流为

$$i_A = I_{Am} \sin \omega t$$

$$i_B = I_{Bm} \sin(\omega t + 90°)$$

它们的正弦波形如图 8 - 33 所示。

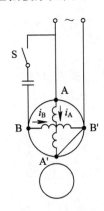

图 8 - 32　电容分相式单相异步电动机

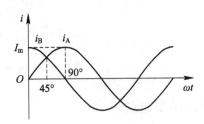

图 8 - 33　两相电流正弦波形

从图 8 - 34 中可了解到两相电流所产生的合成磁场也是在空间旋转的。在旋转磁场的作用下，电动机的转子就转动起来了。在接近额定转速时，有的借助离心力的作用把开关断开（在起动时是靠弹簧使其闭合的），以切断起动绕组。有的采用起动继电器把它的吸引线圈串接在工作绕组的电路中。在起动时由于电流较大，继电器动作，其常开触点闭合，将起动绕组与电源接通。随着转速的升高，工作绕组中的电流减小，当减小到一定值时，继电器复位，切断起动绕组。也有的在电动机运行时不断开起动绕组（或仅切除部分电容）以提高功率因数和增大转矩。

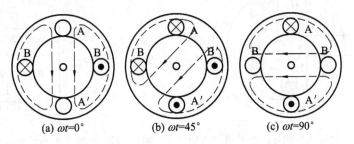

图 8 - 34　两相旋转磁场

除用电容来分相外，也可用电感和电阻来分相。电动机工作绕组的导线粗、电阻小、线圈匝数多，等效电感大；而起动绕组的导线细、电阻大、线圈匝数少，等效电感小，使得起动绕组电流相位上超前工作绕组电流，以达到电流分相的目的。

改变电容器 C 的串联位置，可使单相异步电动机反转。在图 8 - 35 中将开关合在位置 1，电容器 C 与 B 绕组串联，电流 i_B 较 i_A 超前近 90°；当将开关切换到位置 2 时，电容器 C 与 A 绕组串联，i_A 较 i_B 超前近 90°，这样就改变了旋转磁场的转向，从而实现电动机的反转。洗衣机中的电动机就是由定时器的转换开关来实现这种自动切换的。

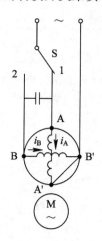

图 8-35　实现正反转电路

8.9.3　罩极式异步电动机

罩极式单相异步电动机的结构如图 8-36 所示。单相绕组绕在磁极上,在磁极的约 1/3 部分套一短路铜环。

图 8-37 是罩极式单相异步电动机的移动磁场,Φ_1 是励磁电流 i 产生的磁通,Φ_2 是 i 产生的穿过短路铜环的磁通和短路铜环中的感应电流所产生的磁通的合成磁通。由于短路环中的感应电流阻碍穿过短路环磁通的变化,Φ_1 和 Φ_2 之间产生相位差,因此 Φ_2 滞后于 Φ_1。当 Φ_1 达到最大值时,Φ_2 尚小;而当 Φ_1 减小时,Φ_2 才增大到最大值。这相当于在电动机内形成一个向被罩部分移动的磁场,它使鼠笼式转子产生转矩而起动。

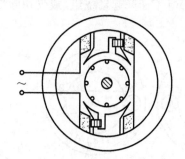
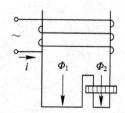

图 8-36　罩极式单相异步电动机结构图　　　图 8-37　罩极式单相异步电动机的移动磁场

罩极式单相异步电动机结构简单,工作可靠,但起动转矩较小,常用于对起动转矩要求不高的设备中,如电风扇、吹风机等。

最后简单讨论关于三相异步电动机的单相运行问题。三相电动机接到电源的三根导线中,由于某种原因断开一线,成为了单相电动机运行。若在起动时就断了一线,则不能正常起动,只听到"嗡嗡"的响声。这时电流很大,时间长了,电动机就会被烧坏。若在运行中断了一线,则电动机仍将继续转动。若此时还带动额定负载,则势必超过额定电流。时间一长,也会将电动机烧毁。这种情况往往不易察觉(特别在无过载保护的情况下),在使用三相异步电动机时必须注意。

习 题

1. 三相异步电动机为什么会旋转? 怎样改变它的转向?

2. 什么是异步电动机的转差率? 如何根据转差率来判断异步电动机的运行状态? 异步电动机的空气隙为什么很小?

3. 怎样改变分相式单相异步电动机的旋转方向? 试从理论上说明道理。

4. 三相异步电动机转子的转速与哪些因素有关?

5. 三相异步电动机在正常运行中, 如果有一根电源线断开, 会立即停转吗?

6. 鼠笼式异步电动机能否直接起动主要考虑哪些条件? 不能直接起动时可以采用哪些减压起动方法? 减压起动时对起动转矩有什么要求?

7. 三相异步电动机在基频以下变频调速时, 如果只降低电源频率而电源电压的大小为额定值不变是否可以? 为什么?

8. 有一四极三相异步电动机, 额定转速 $n_N = 1440$ r/min, 转子每相电阻 $R_2 = 0.02$ Ω, 感抗 $X_{20} = 0.08$ Ω, 转子电动势 $E_{20} = 20$ V, 电源频率 $f_1 = 50$ Hz。试求该电动机起动时及在额定转速运行时的转子电流 I_2。

9. 已知 Y100L1-4 型异步电动机的某些额定技术数据如下:

| 2.2 kW | 380 V | Y 接法 |
| 1420 r/min | $\cos\varphi = 0.82$ | $\eta = 81\%$ |

试计算: (1) 相电流和线电流的额定值及额定负载时的转矩; (2) 额定转差率及额定负载时的转子电流频率。设电源频率为 50 Hz。

10. 有台三相异步电动机, 其额定转速为 1470 r/min, 电源频率为 50 Hz。在: ① 启动瞬间; ② 转子转速为同步转速的 2/3 时; ③ 转差率为 0.02 时三种情况下, 试求:

(1) 定子旋转磁场对定子的转速;

(2) 定子旋转磁场对转子的转速;

(3) 转子旋转磁场对转子的转速(提示: $n_2 = 60 f_2 / p = s n_0$);

(4) 转子旋转磁场对定子的转速;

(5) 转子旋转磁场对定子旋转磁场的转速。

11. 有 Y112M-2 型和 Y160M1-8 型异步电动机各一台, 额定功率都是 4 kW, 但前者额定转速为 2890 r/min, 后者为 720 r/min。试比较它们的额定转矩, 并由此说明电动机的磁极数、转速及转矩三者之间的大小关系。

12. 有一台四极、50 Hz、1425 r/min 的三相异步电动机, 转子电阻 $R_2 = 0.02$ Ω, 感抗 $X_{20} = 0.08$ Ω, $E_1 / E_{20} = 10$。当 $E_1 = 200$ V 时, 试求:

(1) 电动机起动初始瞬间($n = 0$, $s_1 = 1$)转子每相电路的电动势 E_{20}, 电流 I_{20} 和功率因数 $\cos\varphi_{20}$;

(2) 额定转速时的 E_2、I_2 和 $\cos\varphi_2$, 比较在上述两种情况下转子电路的各个物理量(电动势、频率、感抗、电流及功率因数)的大小。

13. 已知 Y132S - 4 型三相异步电动机的额定技术数据如下：

功率	转速	电压	效率	功率因数	I_{st}/I_N	T_{st}/T_N	T_{max}/T_N
5.5 kW	1440 r/min	380 V	85.5%	0.84	7	2.2	2.2

电源频率为 50 Hz。试求额定状态下的转差率 s_N，电流 I_N 和转矩 T_N 以及启动电流 I_{st}，启动转矩 T_{st}，最大转矩 T_{max}。

14. Y18DL - 6 型电动机的额定功率为 15 kW，额定转速为 970 r/min，频率为 50 Hz，最大转矩为 295.36 N·m。试求电动机的过载系数 λ。

15. 某四极三相异步电动机的额定功率为 30 kW，额定电压为 380 V，三角形接法，频率为 50 Hz，在额定负载下运行时，其转差率为 0.02，效率为 90%，相电流为 37.5 A，试求：

（1）转子旋转磁场对转子的转速；

（2）额定转矩；

（3）电动机的功率因数。

16. 上题中电动机的 $T_{st}/T_N = 1.2$，$I_{st}/I_N = 7$。试求：

（1）用 Y—△换接起动时的起动电流和起动转矩；

（2）当负载转矩为额定转矩的 60% 和 25% 时，电动机能否起动？

第 9 章 特种电机

具有特殊结构形式，因而具有特殊性能，有特别用途的电机统称为特种电机。下列两大类型电机属于特种电机。

1. 控制电机

控制电机主要应用在自动控制系统中，用于信号的检测、变换和传递，用作测量、计算元件或执行元件。控制电机变换和传输的是控制信号，所以其功率小、体积小、重量轻，因而也被称作微特电机。

普通电机一般作为动力设备使用，主要用来实现能量的传递和转换，因此，普通电机的重要性能指标是能量转换效率。而控制电机是作为控制元件使用的，主要性能指标是响应的快速性、精度和灵敏度。

在自动控制系统中常用的控制电机有伺服电动机、测速发电机、步进电动机等。

2. 直线电动机与磁悬浮装置

普通电动机能产生电磁转矩，带动负载做旋转运动。而直线电动机能产生直线推力，推动负载做直线运动。还有一种电磁装置能产生垂直方向的推力，从而使负载能在垂直方向上悬浮起来，这种电磁装置称为磁悬浮装置。直线电动机和磁悬浮装置在工农业生产中有广泛的应用，近年来更成功地应用在高速列车和磁悬浮列车上，用作动力装置。

本章将介绍这些电机的基本结构、工作原理和工作特性。

9.1 伺服电动机

伺服电动机能把输入的控制电压信号变换为转轴上的机械角位移或角速度输出，改变输入电压的大小和方向就可以改变转轴的转速和转向，在自动控制系统中做执行元件，故又称为执行电动机。

自动控制系统对伺服电动机的基本要求是：

（1）宽广的调速范围，机械特性和调节特性均为线性。

（2）快速响应性能好。

（3）灵敏度高，在很小的控制电压信号作用下，伺服电动机就能起动运转。

（4）无自转现象，就是控制电压信号降到零时，伺服电动机立即自行停转。

伺服电动机有直流和交流之分，直流伺服电动机输出功率较大。

9.1.1 交流伺服电动机

1. 结构

交流伺服电动机实际上就是两相异步电动机。在它的定子上装有两套绕组，一套是励磁绕组,另一套是控制绕组。这两套绕组在空间相隔 90°。交流伺服电动机的转子目前有两种:一种为鼠笼型转子,另一种为非磁性杯形转子。鼠笼型转子与三相鼠笼异步电动机的转子相比较,主要是采用高电导率的铝或黄铜制作转子导体,目的是消除自转现象。对于杯形转子,为了减轻其转动惯量,常采用铝合金或铜合金制成空心薄壁圆筒。图 9-1 所示为杯形转子交流伺服电动机的结构图。

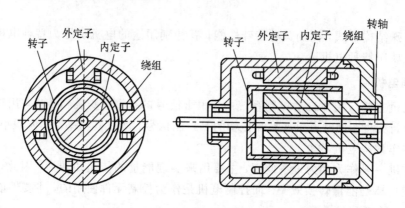

图 9-1 杯形转子交流伺服电动机的结构图

图 9-2 是交流伺服电动机的接线图。一相为励磁绕组 f,接到电压为 $\dot{U}_f$ 的交流电源上;另一相为控制绕组 c,接输入控制电压 $\dot{U}_c$,$\dot{U}_f$ 与 $\dot{U}_c$ 为同频率有相位差的交流电压,转子为笼型。

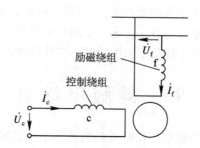

图 9-2 交流伺服电动机的接线图

2. 基本工作原理

两相交流伺服电动机是以单相异步电动机原理为基础的,从图 9-2 可知,励磁绕组接到电压一定的交流电网上,控制绕组接到控制电压 $\dot{U}_c$ 上,当有控制信号输入时,两相绕组便产生旋转磁场。该磁场与转子中的感应电流相互作用产生转矩,使转子跟着旋转磁场以一定的转差率转动起来,其同步转速为

$$n_0 = 60\frac{f}{p}$$

式中:n_0 为同步转速;f 为交流电网工作频率;p 为定子绕组磁极对数。转向与旋转磁场的方向相同,若把控制电压的相位改变 180°,则可改变伺服电动机的旋转方向。

对伺服电动机的要求是控制电压一旦取消,电动机必须立即停转。但根据单相异步电动机的工作原理，电动机转子一旦转动，再取消控制电压，就仅剩励磁电压单相供电，它将继续转动，这一现象称为自转，这意味着不能通过控制电压控制电机停转，必须采取措施消除自转现象。

下面从分析单相异步电动机的机械特性入手，寻找克服交流伺服电动机自转现象的方法。

从单相异步电动机的工作原理可知，其机械特性是由正向旋转磁场作用而导致的正向机械特性和由反向旋转磁场作用而导致的反向机械特性的合成，如图 9-3 所示。当 $0 < s_+ < 1$，即正转时，正向电磁转矩大于反向电磁转矩，所以电动机一经起动，虽然处于单相励磁的情况，但是仍能继续转动。在分析异步电动机的机械特性时，已知最大电磁转矩对应的临界转差率 $s_m (= R_2 / X_{20})$ 随转子电阻的增大而变大，若增大转子电阻，使得 $R_2 \approx X_{20}$，则正、反向的机械特性必呈现 $s_+ = 1$，$T_+ = T_{max+}$；$s_- = 1$，$T_- = T_{max-}$，正、反向机械特性以及合成机械特性如图 9-4 所示。

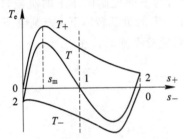

图 9-3　单相异步电动机的机械特性

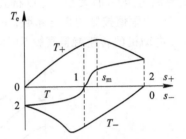

图 9-4　$s_+ = s_- = 1$ 时单相励磁的机械特性

从图 9-4 中的合成转矩可以看出，当单相励磁在电动机运行范围内，即 $0 < s_+ < 1$ 时，出现负转矩，即为制动转矩，这个制动转矩使转子能自行停转。增大转子电阻，使 $s_{m+} \geqslant 1$，还可以扩大交流伺服电动机的稳定运行范围。因此，对交流伺服电动机而言，只要做到无自转，运行必然是稳定的。但是转子电阻过大，会降低交流伺服电动机的起动转矩，以致影响其适应性。

3. 控制方法

交流伺服电动机不仅要具有受控于控制信号而起动和停转的伺服性，还要具有转速变化的可控性。两相交流伺服电动机的控制方法有三种：

(1) 幅值控制，即保持控制电压 $\dot{U}_c$ 的相位不变，仅仅改变其幅值来进行控制。

(2) 相位控制，即保持控制电压 $\dot{U}_c$ 的幅值不变，仅仅改变其相位来进行控制。

(3) 幅值—相位控制，同时改变控制电压 $\dot{U}_c$ 的幅值和相位来进行控制。

幅值控制在生产中应用最多。下面通过幅值控制法，简要介绍交流伺服电动机的机械特性和调节特性。

4. 机械特性和调节特性

机械特性和调节特性是交流伺服电动机的主要特性，从这些特性可看出交流伺服电动机是否可控、起动转矩的大小以及特性的线性程度。

图 9-5 所示为幅值控制的一种接线图，始终保持控制电压 $\dot{U}_c$ 和与励磁电压之间的相

位差 90°，仅仅改变控制电压 $\dot{U}_c$ 的幅值来改变交流伺服电动机的转速。

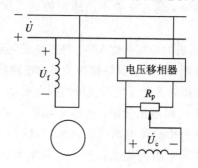

图 9-5　接线图

改变控制电压 $\dot{U}_c$ 的大小，可以得到图 9-6 所示的不同控制电压下的机械特性曲线，令 $\alpha = U_c / U_f$ 为幅值控制的信号系数。由图可见，在一定的负载转矩下，控制电压越高，转差率越小，电动机的转速就越高，不同的控制电压对应着不同的转速。

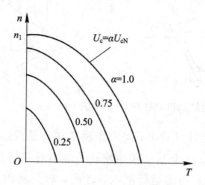

图 9-6　幅值控制的机械特性

幅值控制的调节特性如图 9-7 所示，即转矩 T 一定时 $n = f(\alpha)$ 的曲线，调节特性是非线性的，只有在转速和信号系数都较小时，调节特性才近似为直线。在自动控制系统中，一般要求伺服电机应有线性的调节特性，所以交流伺服电机应在小信号系数和低的转速下运行，为了不使调速范围太小，可将交流伺服电机的电源频率提高到 400 Hz，这样，同步转速 n_0 也成比例地提高，转子转速 n 也相应地提高，扩大了调速范围。

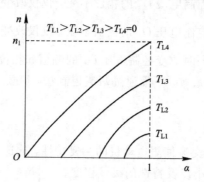

图 9-7　幅值控制的调节特性

9.1.2 直流伺服电动机

直流伺服电动机就是低惯量的微型直流电动机。按定子磁极的种类划分，一般可分为两种：一种是永磁式直流伺服电动机，磁极为永久磁铁；另一种是电磁式直流伺服电动机，磁极为电磁铁，磁极外面套装他励励磁绕组。

直流伺服电动机通常采用电枢控制，即保持励磁磁通一定，通过控制电枢两端的电压来实现对电机的控制。

就其用途而言，直流伺服电动机既可以作为驱动电动机，也可以作为伺服电动机，它被广泛应用于便携式电子记录设备、录像机、精密机床等。

直流伺服电动机的电枢控制特性主要有机械特性和调节特性。

1. 机械特性

机械特性是指控制电压恒定时，直流伺服电机的转速随转矩变化的规律，即 U_c 为常数时，$n=f(T)$。直流伺服电动机的机械特性与普通的直流电动机的机械特性相似。

第 7 章分析的直流电动机的机械特性为

$$n=\frac{U}{C_e\Phi}-\frac{R}{C_eC_T\Phi^2}T \tag{9-1}$$

在电枢控制方式的直流伺服电动机中，控制电压 U_c 加在电枢绕组上，即 $U=U_c$，代入式(9-1)，得到直流伺服电动机的机械特性表达式为

$$n=\frac{U_c}{C_e\Phi}-\frac{R}{C_eC_T\Phi^2}T=n_0-\beta T \tag{9-2}$$

式中：$n_0=\dfrac{U_c}{C_e\Phi}$ 为理想空载转速；$\beta=\dfrac{R}{C_eC_T\Phi^2}$ 为斜率。

当控制电压 U_c 一定时，随着转矩 T 的增加，转速 n 成正比地下降，机械特性为向下倾斜的直线，直流伺服电动机机械特性的线性度较好，其斜率由 β 决定，由于 β 不变，由不同的控制电压 U_c 可得到一组平行线，如图 9-8 所示。

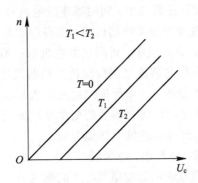

图 9-8 直流伺服电动机的机械特性

2. 调节特性

调节特性是指转矩恒定时，电机的转速随控制电压变化的规律，即 T 为常数时，$n=f(U_c)$。调节特性也称控制特性。

机械特性与调节特性都对应式(9-2)，机械特性是 U_c 为常数，T 为变量，调节特性是 T 为常数，U_c 为变量，如图 9-9 所示，调节特性也是直线，所以调节特性的线性度也较好。

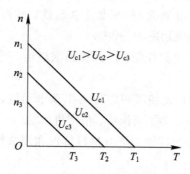

图 9-9　直流伺服电动机的调节特性

调节特性与横轴的交点($n=0$)表示在一定负载转矩下电动机的始动电压。只有控制电压大于始动电压，电动机才能起动旋转。在式(9-2)中，令 $n=0$，即可计算出始动电压：

$$U_{c0} = \frac{RT}{C_T \Phi} \tag{9-3}$$

一般把调节特性上横坐标从零到始动电压这一范围称为失灵区。在失灵区以内，即使电枢有外加电压，电动机也转不起来。由图 9-9 可知，其负载转矩大，失灵区也大。

直流伺服电动机的优点是起动转矩大、机械特性和调节特性的线性度较好、调速范围大，缺点是电刷和换向器之间的火花会产生无线电干扰信号，维修比较困难。

9.2　测速发电机

测速发电机是把机械转速变换为与转速成正比的电压信号的微型电机。在自动控制系统和模拟计算装置中，测速发电机作为检测元件、解算元件和角加速度信号元件等，得到了广泛的应用。在交流、直流调速系统中，利用测速发电机检测速度，构成速度、电流双闭环中的速度反馈，可以大大改善控制系统的性能，提高控制系统的精度。

在自动控制系统和模拟解算系统中，对测速发电机的一般要求是：

(1) 测速发电机的输出电压与转速之间应保持严格的线性关系。

(2) 测速发电机的转动惯量要小，以保证测速发电机具有良好的响应速度。

(3) 输出灵敏度要高，即输出电压对转速的变化反应要灵敏。

(4) 对外界环境温度、电磁噪音的抗干扰能力强。

(5) 结构简单、工作可靠、体积小、重量轻。

目前，测速发电机主要有直流测速发电机、交流测速发电机和霍尔效应测速发电机等几类。霍尔效应测速发电机采用的是新原理、新结构，还没有获得广泛应用。目前用得最多的依然是直流测速发电机和交流测速发电机。因此，这里只介绍这两种电机。

9.2.1　直流测速发电机

直流测速发电机是一种微型直流发电机，按励磁方式的不同，分为永磁式和电磁式两种。永磁式的国产型号为 CY 系列；电磁式的国产型号为 ZCF 系列。

　　永磁式直流测速发电机不需要励磁绕组，采用永久磁铁作为磁极，由矫顽磁力较高的磁钢制成，结构简单，使用方便。电磁式直流测速发电机由他励方式励磁，他励直流测速发电机的原理如图 9-10 所示。直流测速发电机的重要特性是输出特性。

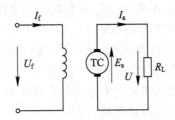

图 9-10　他励直流测速发电机原理图

1. 输出特性

　　输出特性是指励磁电流（励磁磁通 Φ）和负载电阻 R_L 都为常数时，直流测速发电机的输出电压随转子转速的变化规律，即 $U=f(n)$。

　　第 7 章分析过，当定子每极磁通 Φ 为常数时，发电机的电枢电动势为

$$E_a = C_e \Phi n$$

　　当电枢回路电阻为 R_a，发电机接负载电阻为 R_L 时，输出电压为

$$U = E_a - I_a R_a = E_a - \frac{U}{R_L} R_a$$

稍作整理可得

$$U = \frac{E_a}{1 + \dfrac{R_a}{R_L}} = \frac{C_e \Phi n}{1 + \dfrac{R_a}{R_L}} = \beta n \tag{9-4}$$

式中：$\beta = \dfrac{C_e \Phi}{1 + \dfrac{R_a}{R_L}}$ 为常数。

　　由式（9-4）可以得出，输出电压 U 与转速 n 成正比，输出特性为直线，如图 9-11 所示。当空载时，$R_L = \infty$，其斜率 $\beta_1 = C_e \Phi$；R_L 越小，斜率 β 越小。

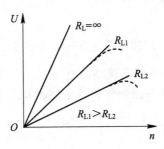

图 9-11　直流测速发电机输出特性

2. 直流测速发电机的误差和减小误差的方法

　　在实际运行中，直流测速发电机的输出电压与转速之间并不保持严格的线性关系，实

际输出特性如图 9 - 11 中的虚线所示。实际输出电压与理想输出电压之间存在误差，产生误差的原因是多方面的，温度变化是其中之一。例如，励磁绕组的温度升高，使励磁绕组的电阻 R_f 变大，励磁电流 I_f 减小，磁通 Φ 降低，从而使输出电压降低。而电枢反应的去磁作用是产生误差的主要原因。当转速 n 升高时，E_a 较大，电枢电流 I_a 也较大，电枢反应变强，电枢反应去磁效应使磁通 Φ 减小，E_a 也会减小，使输出电压 U 随转速 n 的增大而增加的速度放慢，使输出特性微微向下弯曲。

为了减小温度变化对输出特性的影响，测速发电机的磁路应较为饱和。当磁路饱和时，励磁电流变化引起的磁通变化就较小；但如果温度变化太大则会影响输出的稳定性，这时可以采取一些措施，如在励磁回路中串接比励磁绕组阻值大几倍的电阻来稳定励磁电流，或者串接负温度系数的热敏电阻进行调节。

3. 直流测速发电机的应用举例

对旋转木马做恒速控制的过程，如图 9 - 12 所示。

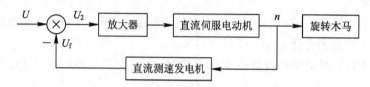

图 9 - 12　对旋转木马做恒速控制的框图

当负载改变时：负载增大→转速 n 降低→测速发电机输出电压 U_f 减小→比较器输出 U_2 增大→输出转速 n 增大；反之亦然，以此达到稳定转速的目的。

9.2.2　交流异步测速发电机

1. 基本结构

交流测速发电机的结构和空心杯形转子交流伺服电动机相同。定子上也有两个互差 90°的绕组。工作时，一个加励磁电压，称为励磁绕组；另一个用来输出电压，称为输出绕组。转子也有笼型和杯形两种。笼型的转动惯量大、性能差，杯形的转子是空心杯，用高电阻非磁性材料磷青铜制成，杯子底部固定在转轴上。转子转动惯量小、电阻大、漏电抗小、输出特性的线性良好，因此得到了广泛应用。

2. 工作原理

交流异步测速发电机的工作原理可用图 9 - 13 来说明。杯形转子可以看成是很多导体并联而成的。当励磁绕组加上一定的交流励磁电压 $\dot{U}_f$ 时，励磁电流 $\dot{I}_f$ 通过励磁绕组产生在励磁绕组轴线方位上变化的脉振磁通势和脉振磁通 Φ_d。设

$$\Phi_d = \Phi_{dm} \sin \omega t \tag{9-5}$$

并选择其参考方向如图 9 - 13 所示。

当转子静止时，磁通 Φ_d 在励磁绕组中产生参考方向如图 9 - 13(a)所示的电动势 $\dot{E}_f$，在转子导体中产生电动势 $\dot{E}_d$ 和电流 $\dot{I}_d$。由于转子杯壁很薄，且用高电阻率材料做成，转子电阻远远大于转子漏电抗，转子漏电抗可忽略，因此可认为 $\dot{E}_d$ 与 $\dot{I}_d$ 相位相同。应用右

手螺旋定则可以判断出各个变量的参考方向，左半部为电流流入导体，右半部为流出导体，并可知 $\dot{I}_d$ 产生的磁通势方向也在励磁绕组的轴线方向，故 Φ_d 是由 I_f 产生的磁通势和 I_d 产生的磁通势共同产生的。在忽略励磁绕组的漏阻抗时，有

$$\dot{U}_f = -\dot{E}_f = j4.44 k_{wf} N_f f \dot{\Phi}_{dm} \tag{9-6}$$

$$\dot{E}_d = -j4.44 k_{wr} N_r f \dot{\Phi}_{dm} \tag{9-7}$$

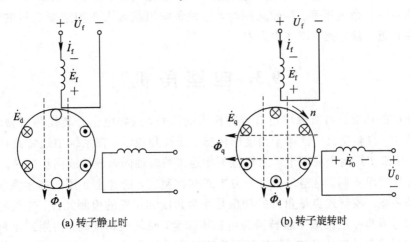

(a) 转子静止时　　　　　　　　(b) 转子旋转时

图 9-13　交流异步测速发电机工作原理图

由于 $\dot{\Phi}_{dm}$ 的交变方向与输出绕组的轴线垂直，不会在输出绕组中产生感应电动势，故当转子静止，即转子转速 $n=0$ 时，输出绕组的输出电压等于零。

当转子旋转时，转子绕组中 $\dot{E}_d$ 仍然存在，还会有因为转子切割 Φ_d 而产生的电动势 $\dot{E}_q$ 和电流 $\dot{I}_q$，根据右手定则，它们的参考方向如图 9-13(b) 中所示，上半部为流入导体，下半部为流出导体，其瞬时值为

$$e_q = C_1 \Phi_d n = C_1 n \Phi_{dm} \sin \omega t$$

式中：C_1 是由电机结构决定的常数。由右手螺旋定则可知，I_q 将产生与输出绕组轴线方向一致的磁通势和磁通 Φ_q：

$$\Phi_q = C_2 e_q = C_1 C_2 n \Phi_{dm} \sin \omega t = \Phi_{qm} \sin \omega t \tag{9-8}$$

式中：C_2 也是与电机结构有关的常数。

比较式 (9-5) 和式 (9-8) 可知，Φ_q 与 Φ_d 相位相同，因此其最大值相量为

$$\dot{\Phi}_{qm} = C_1 C_2 n \dot{\Phi}_{dm} \tag{9-9}$$

由于 Φ_q 是在输出绕组轴线方位上交变的脉振磁通，它必然会在输出绕组中产生感应电动势 e_0，其有效值相量为

$$\dot{E}_0 = -j4.44 k_{w0} N_0 f \dot{\Phi}_{qm} = -j4.44 k_{w0} N_0 C_1 C_2 f n \dot{\Phi}_{dm}$$

若选择输出电压 $\dot{U}_0$ 的参考方向如图 9-13(b) 所示，并将 $\dot{\Phi}_{dm}$ 用式 (9-6) 代入，便可得到测速发电机的空载输出电压为

$$\dot{U}_0 = -\dot{E}_0 = C_1 C_2 \frac{k_{w0} N_0}{k_{wf} N_f} n \dot{U}_f \tag{9-10}$$

可见，交流测速发电机的空载输出电压的特点是：

（1）输出电压与励磁电压频率相同。

（2）输出电压与励磁电压相位相同。

（3）输出电压的大小与转速成正比。

实际使用情况与理想情况之间存在一定的误差，例如，反映输出电压与转速是否成正比的线性误差，反映输出电压与励磁电压相位是否相同的相位误差，反映转子静止时输出电压是否为零的剩余电压等。实际选用时，应使负载阻抗远大于测速发电机的输出阻抗，使其工作在接近空载状态，以减少误差。

9.3 自整角机

自整角机的功能是将机械转角信号转换为电信号，或将电信号转换为机械转角信号。在随动系统中，自整角机广泛用于角度的传输、变换和指示，在系统中通常是两台或多台组合使用，用来实现两个或两个以上机械不相连接的转轴同时偏转或同步旋转。

根据使用要求不同，自整角机可分为力矩式和控制式，前者主要用于指示系统，后者主要用于随动系统。控制式自整角机的功用是作为角度和位置的检测元件，它可将机械角度转换为电信号或将角度的数字量转换为电压模拟量，且转换精度高。力矩式自整角机的功用是直接达到转角随动的目的，将机械角度变换为力矩的输出，但转换误差较大，适用于轻负载且精度要求不高的控制场合。

根据供电电源相数的不同，自整角机又分为单相和三相两种。单相机的定子绕组是三相，转子绕组是单相；三相机的定子、转子绕组都是三相。三相机多用于功率较大的系统中，又称为功率自整角机，其结构形式与三相绕线式异步电动机相同，一般不属于控制电机之列，所以本节不做介绍。下面以单相自整角机为例对其结构和工作原理进行简要介绍。

9.3.1 结构特点

图 9 - 14 所示为单相自整角机的结构示意图。自整角机分为定子和转子两大部分，定子、转子之间有气隙。定子、转子铁芯由高磁导率、低损耗的薄硅钢片冲制后经涂漆叠装而成。定子铁芯内圆开槽，槽内嵌有对称三相绕组，三相绕组按星形连接后引出三个接线端。转子铁芯分为凸极式或隐极式，其上装有单相绕组，转子绕组通过滑环和电刷引出。

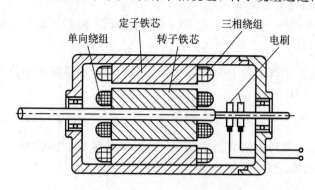

图 9 - 14 自整角机的结构示意图

9.3.2　力矩式自整角机

图 9－15 所示是力矩式自整角机组成的同步连接系统，其中自整角机 a 是发送机，放在需要发送转角的位置；自整角机 b 是接收机，放在接收转角的位置。它们的定子绕组称为同步绕组，用导线对接起来，转子绕组称为励磁绕组，接到同一交流电源上。

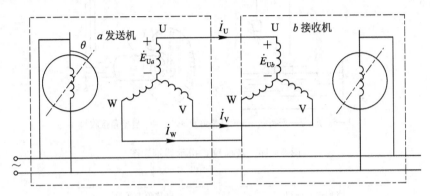

图 9－15　力矩式自整角机电路图

通常以 U 相整步绕组和励磁绕组两轴线间的夹角作为转子位置角，当发送机和接收机的转子位置角相等时，称发送机和接收机处于协调位置。这时，它们的转子电流通过转子绕组形成脉振磁通势，产生脉振磁通，从而在两者的定子绕组中产生电动势，而且 $\dot{E}_{\mathrm{U}a}=\dot{E}_{\mathrm{U}b}$，$\dot{E}_{\mathrm{V}a}=\dot{E}_{\mathrm{V}b}$，$\dot{E}_{\mathrm{W}a}=\dot{E}_{\mathrm{W}b}$，因此，定子电路不会有电流，发送机和接收机中都不会产生电磁转矩，转子不会旋转。

若发送机转子在外施转矩的作用下，顺时针偏转 θ 角，则发送机和接收机不处于协调位置，于是 $\dot{E}_{\mathrm{U}a}\neq\dot{E}_{\mathrm{U}b}$，$\dot{E}_{\mathrm{V}a}\neq\dot{E}_{\mathrm{V}b}$，$\dot{E}_{\mathrm{W}a}\neq\dot{E}_{\mathrm{W}b}$，定子电路中就会有电流 $\dot{I}_{\mathrm{U}}$、$\dot{I}_{\mathrm{V}}$ 和 $\dot{I}_{\mathrm{W}}$，发送机和接收机都会产生电磁转矩。由于两者定子电流的方向相反（一个为输出、一个为输入），因而两者的电磁转矩方向相反。发送机相当于一台发电机，其电磁转矩的方向与其转子的偏转方向相反，它力图使发送机转子回到原来的协调位置，但因发送机转子受外力控制，不可能往回转动。接收机则相当于一台电动机，其电磁转矩的方向使转子也向 θ 角的方向转动，直到两者的转子位置角相等，重新达到新的协调位置。于是接收机转子便准确地指示出了发送机转子的转角。如果发送机转子在外施转矩的作用下不停地旋转，接收机转子就会以同一转速随之转动。

图 9－16 所示是力矩式自整角机在液位指示器中的应用。图中，浮子随着液面而升降，通过滑轮和平衡锤使自整角发送机转动。因为自整角接收机是随动的，所以它带动的指针能准确地反映发送机所转过的角度，从而实现了液位的传递。

9.3.3　控制式自整角机

图 9－17 所示是控制式自整角机的电路图，它与力矩式自整角机相似，不同之处是控制式自整角机中的接收机不直接带负载转动，转子绕组不接交流电源，而用来输出电压，因此称为输出绕组。接收机从定子绕组输入电压，从转子绕组输出电压，工作在变压器状

态，故称自整角变压器。

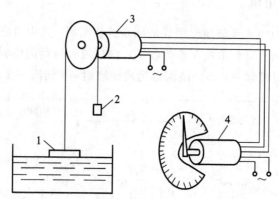

1—浮子；2—平衡锤；3—自整角发送机；4—自整角接收机

图 9-16　液面位置指示器示意图

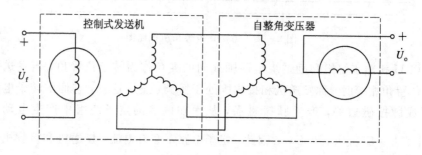

图 9-17　控制式自整角机电路图

　　如图 9-17 所示，当发送机和接收机的转子绕组互相垂直时，所处的位置称为控制式自整角机的协调位置。由于只有发送机的转子绕组接在交流电源上，它的脉振磁通势所产生的脉振磁场将在发送机定子三相绕组中分别产生感应电动势，进而在定子电路中产生三个相位相同而大小不同的电流 $\dot{I}_U$、$\dot{I}_V$ 和 $\dot{I}_W$，当发送机转子处在如图 9-17 所示的竖直位置时，转子脉振磁场在定子三相绕组中产生的感应电动势和电流参考方向如图 9-18(a) 所示，根据右手螺旋定则判断，左半部为流出导体，右半部为流入导体。定子电流通过三相绕组所产生的合成磁通势仍为脉振磁通势，而且位置也在垂直位置，即与转子绕组的轴线一致。$\dot{I}_U$、$\dot{I}_V$ 和 $\dot{I}_W$ 通过自整角变压器的定子绕组也会产生与自整角发送机中一样的处于垂直位置的脉振磁通势和脉振磁场。由于与输出绕组垂直，不会在输出绕组中产生感应电动势，输出绕组端的输出电压为零。

　　而在外施转矩的作用下，自整角发送机的励磁绕组（转子绕组）顺时针偏转了 θ 角，定子电流产生的脉振磁通势的方位也随转子一起偏转了 θ 角，仍然与励磁绕组的轴线一致，如图 9-18(b) 所示。因此在与之方位相同的自整角变压器中，定子脉振磁场与输出绕组不再垂直，两者的夹角为 $90°-\theta$，将在输出绕组中产生一个正比于 $\cos(90°-\theta)=\sin\theta$ 的感应电动势和输出电压。可见，控制式自整角机可将远处的转角信号变换成近处的电压信号。

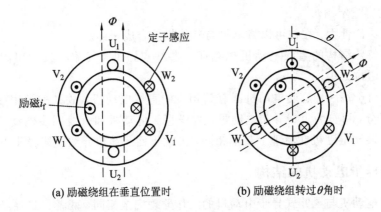

(a) 励磁绕组在垂直位置时　　　(b) 励磁绕组转过 θ 角时

图 9-18　自整角机中的脉振磁通势和感应电动势

　　若想利用控制式自整角机来实现同步连接系统，可将其输出电压经放大器放大后，输入交流伺服电动机的控制绕组，伺服电动机便带动负载和自整角变压器的转子转动，直到重新达到协调位置为止，此时自整角变压器的输出电压为零，伺服电动机也不再转动。图 9-19 所示的雷达天线方位角手控原理图说明了自整角机在控制系统中的应用。

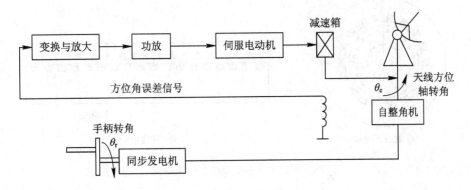

图 9-19　雷达天线方位角手控原理图

9.4　直线电动机

　　直线电动机是一种能直接将电能转换为直线运动的伺服驱动元件，应用于要求直线运动的某些场合，不需要中间传动机构，它为实现高精度、响应快和高稳定的机电传动和控制开辟了新的领域。在交通运输、机械工业和仪器工业中，直线电动机已得到推广和应用。

　　直线电动机传动的特点：

　　（1）省去了把旋转运动转换为直线运动的中间转换机构，节约了成本，缩小了体积。

　　（2）不存在中间传动机构的惯量和阻力的影响，直线电动机直接传动反应速度快、灵敏度高、随动性好、准确度高。

　　（3）直线电动机容易密封，不怕污染，适应性强。由于电动机本身结构简单，又可做到无接触运行，因此容易密封，可在有毒气体、核辐射和液态物质中使用。

　　（4）直线电动机散热条件好，温升低，因此线负荷和电流密度的数值可以取得较高，可提高电机的容量定额。

（5）装配灵活性大，往往可以将电机与其他机件合成一体。

（6）某些特殊结构的直线电动机也存在一些缺点，如大气隙导致功率因数和效率降低，存在单边磁拉力等。

原则上，对于每一种旋转电动机都有其相应的直线电动机，故其种类很多。但一般按工作原理来区分，可分为直线异步电动机、直线直流电动机和直线同步电动机三种。由于直线电动机与旋转电动机在原理上基本相同，因此下面只简单介绍直线异步电动机。

9.4.1　直线异步电动机的结构

直线异步电动机与鼠笼式异步电动机的工作原理完全相同，两者只是在结构形式上有所差别。图 9 - 20(b)所示是直线异步电动机的结构示意图，它相当于把图 9 - 20(a)所示的旋转异步电动机沿径向剖开，并将定子、转子圆周展开成平面。直线异步电动机的定子一般是初级，而它的转子(也称滑子)则是次级，如图 9 - 20(b)所示，因为形状呈扁平状，所以称为扁平形直线异步电动机。

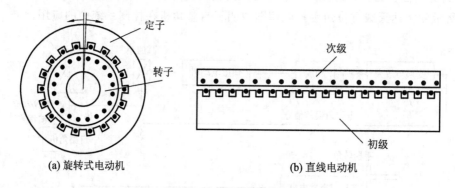

(a) 旋转式电动机　　　　　　　　　(b) 直线电动机

图 9 - 20　异步电动机的结构演变

将图 9 - 20(b)中的次级(转子)用一块导电的金属板(如钢板)代替，初级(定子)绕组用对应的磁极来表示，如图 9 - 21(a)所示，一块钢板可以看成无限多根导条并列组成。因此，图 9 - 20(b)和图 9 - 21(a)所示的电机是等效的，它们的定子、转子之间相互作用原理一样。将图 9 - 21(a)中的钢板卷成圆柱形的钢棒，定子磁极围绕钢棒卷成圆筒形，就是图 9 - 21(b)所示的圆筒形直线异步电动机。

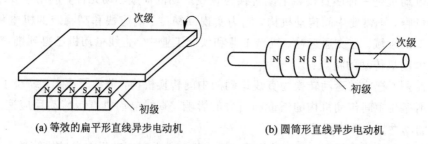

(a) 等效的扁平形直线异步电动机　　　　　(b) 圆筒形直线异步电动机

图 9 - 21　扁平形到圆筒形直线电动机的结构演变

在实际应用中，初级和次级不能做成完全相等的长度，而应该做成初、次级长短不等的结构，如图 9-22(a)、(b)所示为单边型，图 9-23 所示为双边型。

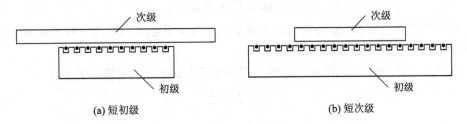

图 9-22 单边型直线异步电动机

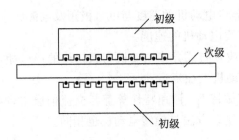

图 9-23 双边型直线异步电动机

由于短初级结构比较简单，故一般常用短初级。下面以短初级直线异步电动机为例来说明它的工作原理。

9.4.2 直线异步电动机的工作原理

直线电动机是由旋转电动机演变而来的，当初级的三相绕组通入三相对称电流后，也会产生一个气隙磁场，这个气隙磁场不是旋转的，而是按 A、B、C 通电的相序作直线移动，如图 9-24 所示，图中 X、Y、Z 分别为 A、B、C 相的末端，该磁场称为行波磁场。显然，行波的移动速度与旋转磁场在定子内圆表面的线速度是一样的，这个速度称为同步速度，用 v_s 表示，且

$$v_s = 2f\tau \tag{9-11}$$

式中：τ 为极距(单位：cm)；f 为电源频率(单位：Hz)。

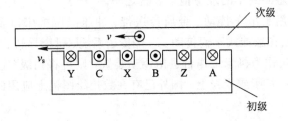

图 9-24 直线电机的工作原理

在行波磁场切割下，次级导条将产生感应电动势和电流，所有导条的电流和气隙磁场相互作用，产生切向电磁力 F，如果初级固定不动，那么次级就顺着行波磁场运动的方向做直线运动。

直线异步电动机的推力公式与三相异步电动机转矩公式相类似，即

$$F = KpI_2\Phi_m\cos\varphi_2 \tag{9-12}$$

式中：K 为电机结构常数；p 为初级磁极对数；I_2 为次级电流；Φ_m 为一对初级磁极的磁通量的幅值；$\cos\varphi_2$ 为次级功率因数。

在推力 F 的作用下，次级运动速度 v 应小于同步速度 v_s，则转差率 s 为

$$s = \frac{v_s - v}{v_s} \tag{9-13}$$

故次级移动速度为

$$v = v_s(1-s) = 2\tau f(1-s) \tag{9-14}$$

式(9-14)表明直线异步电动机的速度与电机极距及电源频率成正比，因此，改变极距或电源频率都可以改变直线电动机的速度。

与旋转电动机一样，改变直线异步电动机初级绕组的通电相序，就可以改变电动机运动的方向，从而使直线电动机做往复运动。

直线异步电动机的机械特性、调速特性等都与交流伺服电动机相似，因此，直线异步电动机的起动和调速以及制动方法与旋转电动机也相同。

9.4.3 直线同步电动机

直线同步电动机的定子绕组与直线异步电动机的定子绕组一样，是直线放置的三相绕组。但是转子结构不同，直线同步电动机的转子中装有绕组，通入直流，是励磁绕组；而直线异步电动机的转子就是一块金属导体，没有绕组。

直线同步电动机的工作原理是：当定子三相绕组接三相交流电源，转子励磁绕组接直流电源时，三相定子绕组电流产生的直线运动磁场与转子励磁绕组电流产生的直流磁场相互作用，带动转子及负载做直线运动，其运动速度就等于定子磁场的运动速度，即同步速度 v_s。

若定子磁场是水平方向的直线运动磁场，则直线同步电动机不仅能产生水平方向的电磁力，推动转子及负载在水平方向做直线运动，同时还能产生垂直方向的电磁力，企图克服重力作用，将转子及重物悬浮起来，这就是磁悬浮力。

由于直线同步电动机既能产生水平方向的推力，又能产生垂直方向的磁悬浮力，因而是现代高速列车和磁悬浮列车的理想拖动装置之一。

直线电动机主要用于吊车传动、金属传送带、冲压锻压机床以及高速电力机车等方面。此外，它还可以用在悬挂式车辆传动、工件传送系统、机床导轨、门闸的开闭驱动装置等处。若将直线电动机作为机床工作台进给驱动装置，则可将初级(定子)固定在被驱动体上，也可以将其固定在基座或床身上。国外已有在数控绘图机上应用的实例。

9.4.4 磁悬浮列车

众所周知，磁极之间会产生电磁作用力，异极性磁极间会产生电磁吸引力，同极性磁极间会产生电磁排斥力。如果作用在重物上的电磁力的方向与重物重力方向相反，当其大小大到足以克服重物重力的作用时，重物将在电磁力的作用下在空中悬浮起来，这种现象称为磁悬浮。产生磁悬浮的电磁力称为磁悬浮力，产生磁悬浮力的设备称为磁悬

浮装置。

高速磁悬浮是目前轨道交通技术的制高点，轨道与列车间只有 10 mm 间隙，这是真正的贴地飞行。该技术牵涉到空气动力学、悬浮导向控制等多个领域，科技含量极高。

相对于其他有轮列车车轮与轨道的摩擦、撞击，磁悬浮列车利用电磁力实现无接触支撑和导向，其运行阻力只有空气阻力。磁悬浮列车的优点是能够高效率地载客，无需用活塞、涡轮等活动零件，所以在行驶过程中几乎没有噪声，在运行时不是紧贴着钢轨行驶，而是以悬浮的形式飞驰在轨面上；其缺点也很明显，造价超高，上海磁悬浮约 30 km 的线路造价高达上百亿，就目前来说，还处于亏本状态。

目前世界上磁悬浮技术最好的是德国和日本，德国和日本使用的技术原理是不一样的。

日本使用的是低温超导型磁悬浮技术。超导体是指金属或合金在低温下完全失去电阻和完全抗磁性的特性，就是超导体的这两个特性，使其跟磁铁产生即排斥又吸引的关系，磁铁就能稳稳地悬浮在超导体上方。

图 9 - 25 为日本磁悬浮技术原理图，超导线圈是超导磁悬浮列车的关键设备之一，它使列车获得上浮推进力，每一节车厢上都装有一台液氮压缩制冷机，列车的超导磁悬浮装置将始终保持在 -196℃ 低温状态，可保持车体悬浮状态，其实这也是利用磁铁同极相斥的原理，在运行过程中车体与轨道之间只有 10 mm 间隙，正是利用这样的原理，超导磁悬浮列车才能在空中快速疾驰。

德国的磁悬浮列车利用的是常导型磁悬浮技术，图 9 - 26 是德国磁悬浮技术原理图。这种技术采用抱轨运行形式，车身下端像伸出两排弯曲的胳臂将铁轨抱住，这能解决列车脱轨的危险，给安装在列车弯曲胳臂上的磁铁通电就会产生强大的磁力，铁轨会被磁力吸引，轨道是静止的，整个列车由于吸引力就会悬浮。

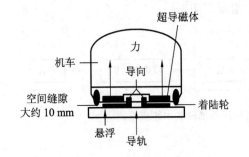
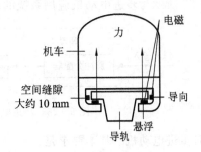

图 9 - 25　日本磁悬浮技术原理图　　　　图 9 - 26　德国磁悬浮技术原理图

我国采用的也是常导磁悬浮抱轨技术，目前在上海运营的磁悬浮列车是世界上第一条投入商业运营的磁悬浮专线，连接市区与机场，时速达到 430 km，运行 30 km 距离只需要 8 min。

磁悬浮列车没有引擎还能高速运行，正是应用了磁铁吸引力和排斥力来推动列车前行。如图 9 - 27 所示，通电后，轨道就会变成一节节带有 N 极和 S 极的电磁铁，轨道磁铁 N 极与列车磁铁 N 极相斥会将列车往前推，下一节轨道磁铁 N 极与列车磁铁 S 极相吸会将列车往前拉，轨道上的电磁铁会根据列车前进而不断变化磁极，保证磁悬浮列车不断向前推进，磁力既可以让列车悬浮又可以推动列车前进。

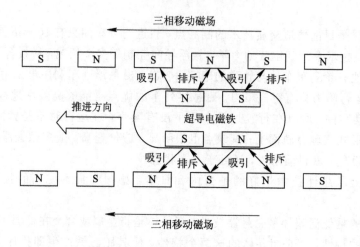

图 9-27　磁悬浮列车牵引原理图

　　磁悬浮列车与普通的有轮列车不同，因为整个列车都是悬浮在空中的，既需要精准地控制只有几毫米的悬浮高度，又要解决载客后造成的列车不平衡等问题，这些都需要由列车心脏 IGBT 来解决，它通过采集列车上传感器的信号，以每秒几万次的速度运算，调整和控制车辆使其正常运行。

9.5　步进电动机

　　步进电动机又称脉冲马达，是一种将电脉冲信号转换为线位移或角位移的电动机，每输入一个脉冲，电动机就转动一定的角度或前进一步，前进一步转过的角度称为步距角。图 9-28 所示为步进电动机应用系统的基本组成框图。

图 9-28　步进电动机应用系统的基本组成框图

对步进电动机的基本要求是：
（1）在电脉冲的控制下能迅速起动、正反转、停转。
（2）在很宽的范围内进行转速调节。
（3）动作快速。
（4）步距小，步距精度高，不丢步、越步。
（5）输出转矩大，可以直接带负载。
　　步进电动机目前有永磁式、感应永磁式和反应式（磁阻式）等几种类型，其中应用最多的是反应式步进电动机。下面以三相六极反应式步进电动机为例，分析其基本结构和工作原理。

9.5.1　典型结构

三相反应式步进电动机的结构如图 9-29 所示。它分为定子和转子两部分，其定子铁芯由硅钢片叠成，具有分布均匀的 6 个磁极（大齿），每个磁极上又有许多小齿，磁极上装有绕组。2 个相对的磁极组成一相。转子也由叠片铁芯构成，沿圆周具有均匀分布的很多个小齿，转子上没有绕组。反应式步进电动机的定子相数用 m 表示，一般地，定子相数 $m=2，3，4，5，6$，而定子的磁极个数则为 $2m$，每两个相对的磁极套着该相绕组。转子齿数为 Z_r。

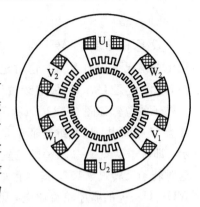

图 9-29　反应式步进电动机结构图

9.5.2　工作原理

下面以三相六极反应式步进电动机为例，说明步进电动机的工作原理。

图 9-30 所示是三相反应式步进电动机原理图。图中定子具有均匀分布的 6 个磁极，磁极上绕有绕组。2 个相对的磁极组成一相，绕组接法如图所示，假定转子具有均匀分布的 4 个齿。

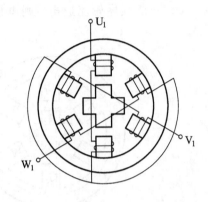

图 9-30　三相反应式步进电动机原理图

1）单三拍

设 U 相首先通电，V 相、W 相两相不通电，产生 U_1—U_2 轴线方向的磁通，并通过转子形成闭合回路。这时 U_1、U_2 就成为电磁铁的 N、S 极。在磁场的作用下，转子总是力图转到磁阻最小的位置，也就是要转到转子齿对齐 U_1、U_2 极的位置，如图 9-31(a) 所示。接着 V 相通电，U 相、W 相两相不通电，转子便顺时针转过 30°，它的齿和 V_1、V_2 极对齐，如图 9-31(b) 所示。随后 W 相通电，U 相、V 相两相不通电，转子又顺时针转过 30°，它的齿和 W_1、W_2 极对齐，如图 9-31(c) 所示。不难理解，当脉冲信号一个一个地发来时，若按 U—V—W—U—… 的顺序轮流通电，则电机转子便按顺时针方向一步一步地转动。每一步的转角为 30°，也就是步距角。电流换接三次，磁场旋转一周，转子前进了一个齿距角，本例转子有 4 个齿，一个齿距角转过 90°。若按 U—W—V—U—… 的顺序轮流通电，则电机转子便按逆时针方向转动。这种通电方式称为单三拍方式。

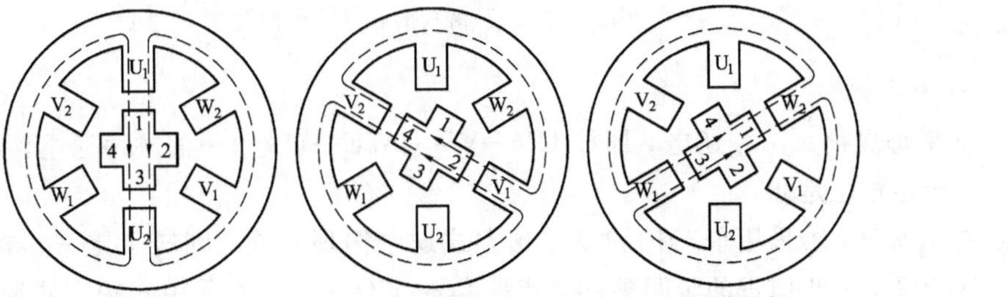

(a) U 相通电　　　　　　(b) V 相通电　　　　　　(c) W 相通电

图 9-31　三相单三拍运行转子位置

2）六拍

设 U 相先通电，转子齿 1、3 和定子 U_1、U_2 极对齐，如图 9-32(a)所示。在 U 相继续通电的情况下接通 V 相，这时定子 V_1、V_2 极对转子齿 2、4 有磁拉力，使转子按顺时针方向转动，但是 U_1、U_2 极继续拉住转子齿 1、3。因此，转子转到两个磁拉力平衡时为止。这时转子的位置如图 9-32(b)所示，即转子从图 9-32(a)的位置按顺时针方向转过了 15°。接着 U 相断电，V 相继续通电，这时转子齿 2、4 和定子 V_1、V_2 极对齐，如图 9-32(c)所示，即转子从图 9-32(b)的位置按顺时针方向转过了 15°。而后接通 W 相，V 相继续通电，这时转子又转过了 15°，其位置如图 9-32(d)所示。这样，若按 U—UV—V—VW—W—WU—U—… 的顺序轮流通电，则电机转子便按顺时针方向一步一步地转动，步距角为 15°。电流换接六次，磁场旋转一周，转子前进了一个齿距角。若按 U—UW—W—WV—V—VU—U—… 的顺序轮流通电，则电机转子按逆时针方向转动。这种通电方式称为六拍方式。

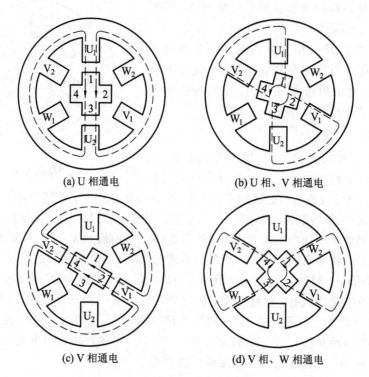

(a) U 相通电　　　　　　　　(b) U 相、V 相通电

(c) V 相通电　　　　　　　　(d) V 相、W 相通电

图 9-32　三相六拍运行转子位置

3）双三拍

如果每次都是两相通电，即按 UV—VW—WU—UV—… 的顺序通电，则称为双三拍方式，步距角也是 30°。

综上所述，若采用单三拍和双三拍方式通电循环一周，则转子走三步前进一个齿距角，转子每走一步前进的步距角就是齿距角的三分之一；若采用六拍方式通电循环一周，则转子走六步前进一个齿距角，转子每走一步前进的步距角就是齿距角的六分之一。因此，步距角为

$$\theta = \frac{360°}{Z_r m} \tag{9-15}$$

式中：Z_r 是转子齿数；m 是运行拍数。在实际应用中，可以通过增加转子齿数 Z_r 或运行拍数 m 来减小步距角 θ，提高精度。

由于转子每经过一个步距角相当于转了 $1/(Z_r m)$ 圈，若脉冲频率为 f，则转子每秒钟就转了 $f/(Z_r m)$ 圈，故转子每分钟的转速为

$$n = \frac{60 f}{Z_r m} \tag{9-16}$$

由以上分析可知，步进电机的角位移量与脉冲数成正比，转速与输入的脉冲频率成正比，控制输入的脉冲频率就能准确控制步进电机的转速。近年来步进电机在数字控制系统中的应用日益广泛。

习　　题

1. 一台交流伺服电动机，若加上额定电压，电源频率为 50 Hz，磁极对数 $p = 1$，试问它的理想空载转速为多少？

2. 何谓"自转"现象？交流伺服电动机是怎样克服这一现象的(当控制信号消失时能迅速停止)？

3. 有一台直流伺服电动机，电枢控制电压和励磁电压均保持不变，当负载增加时，电动机的控制电流、电磁转矩和转速如何变化？

4. 有一台直流伺服电动机，当电枢控制电压 $U_e = 110$ V 时，电枢电流 $I_{a1} = 0.05$ A，转速 $n = 3000$ r/min；加负载后，电枢电流 $I_{a2} = 2$ A，转速 $n_2 = 1500$ r/min。试作出其机械特性 $n = f(t)$。

5. 若直流伺服电动机的励磁电压一定，当电枢控制电压 $U_e = 100$ V 时，理想空载转速 $n_0 = 3000$ r/min；当 $U_e = 50$ V 时，n_0 等于多少？

6. 交流测速发电机在理想情况下为什么转子不动时没有输出电压？转子转动后，为什么输出电压与转子转速成正比？

7. 何谓剩余电压、线性误差、相位误差？

8. 一台直流测速发电机，已知 $R_a = 180$ Ω，$n = 3000$ r/min；$R_L = 2000$ Ω，$U = 50$ V，求该转速下的输出电流和空载输出电压。

9. 某直流测速发电机，在转速 3000 r/min 时，空载输出电压为 52 V；接上 2000 Ω 的负载电阻后，输出电压为 50 V。试求当转速为 1500 r/min，负载电阻为 5000 Ω 时的输出电压。

10. 直流测速发电机与交流测速发电机各有何优缺点？

11. 试简述控制式自整角机和力矩式自整角机的工作原理。

12. 力矩式自整角机与控制式自整角机有什么不同？试比较它们的优缺点，以及各自应用在什么控制系统中较好？

13. 一台直线异步电动机，已知电源频率为 50 Hz，极距 τ 为 10 cm，额定运行时的转差率 s 为 0.05，试求其额定速度。

14. 直线电动机较旋转电动机有哪些优缺点?

15. 何谓磁悬浮力? 有哪些方法能产生磁悬浮力?

16. 现代的磁悬浮列车常用哪些方法产生磁悬浮力?

17. 步进电动机的运行特性与输入脉冲频率有什么关系?

18. 步进电动机对驱动电路有何要求? 常用驱动电路有什么类型? 各有什么特点?

19. 使用步进电动机需注意哪些主要问题?

20. 步进电动机的步距角的含义是什么? 一台步进电动机可以有两个步距角,如 $3°/1.5°$,这是什么意思? 什么是单三拍、单双六拍和双三拍?

21. 一台五相反应式步进电动机,采用五相十拍运行方式时,步距角为 $1.5°$,若脉冲电源的频率为 3000 Hz,试问转速是多少?

22. 一台五相反应式步进电动机,其步距角为 $1.5°/0.75°$,试问该电动机的转子齿数是多少?

23. 为什么步距角小、最大静转矩大的步进电动机的启动频率和运行频率高?

24. 负载转矩和转动惯量对步进电动机的起动频率和运行频率有什么影响?

第三部分 电气传动

第 10 章　直流调速系统

10.1　运动控制系统概述

电力拖动自动控制系统——运动控制系统的任务是通过控制电动机的电压、电流、频率等输入量，来改变工作机械的转矩、速度、位移等机械量，使各种工作机械按照人们期望的要求运行，以满足生产工艺及其他应用的需要。现代运动控制技术以各类电动机为控制对象，以计算机和其他电子装置为控制手段，以电力电子装置为弱电控制强电的纽带，以自动控制理论和信息处理理论为理论基础，以计算机数字仿真和计算机辅助设计（CAD）为研究和开发的工具。由此可见，现代运动控制技术已成为电机学、电力电子技术、微电子技术、计算机控制技术、控制理论、信号检测与处理技术等多门学科相互交叉的综合性学科，如图 10-1 所示。

图 10-1　运动控制及其相关学科

10.1.1　运动控制系统基本结构

运动控制系统由电动机、功率放大与变换装置、控制器及信号传感器等构成，其结构如图 10-2 所示。

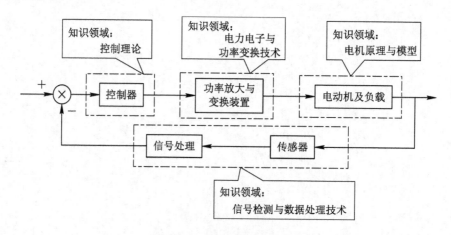

图 10-2　运动控制系统及其组成

（1）电动机：运动控制系统的控制对象为电动机，电动机根据工作原理可分为直流电动机、交流感应电动机（又称作交流异步电动机）和交流同步电动机等，根据用途可分为用于调速系统的拖动电动机和用于伺服系统的伺服电动机。

（2）功率放大与变换装置：主要为各种电力电子装置，如整流器、逆变器等，是弱电控制强电的纽带。

（3）控制器：控制器分为模拟控制器和数字控制器两类，现在已越来越多地采用全数字控制器。模拟控制器主要采用运算放大器及相应的电气元件实现，其优点是物理概念清晰、信号并行处理，控制延时小；缺点是线路复杂、通用性差，受器件性能、温度等因素影响大。以微处理器为核心的数字控制器的优点是硬件电路标准化程度高、成本低，无器件温度漂移问题，且控制规律通过软件实现，灵活方便，可集成数据通信、故障诊断等功能。其缺点是属串行运行方式，控制延时大。

（4）信号检测与处理：实现对运动控制系统所需要的电压、电流、转速和位置等反馈信号的采集与处理。为实现功率电路（强电）和控制器（弱电）之间的电气隔离，一般需要安装专用传感器，且要求信号传感器必须有足够高的精度（因控制系统对反馈通道上的扰动无抑制能力）。信号转换和处理包括电压匹配、极性转换、脉冲整形等，将传感器输出的模拟或数字信号变换为可用于计算机运算的数字量，并进行信号滤波处理，去伪存真以避免随机扰动信号对系统的影响。

10.1.2　运动控制系统的关键控制问题

运动控制系统的基本运动方程式为

$$\begin{cases} J\dfrac{\mathrm{d}\omega_m}{\mathrm{d}t}=T_e-T_L-D\omega_m-K\theta_m \\ \dfrac{\mathrm{d}\theta_m}{\mathrm{d}t}=\omega_m \end{cases} \tag{10-1}$$

式中：J 为机械转动惯量（$\mathrm{kg \cdot m^2}$）；ω_m 为转子的机械角速度（$\mathrm{rad/s}$）；θ_m 为转子的机械转角（rad）；T_e 为电磁转矩（$\mathrm{N \cdot m}$）；T_L 为负载转矩（$\mathrm{N \cdot m}$）；D 为阻转矩阻尼系数；K 为扭转弹性转矩系数。

若忽略阻尼转矩和扭转弹性转矩，则运动控制系统的基本运动方程式可简化为

$$\begin{cases} J\dfrac{\mathrm{d}\omega_m}{\mathrm{d}t}=T_e-T_L \\ \dfrac{\mathrm{d}\theta_m}{\mathrm{d}t}=\omega_m \end{cases} \tag{10-2}$$

运动控制系统的首要任务就是控制电动机的转速和转角，由式（10-1）、式（10-2）可知，要控制转速和转角，唯一途径就是控制电动机的电磁转矩 T，使转速变化率按照人们期望的规律变化。因此，转矩控制是运动控制的根本问题。

由电机学的知识可知，电磁转矩由磁通和电流共同作用产生，为了有效地控制电磁转矩，在一定的电流作用下尽可能产生最大的电磁转矩，以加快系统的过渡过程，必须在控制转矩的同时也控制磁通（或磁链）。当磁通（或磁链）很小时，即使电枢电流（或交流电机定子电流的转矩分量）很大，实际转矩仍然很小。因此，磁通控制与转矩控制同样重要。他励直流电动机可直接控制励磁电压的大小，而交流异步电动机通常在基速（额定转速）以下采用恒磁通（或磁链）控制，基速以上采用弱磁控制。

10.2 直流调速系统的调速性能指标

根据生产机械的要求，电力拖动自动控制系统又可分为调速系统、伺服系统、张力控制系统、多机同步控制系统等不同类型，其本质都是通过控制转速来实现的，因此调速系统是电力拖动控制系统中最基本的类型。

直流调速系统具有良好的起动、制动性能，宜于宽范围内的平滑调速。虽然近年来基于矢量控制、直接转矩控制等的高性能交流调速技术得到了快速发展，并已逐步取代直流调速系统，然而直流调速系统在理论和实践上发展得最成熟，而且从控制规律角度看，直流调速系统是交流调速系统的基础。因此，有必要理解并掌握直流调速系统的基本规律和控制方法。

由第 7 章的内容可知，直流调速系统的稳态速度方程可表示为

$$n = \frac{U - IR}{K_e \Phi} \tag{10-3}$$

直流电动机的调速可分为调压调速、弱磁调速和电枢回路串电阻调速。对于要求在一定范围内无级平滑调速的系统来说，以调压调速方式为最好。电枢回路串电阻调速只能有级调速；弱磁调速虽然能够平滑调速，但调速范围不大，往往只是配合调压方案，在基速以上做小范围的弱磁升速。因此，自动控制的直流调速系统往往以调压调速为主。

根据各类典型生产机械对调速系统所提出的要求，直流调速系统的调速性能指标一般可概括为稳态调速性能指标和动态调速性能指标。稳态调速性能指标要求调速系统实现转速的稳定控制，即可以以一定的精度在所需转速上稳定运行，且能抵抗各种扰动的影响，并在此条件下具有较大的调速范围。动态调速性能指标要求调速系统加、减速快而平稳。这两项性能指标是衡量直流调速系统性能好坏的主要依据，同时也是直流调速系统的主要设计依据。

10.2.1 稳态调速性能指标

1. 调速范围

调速范围是指电动机在额定负载运行时，所达到的最高转速 n_{max} 与最低转速 n_{min} 之比，即

$$D = \frac{n_{max}}{n_{min}} \tag{10-4}$$

一般地，电动机的最高转速 n_{max} 是指电机的额定转速 n_N，调速系统的调速范围 D 越大越好，这样电动机便可在较低的转速下运行。

2. 静差率

静差率用来表示负载转矩变化时，电动机转速变化的稳定程度，其定义为：当电动机稳定运行时，在同一条机械特性曲线上，负载由理想空载增加到额定值所对应的转速降落

Δn_{N} 与理想空载转速 n_0 之比。即

$$s = \frac{n_0 - n_{\mathrm{N}}}{n_0} = \frac{\Delta n_{\mathrm{N}}}{n_0} \qquad (10-5)$$

　　显然，静差率与机械特性的硬度有关，在 n_0 一定时，机械特性硬度越大，Δn_{N} 就越小，静差率也就越小，转速随负载的波动也就越小，即转速稳定度越高。因此，调速系统的静差率 s 越小越好。

　　然而，静差率与机械特性硬度又是有区别的。硬度是指机械特性的斜率，调压调速系统的机械特性是互相平行的，即硬度相同，但不同转速下的静差率并不同。如图 10-3 中的特性 a 和 b，两者的硬度相同，额定速降相同，而理想空载转速不同，$n_{0a} > n_{0b}$，由静差率定义可知 $s_a < s_b$。因此，对于同样硬度的特性，理想空载转速越低时，静差率越大，转速的相对稳定度也就越差。

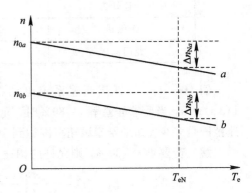

图 10-3　不同转速下的静差率

　　由此可见，调速范围和静差率这两项指标并不是彼此孤立的，必须同时提才有意义。在调速过程中，若额定速降相同，则转速越低时，静差率越大。若低速时的静差率能满足设计要求，则高速时的静差率就更满足要求了。因此，调速系统的静差率指标应以最低速时所能达到的数值为准。

3. 静差率 s、调速范围 D 和额定转速降 Δn_{N} 之间的关系

　　一般认为电动机的最高转速为额定转速，即 $n_{\max} = n_{\mathrm{N}}$，若额定负载下的转速降落为 Δn_{N}，则系统的静差率应该是最低速时的静差率，即

$$s = \frac{\Delta n_{\mathrm{N}}}{n_{0\min}} = \frac{\Delta n_{\mathrm{N}}}{n_{\min} + \Delta n_{\mathrm{N}}}$$

于是，最低转速为

$$n_{\min} = \frac{\Delta n_{\mathrm{N}}}{s} - \Delta n_{\mathrm{N}} = \frac{(1-s)\Delta n_{\mathrm{N}}}{s}$$

而调速范围为

$$D = \frac{n_{\max}}{n_{\min}} = \frac{n_{\mathrm{N}}}{n_{\min}}$$

将 $n_{\min}$ 代入上式，得调速范围、静差率和额定速降之间所应满足的关系为

$$D = \frac{n_N s}{\Delta n_{\mathrm{N}}(1-s)} \qquad (10-6)$$

　　由式（10-6）可知，对于同一个调速系统，额定速降 Δn_{N} 一定，如果对静差率要求越严，即要求 s 值越小时，系统能够允许的调速范围也越小。一个调速系统的调速范围，是指在最低转速运行时还能满足所提静差率要求的转速可调范围。脱离了对静差率的要求，任何调速系统都可以得到极大的调速范围；反过来，脱离了调速范围的要求，满足给定的静差率要求也容易得多。表 10-1 给出了几种常见的生产机械所要求的静态技术指标。

表 10-1　常见的典型的生产机械所要求的静态技术指标

生产机械类型	静差率 s	调速范围 D
机床进给系统		5～200
机床主传动	0.05～0.1	2～24
热连轧机	0.005～0.01	3～10
冷连轧机	<0.02	>15
造纸机	0.001～0.01	3～20
龙门刨床	≤0.05	20～40

例 10-1　某直流调速系统电动机额定转速 $n_N = 1430$ r/min，额定速降 $\Delta n_N = 115$ r/min，当要求静差率 $s \leqslant 30\%$ 时，允许多大的调速范围？若要求静差率 $s \leqslant 20\%$，则调速范围是多少？如果希望调速范围达到 10，所能满足的静差率是多少？

解　若要求 $s \leqslant 30\%$，则允许的调速范围为

$$D = \frac{n_N s}{\Delta n_N (1-s)} = \frac{1430 \times 0.3}{115 \times (1-0.3)} = 5.3$$

若要求 $s \leqslant 20\%$，则允许的调速范围为

$$D = \frac{1430 \times 0.2}{115 \times (1-0.2)} = 3.1$$

若调速范围达到 10，则静差率为

$$s = \frac{D \Delta n_N}{n_N + D \Delta n_N} = \frac{10 \times 115}{1430 + 10 \times 115} = 0.446 = 44.6\%$$

10.2.2　动态调速技术指标

由于电机拖动系统存在电磁惯性和机械惯性，属于大惯性系统，调速过程不可能瞬时完成，必须经过一段过渡过程，即动态过程。控制系统的动态性能指标包括对给定输入信号的跟随性能指标和对扰动输入信号的抗扰性能指标。

1. 跟随性能指标

通常将输出量的初始值为零，给定信号阶跃变化下的过渡过程作为典型的跟随过程。此跟随过程的输出量动态响应称作阶跃响应。常用的阶跃响应跟随性能指标有上升时间、超调量和调节时间。

(1) 上升时间 t_r。

图 10-4 给出了典型阶跃响应的跟随过程，图中 C_∞ 是输出量的稳态值。定义输出量从零起到第一次上升到稳态值 C_∞ 所经过的时间为上升时间 t_r，表征动态响应的快速性。

(2) 超调量 σ。

定义输出量峰值 C_{max} 超过稳态值 C_∞ 的百分数为超调量，即

$$\sigma = \frac{C_{max} - C_\infty}{C_\infty} \times 100\% \tag{10-7}$$

输出量峰值 C_{max} 所对应的时间为峰值时间 t_P。超调量反映系统的相对稳定性，超调量越小，系统的相对稳定性越好。若超调量太大，则达不到生产工艺上的要求；若超调量太

小，则会使过渡过程过于缓慢，不利于生产率的提高等。一般 σ 为 $10\%\sim35\%$。

（3）调节时间 t_s。

定义输出量达到并未超出允许误差带所需时间为调节时间 t_s。允许误差带一般设定为稳态值的 $\pm5\%$（或 $\pm2\%$）。

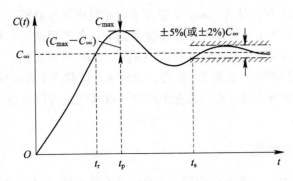

图 10-4　直流调速系统的动态特性

2. 抗扰性能指标

调速系统稳定运行时，突加一个使输出量降低（或上升）的扰动量 F 之后，输出量由降低（或上升）到恢复至稳态值的过渡过程就是一个抗扰过程。常用的抗扰性能指标为动态降落和恢复时间。

1）动态降落 ΔC_{max}

系统稳定运行时，突加一个约定的标准负扰动量，所引起的输出量的最大降落值 ΔC_{max} 称为动态降落。一般用 ΔC_{max} 占输出量原稳态值 $C_{\infty 1}$ 的百分数来表示。调速系统突加额定负载扰动时转速的动态降落称为动态速降 Δn_{max}。

2）恢复时间 t_v

从阶跃扰动作用开始，到输出量基本恢复稳态，距新稳态值 $C_{\infty 2}$ 之差进入某基准量 C_b 的允许误差范围（一般取 $\pm5\%C_b$ 或 $\pm2\%C_b$）之内所需的时间，定义为恢复时间 t_v。

直流调速系统动态性能的比较如图 10-5 所示。

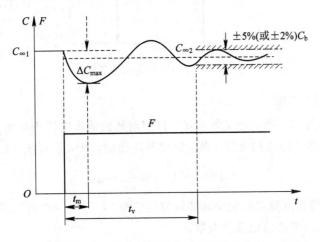

图 10-5　直流调速系统动态性能的比较

10.3　直流调速系统的可控直流电源

　　直流调速系统以调压调速方式最优，要调节电枢供电电压必须首先解决可控直流电源问题。在交流供电系统中，可采用晶闸管整流装置，以获得可调的电枢电压，所构成的调速系统称为晶闸管整流器–电动机调速系统，简称 V – M 调速系统。在具有恒定直流供电电源的系统中，可采用 PWM 变换器，所构成的调速系统称为 PWM 变换器–电动机调速系统，简称直流 PWM 调速系统。现代工业生产中一般采用交流供电系统，因此 V – M 系统应用最为广泛。

10.3.1　V – M 调速系统

　　图 10 – 6 所示为 V – M 系统的原理图，图中 VT 是晶闸管整流器，通过调节触发装置 GT 的控制电压 U_c 来移动触发脉冲的相位，改变可控整流器平均输出直流电压 U_d，从而实现直流电动机的平滑调速。晶闸管可控整流器的功率放大倍数在 10^4 以上，门极触发响应时间是毫秒级，具有快速的控制作用，且其运行损耗小，效率高。这些优点使 V – M 系统获得了优越的性能。在系统的分析、设计和实际应用中，还存在下述几个十分重要的问题，需特别注意。

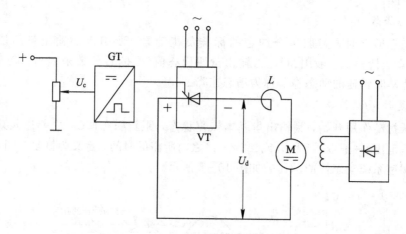

图 10 – 6　V – M 系统原理图

1. 触发脉冲相位控制

　　根据第 3 章的知识，调整触发角 α 就可以控制整流输出电压平均值 U_{d0} 的大小。U_{d0} 与 α 的关系因整流电路拓扑结构而异，当电流波形连续时，其关系可统一用下式表示：

$$U_{d0} = \frac{m}{\pi} U_m \sin\frac{\pi}{m} \cos\alpha \qquad (10-8)$$

式中：α 为从自然换相点算起的触发脉冲触发延迟角；U_m 为 $\alpha = 0$ 时的整流电压波形峰值；m 为交流电流一周内的整流电压脉波数。

　　表 10 – 2 列出了几种典型整流电路电流波形连续时电压脉波数及输出电压平均值。

表 10 - 2　不同整流电路的整流电压波峰值、脉冲数及平均整流电压

整流电路	单相全波	三相半波	三相桥式
U_m	$\sqrt{2}U_2$	$\sqrt{2}U_2$	$\sqrt{6}U_2$
m	2	3	6
U_{d0}	$0.9U_2\cos\alpha$	$1.17U_2\cos\alpha$	$2.34U_2\cos\alpha$

注：U_2 为整流变压器二次侧额定相电压的有效值。

由式（10-8）可知，当 $0<\alpha<\pi/2$ 时，$U_{d0}>0$，晶闸管装置处于整流状态；当 $\pi/2<\alpha<\alpha_{\max}$ 时，$U_{d0}<0$，晶闸管装置处于有源逆变状态，为避免逆变颠覆，有源逆变的最大触发延迟角 $\alpha_{\max}$ 应小于 π，并留有足够裕量。实际使用中，控制角 α 一般设置在 $\pi/6<\alpha<5\pi/6$ 范围内。图 10-6 中触发装置 GT 的作用就是把控制电压 U_c 转换成触发脉冲的控制角 α，用以控制整流电压，达到变压调速的目的。

2. 电流脉动及断续问题

在整流部分讲解时指出，在负载回路电感足够大时可认为输出直流电流连续且为一条平直的直线。但在实际系统中，整流输出的直流电流永远不可能是一条直线，由于整流输出电压随交流电源波动，必然会导致电流的脉动。电流脉动部分的交流分量会增加电机的发热，产生转矩脉动。主要的电流脉动抑制措施有：增加整流电路相数；采用多重化技术；设置电感量足够大的平波电抗器。

另外，当系统负载较小、回路电感较小、触发角加大时，均有可能造成电流的断续，从而严重影响系统机械特性，使机械特性变软，理想空载转速翘得很高。

3. V-M 系统的机械特性

直流调速本质上是基于直流电动机的机械特性，即转速与转矩之间的关系 $n=f(T_e)$，而转矩是难以直接测量的物理量，但在励磁恒定的情况下转矩与电枢电流成正比，因此机械特性可等效为转速与电枢电流的关系 $n=f(I_d)$，因此需建立 V-M 系统的电压方程。

对于图 10-6 所示 V-M 系统，若把整流装置内阻 R_{rce} 移到装置外，并看成是其负载电路电阻的一部分，则瞬时电压平衡方程式为

$$u_{d0}=E+i_d R+L\frac{\mathrm{d}i_d}{\mathrm{d}t} \tag{10-9}$$

式中：E 为电动机反电动势（V），$E=C_e n=K_e\Phi n$；I_d 为整流电流瞬时值（A）；L 为主电路总电感（H）；R 为主电路总电阻（Ω），$R=R_{rce}+R_a+R_L$；R_{rce} 为整流装置内阻（Ω），包括整流器内部的电阻、整流器件正向压降所对应的电阻、整流变压器漏抗换相压降相应的电阻；R_a 为电动机电枢电阻（Ω）；R_L 为平波电抗器电阻（Ω）。

这样，图 10-6 所示 V-M 系统的主电路可以用图 10-7 所示的等效电路来替代。假设电流连续时，对 u_{d0} 在一个周期内进行积分，再取平均值，即得平均值 U_{d0}。

$$U_{d0}=E+I_d R=C_e n+I_d R \tag{10-10}$$

从而可得电流连续时的 V-M 系统机械特性方程：

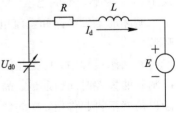

图 10-7　V-M 系统等效电路

$$n = \frac{U_{d0} - I_d R}{C_e} \qquad (10-11)$$

可见，V – M 系统机械特性方程在形式上与直流电动机的转速方程完全一致，但内涵发生了变化。U_{d0} 由相控整流电路得到，根据控制角 α 的不同可正可负，但由于晶闸管的单向导电性，输出电流只能为正，因此，V – M 系统可工作于第一、四象限，如图 10 – 8 所示。

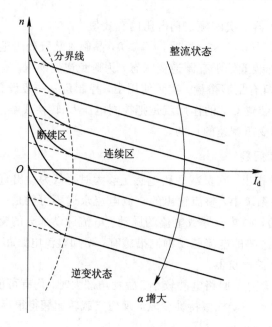

图 10 – 8　V – M 系统机械特性

晶闸管整流装置不允许电流反向，给电动机的可逆运行带来困难。在可逆系统中，需要采用正反两组可控整流电路。在较低速度运行时，晶闸管的导通角很小，使得系统的功率因数变差，并在交流侧产生较大的谐波电流，引起电网电压的畸变，称为"电力公害"。

4. 晶闸管触发和整流装置的放大系数和传递函数

在进行调速系统的分析和设计时，可以把晶闸管触发和整流装置当作系统中的一个环节来看待。应用线性控制理论时，需求出这个环节的放大系数和传递函数。

在理想情况下，U_c 和 U_d 之间呈线性关系：

$$U_d = K_s U_c \qquad (10-12)$$

式中：U_d 为平均整流电压；U_c 为控制电压；K_s 为晶闸管整流装置放大系数。

实际的触发电路和整流电路都是非线性的，只能在一定的工作范围内近似看成线性环节。

在动态过程中，可把晶闸管触发与整流装置看成是一个纯滞后环节，其滞后效应是由晶闸管的失控时间引起的。晶闸管的特点决定了它一旦导通后控制电压的变化在该器件关断以前就不再起作用，要等到下一个自然换相点以后，当控制电压 U_c 所对应的下一相触发脉冲来到时才能使输出整流电压 U_{d0} 发生变化，这就造成整流电压滞后于控制电压的状况。

以单相桥式全控整流电路为例，如图 10 – 9 所示，假设在 t_1 时刻某一对晶闸管被触发导通，触发延迟角为 α_1，如果控制电压 U_c 在 t_2 时刻发生变化，由 U_{c1} 突降到 U_{c2}，但由于晶闸管已经导通，U_c 的变化对它已不起作用，要等过了自然换相点 t_3 时刻以后，U_{c2} 才能把正在承受正电压的另一对晶闸管导通，从 U_c 发生变化的时刻 t_2 到 U_{d0} 响应变化的时刻 t_3 之间，便有一段失控时间 T_s。由于 U_c 发生变化的时刻具有不确定性，故失控时间 T_s 是一个随机值。

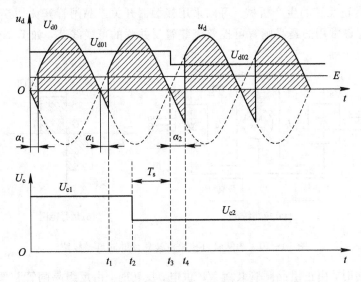

图 10-9　晶闸管触发与整流装置失控时间

最大失控时间 $T_{s\,max}$ 是两个相邻自然换相点之间的时间，它与交流电源频率和晶闸管整流器的类型有关：

$$T_{s\,max} = \frac{1}{mf} \tag{10-13}$$

式中：f 为交流电源频率(Hz)；m 为一周内整流电压的脉波数。

在实际计算中，一般采用平均失控时间 $T_s = T_{s\,max}/2$。若按最严重情况考虑，则取 $T_s = T_{s\,max}$。表 10-3 列出了不同整流电路的失控时间。

表 10-3　晶闸管整流器的失控时间($f = 50$ Hz)

整流电路形式	最大失控时间 $T_{s\,max}$/ms	平均失控时间 T_s/ms
单相半波	20	10
单相桥式(全波)	10	5
三相半波	6.67	3.33
三相桥式	3.33	1.67

考虑到 T_s 很小，依据工程近似处理原则，整流装置可近似看成一阶惯性环节，晶闸管整流装置的传递函数为

$$W_s(s) = \frac{U_{d0}(s)}{U_c(s)} = K_s e^{-T_s s} \approx \frac{K_s}{1 + T_s s} \tag{10-14}$$

5. V-M 系统的可逆运行

根据电机理论，改变电枢电压的极性或者改变励磁磁通的方向，都能够改变直流电机

的旋转方向。因此，V－M系统的可逆运行有电枢反接可逆运行与励磁反接可逆运行两种方式。励磁反接可逆运行的优点是供电装置功率小，仅占电动机额定功率的 $1\%\sim5\%$，投资少；缺点是励磁绕组的电感大，励磁反向的过程较慢，导致改变转向时间长，又因电动机不允许在失磁的情况下运行，系统控制相对复杂。因此，最常用的是电枢反接可逆运行。

对于不经常正反转的生产机械，可以采用接触器开关或晶闸管开关切换的方式实现电枢可逆运行，但最常用的是晶闸管可控整流装置反并联的可逆线路，如图10－10所示。

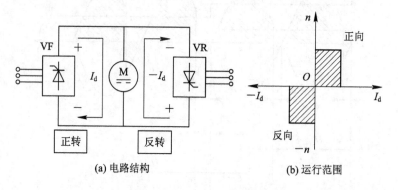

图10－10　晶闸管可控整流装置反并联可逆线路

电动机正转时，由正组晶闸管装置 VF 供电；反转时，由反组晶闸管装置 VR 供电。两组晶闸管分别由两套触发装置控制，都能灵活地控制电动机的起动、制动和升速、降速。但是不允许两组晶闸管同时处于整流状态，否则将造成电源短路，产生环流，因此对控制电路提出了严格的要求，多采用逻辑无环流控制。当一组晶闸管工作时，用逻辑电路（硬件）或逻辑算法（软件）去封锁另一组晶闸管的触发脉冲，使它完全处于阻断状态，以确保两组晶闸管不同时工作，从根本上切断环流的通路，这就是逻辑控制的无环流可逆系统。

在可逆调速系统中，正转运行时可利用反组晶闸管实现回馈制动，反转运行时同样可以利用正组晶闸管实现回馈制动。这样，采用两组晶闸管装置的反并联，就可实现电动机的四象限运行。归纳起来，可将可逆线路正反转时晶闸管装置和电机的工作状态列于表10－4中。

表10－4　V－M反并联可逆系统工作状态

V－M系统的工作状态	正向运行	正向制动	反向运行	反向制动
电枢端电压极性	＋	＋	－	－
电枢电流极性	＋	－	－	＋
电机旋转方向	＋	＋	－	－
电机运行状态	电动	回馈发电	电动	回馈发电
晶闸管工作的组别和状态	正组整流	反组逆变	反组整流	正组逆变
机械特性所在象限	一	二	三	四

分析表10－4可得三条基本规律：电动机的转速、极性决定了反电动势的极性；电动机的工作状态（电动、发电）由电动机的反电动势和电流极性共同决定；晶闸管的工作组别（正组、反组）由电流极性决定。

10.3.2　直流 PWM 调速系统

与 V - M 系统相比，直流 PWM 调速系统在很多方面有较大的优越性：

（1）主电路简单，需要的电力电子器件少。

（2）开关频率高，电流容易连续，谐波少，电动机损耗及发热都较小。

（3）低速性能好，稳速精度高，调速范围宽。

（4）若与快速响应的电动机配合，则系统频带宽，动态响应快，动态抗扰能力强。

（5）电力电子开关器件工作在开关状态，导通损耗小，当开关频率适当时，开关损耗也不大，因而装置效率较高。

（6）直流源采用不控整流时，电网功率因数比相控整流器高。

由于有上述优点，直流 PWM 调速系统的应用日益广泛，特别在中、小容量的高动态性能系统中，已经完全取代了 V - M 系统。

1. 常用 PWM 变换器及其工作状态

PWM 变换器的作用是：用脉冲宽度调制的方法，把恒定的直流电压调制成频率一定、宽度可变的脉冲电压序列，从而可以改变平均输出电压的大小，以调节电动机的转速。PWM 变换器电路有多种形式，总体上可分为不可逆与可逆两大类。

第 4 章图 4 - 3 所示降压斩波电路，将负载 L、R 和反电动势 E_M 看成一个整体，可等效为一个直流电动机，即为最简单的不可逆 PWM 变换器-直流电动机系统，如图 10 - 11 所示。当 $0 \leqslant t < t_{on}$ 时，VT 导通，电源电压 U_s 给直流电动机供电；当 $t_{on} \leqslant t < T$ 时，VT 关断，直流电动机电枢电流通过续流二极管 VD 续流，斩波输出电压、电流始终为正，因此只能工作在第一象限。

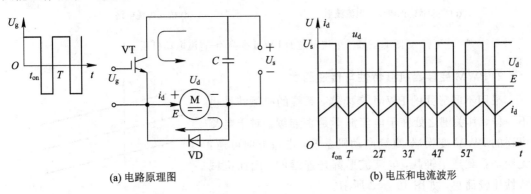

(a) 电路原理图　　　　　　　　　　　　　(b) 电压和电流波形

图 10 - 11　不可逆 PWM 变换器-直流电动机系统

若要实现电动机的制动，则必须为其提供反向电流通道，图 10 - 12 所示的是电流可逆 PWM 变换器-直流电动机系统，相当于将图 10 - 11 中的 VT 和 VD 改为图 10 - 12 中的 VT_1 和 VD_2，再增设 VT_2 和 VD_1。VT_1 和 VD_2 构成降压斩波电路，电动机为电动运行，工作于第一象限。VT_2 和 VD_1 构成升压斩波电路，电动机为再生制动运行，工作于第二象限。必须防止 VT_1 和 VT_2 同时导通而导致的电源短路，VT_1 和 VT_2 的驱动电压大小相等极性相反，图 10 - 12(b) 是一般电动状态的波形，图 10 - 12(c) 是制动状态的波形。该电路之所以不能实现转速可逆运行是因为平均电压 U_d 始终大于零，电流虽然能够反向，而电压和转速仍不能反向。如果要求转速反向，就需要再增加 VT 和 VD，构成可逆的 PWM 变换器-直流电动机系统，如图 10-12(d) 所示，其电路拓扑及工作原理分析与图 5-8 所示的全桥逆变电路类似。

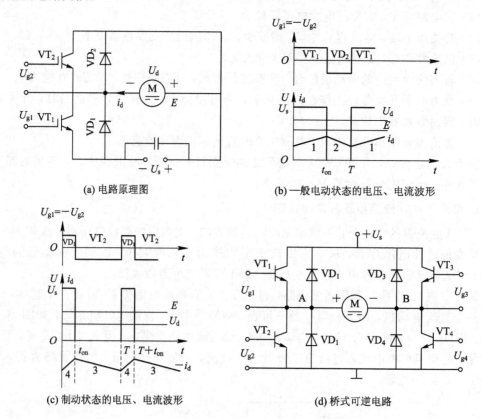

(a) 电路原理图　　　　　　　　　(b) 一般电动状态的电压、电流波形

(c) 制动状态的电压、电流波形　　　　(d) 桥式可逆电路

图 10-12　电流可逆的 PWM 变换器-直流电动机系统

2. PWM 变换器机械特性与传递函数

采用不同形式的 PWM 变换器，系统的机械特性也不一样，其关键之处在于电流波形是否连续。对于电流可逆的 PWM 变换器-直流电动机系统，电流方向可逆，无论是重载还是轻载，电流波形都是连续的，因而机械特性比较简单，如图 10-13 所示。

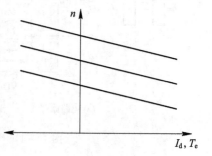

图 10-13　电流可逆的直流 PWM
调速系统机械特性

PWM 控制与变换器的动态数学模型和晶闸管触发与整流装置基本一致。当控制电压 U_c 改变时，PWM 变换器的输出平均电压 U_d 也按线性规律变化，其稳态放大系数仍然可以记为 K_s，但其输出响应延时最长可达一个开关周期 T。因此，PWM 装置也可以看成是一个滞后环节，其传递函数可以写成：

$$W_s(s) = \frac{U_d(s)}{U_c(s)} = K_s e^{-T_s s} \tag{10-15}$$

式中：K_s 为 PWM 装置的放大系数；T_s 为 PWM 装置的延迟时间，$T_s \leqslant T$。

当开关频率为 10 kHz 时，$T=0.1$ ms，在一般的电力拖动自动控制系统中，时间常数这么小的滞后环节可以近似看成是一个一阶惯性环节，因此与晶闸管整流装置的传递函数完全一致，如式(10-14)所示，仅延时时间 T_s 的数值根据电路拓扑不同而不一致。

10.3.3 直流调速系统的机械特性

V-M 调速系统及直流 PWM 调速系统都是开环调速系统，即无反馈控制直流调速系统，调节控制电压 U_c 就可以改变电动机的转速。用 UPE 来统一表示可控直流电源，则开环调速系统的结构原理如图 10-14 所示。

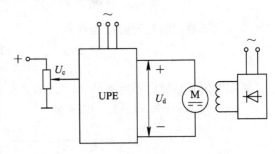

图 10-14 开环调速系统结构原理图

开环调速系统中各环节的稳态关系如下：

电力电子变换器：

$$U_{d0}=K_sU_c$$

直流电动机：

$$n=\frac{U_{d0}-I_dR}{C_e}$$

则可得开环调速系统的机械特性为

$$n=\frac{U_{d0}-RI_d}{C_e}=\frac{K_sU_c}{C_e}-\frac{RI_d}{C_e} \qquad (10-16)$$

对应的稳态结构框图如图 10-15 所示，输入为给定电压 U_c，输出为 UPE 的输出电压 U_{d0}。可通过对 U_c 的平滑可调实现直流电动机的平滑调速，在不计 UPE 装置在电动势负载下引起的轻载工作电流断续现象时，开环调速系统机械特性曲线如图 10-16 所示。这些机械特性都有较大的由于负载引起的转速降落 $\Delta n_N=RI_{dN}/C_e$，它制约了开环调速系统中的调整范围 D 和静差率 s。

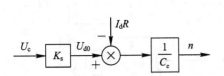

图 10-15 开环调速系统稳态结构框图

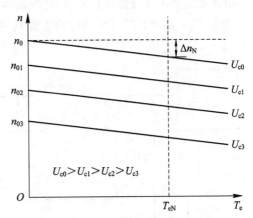

图 10-16 开环调速系统机械特性

例 10-2 某龙门刨床工作台拖动采用直流电动机，其额定数据如下：60 kW，220 V，305 A，1000 r/min，采用 V-M 系统，主电路总电阻 $R=0.18\ \Omega$，电动机电动热系数 $C_e=0.2$ V·min/r。如果要求调整范围 $D=20$，静差率 $s\leqslant5\%$，采用开环调速能否满足？若要满足这个要求，系统的额定速降 Δn_N 最多能有多少？

解　当电流连续时，V－M 系统的额定速降为

$$\Delta n_N = \frac{I_{dN}R}{C_e} = \frac{305 \times 0.18}{0.2} = 275 \ (\text{r/min})$$

开环系统在额定转速时的静差率为

$$s_N = \frac{\Delta n_N}{n_N + \Delta n_N} = \frac{275}{1000 + 275} = 0.216 = 21.6\%$$

可见在额定转速时已不能满足 $s \leqslant 5\%$ 的要求，更不要说最低速了。

若要求 $D = 20$，$s \leqslant 5\%$，即要求

$$\Delta n_N = \frac{n_N s}{D(1-s)} \leqslant \frac{1000 \times 0.05}{20 \times (1-0.05)} = 2.63 \ (\text{r/min})$$

可见，开环调整系统的额定速降太大，无法满足 $D = 20$，$s \leqslant 5\%$ 的要求，采用转速反馈控制的直流调速系统将是解决此类问题的一种方法。

10.4　转速负反馈的单闭环直流调速系统

调速范围和静差率相互制约，如果既要提高调速范围，又要降低静差率，唯一的办法是减小负载引起的转速降落 Δn_N。但开环系统中的 Δn_N 由机械特性决定，无法改变。根据自动控制原理，在负反馈基础上的"检测误差，用以纠正误差"这一原理，将直流调速系统的被调节量转速作为负反馈量引入系统，构成转速闭环控制系统，可以有效地减小转速降落，降低静差率，扩大调速范围。

10.4.1　转速反馈控制直流调速系统的静特性

图 10－17 所示是具有转速负反馈的直流电动机调速系统，转速偏差电压由转速给定量 U_n^* 和被调量转速 n 反馈电压 U_n 相比较后得到，经过比例放大器（P 调节器）后得到 UPE 的控制电压 U_c，其与开环控制系统的主要差别就在于加入了转速 n 的负反馈环节。

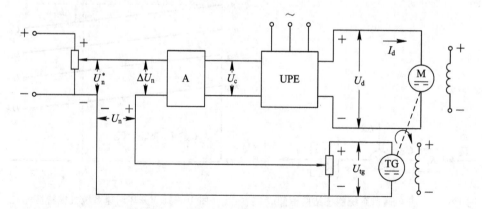

图 10－17　带转速负反馈的闭环直流调速系统原理框图

第 9 章已得到开环系统的机械特性及稳态结构框图，闭环控制系统中又增加了电压比较环节、比例调节器和测速反馈环节，各部分的稳态关系如下：

电力电子变换器：

$$U_{d0} = K_s U_c$$

直流电动机：

$$n = \frac{U_{d0} - I_d R}{C_e}$$

比例调节器：

$$U_c = K_p \Delta U_n$$

测速反馈环节：

$$U_n = \alpha n$$

式中：K_p 为比例调节器的比例放大系数；α 为转速反馈系数（$\text{V} \cdot \text{min/r}$）。

根据上述稳态关系，可得闭环控制系统的稳态结构框图，如图 10-18 所示。系统输入量是 U_n^*，输出量是转速 n，将电动机模型中的直流电压 U_{d0} 用 U_n^* 和 n 表示，经过整流化简后可得到转速负反馈闭环直流调速系统的静特性方程式：

$$n = \frac{K_p K_s U_n^* - I_d R}{C_e(1 + K_p K_s \alpha / C_e)} = \frac{K_p K_s U_n^*}{C_e(1 + K)} - \frac{R I_d}{C_e(1 + K)} \qquad (10-17)$$

式中：K 为闭环系统的开环放大系数，$K = \dfrac{K_p K_s \alpha}{C_e}$，相当于在转速比较环节把反馈回路断开，从调节器输入端到转速反馈端之间各环节放大系数的乘积。闭环调速系统的静特性表示闭环系统电动机转速与负载电流（或转矩）间的稳态关系，它在形式上与开环机械特性相似，但本质上却有很大不同，故称为"静特性"。

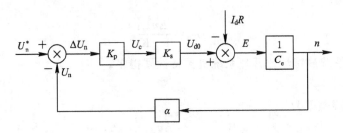

图 10-18　转速负反馈闭环直流调速系统稳态结构框图

闭环调速系统的静特性及稳态结构框图是分析调速系统稳态性能指标的基础，对动态性能指标的分析需要依据系统动态数学模型，相关详细内容可参考相关文献，本书不做过多介绍，仅给出闭环系统的动态结构框图，如图 10-19 所示。

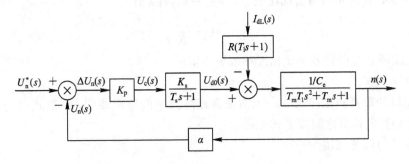

图 10-19　转速负反馈闭环直流调速系统动态结构框图

10.4.2　开环机械特性与闭环静特性的关系

若把图 10-18 闭环直流调速系统中的反馈回路断开，则该系统的开环机械特性为

$$n=\frac{U_{d0}-I_d R}{C_e}=\frac{K_p K_s U_n^*}{C_e}-\frac{RI_d}{C_e}=n_{0op}-\Delta n_{op} \qquad (10-18)$$

式中：n_{0op} 为开环系统的理想空载转速；Δn_{op} 为开环系统的稳态速降。

闭环时，比例控制的直流调速系统静特性可写成

$$n=\frac{K_p K_s U_n^*}{C_e(1+K)}-\frac{RI_d}{C_e(1+K)}=n_{0cl}-\Delta n_{cl} \qquad (10-19)$$

式中：n_{0cl} 为闭环系统的理想空载转速；Δn_{cl} 为闭环系统的稳态速降。

下面从机械硬度、静差率、调速范围三个方面对静态性能进行比较分析。

（1）机械硬度。

机械硬度由转速降落决定，在同样的负载扰动下：

开环系统的转速降落为

$$\Delta n_{op}=\frac{RI_d}{C_e}$$

闭环系统的转速降落为

$$\Delta n_{cl}=\frac{RI_d}{C_e(1+K)}$$

它们的关系是

$$\Delta n_{cl}=\frac{\Delta n_{op}}{1+K}$$

因此，闭环系统静特性比开环系统机械特性硬得多。

（2）静差率。

开环系统的静差率为

$$s_{cl}=\frac{\Delta n_{cl}}{n_{0cl}}$$

闭环系统的静差率为

$$s_{op}=\frac{\Delta n_{op}}{n_{0op}}$$

按理想空载转速相同的情况比较，即 $n_{0op}=n_{0cl}$ 时，有

$$s_{cl}=\frac{s_{op}}{1+K}$$

因此，闭环系统的静差率要比开环系统小得多。

（3）调速范围。

若电动机的最高转速都是 n_N，而对最低速静差率的要求相同，则由式（10-4）调速范围、静差率和额定速降之间关系式可得：

开环系统的调速范围为

$$D_{op}=\frac{n_N s}{\Delta n_{op}(1-s)}$$

闭环系统的调速范围为

$$D_{cl} = \frac{n_N s}{\Delta n_{cl}(1-s)}$$

由于 $\Delta n_{cl} = \dfrac{\Delta n_{op}}{1+K}$，可得 $D_{cl} = (1+K)D_{op}$，因此，在所要求的静差率一定的情况下，闭环系统可以大大提高调速范围。

通过对以上三点分析比较，可得下述结论：比例控制的直流调速系统可以获得比开环调速系统硬得多的稳态特性，从而在保证一定静差率的要求下，能够提高调速范围。

不论是在开环系统还是在闭环系统中，直流电动机带额定负载时仍然以额定转速运行，电动机的额定速降仍为 $\Delta n_N = \dfrac{RI_{dN}}{C_e}$，但闭环系统的稳态速降大大降低，下面分析闭环系统稳态速降减少的实质是什么。

在开环系统中，根据稳态电压方程，当负载电流增大时，稳态时电枢回路中的电阻压降也增大，必然导致转速下降。而闭环系统设有转速反馈环节，转速降落导致转速偏差 ΔU_n 增大，从而使输出电压 U_{do} 升高，以补偿电阻压降的影响，使系统工作在新的机械特性上，因而稳态转速较开环系统高，闭环静特性和开环机械特性的关系如图 10-20 所示。比例控制的直流调速系统能够减少稳态速降的实质在于它的自动调节作用，能随着负载的变化而相应地改变电枢电压，以补偿电枢压降的变化。

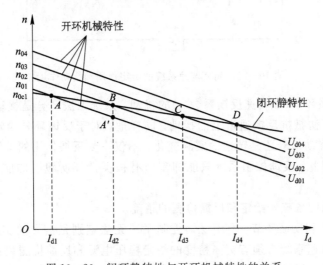

图 10-20　闭环静特性与开环机械特性的关系

10.4.3　反馈控制规律

1. 比例控制的反馈控制规律

比例控制的闭环直流调速系统是一种最基本的反馈控制系统，其反馈控制规律如下：

（1）比例控制的反馈控制系统是被调量有静差的控制系统。

从比例控制反馈控制系统的静特性曲线及闭环稳态速降表达式可知，开环放大系数 K 越大，系统的稳态性能越好。但只要比例放大系数 K_p 为常数，开环放大系数 $K \neq \infty$，反馈控制就只能减小稳态误差，而不能消除它，因此，该控制系统是有静差的控制系统。从稳态结构图也可得到相同结论，实际上比例控制的反馈控制系统正是依靠被调量的偏差进行控制的。

（2）反馈控制系统的作用是抵抗扰动，服从给定。

反馈控制系统具有良好的抗扰性能，它能有效地抑制一切被负反馈环所包围的前向通道上的扰动作用，但对于给定作用的变化则唯命是从。

除给定信号外，作用在控制系统各环节上的一切会引起输出量变化的因素都叫作"扰动作用"。根据静特性方程，负载变化（使 I_d 变化）、交流电源电压的波动（使 K_s 变化）、电动机励磁的变化（造成 C_e 变化）、放大器输出电压的漂移（使 K_p 变化）、由温升引起主电路电阻 R 的增大等都要影响到转速，再通过转速负反馈调节环节，减小它们对稳态转速的影响，如图 10-21 所示。

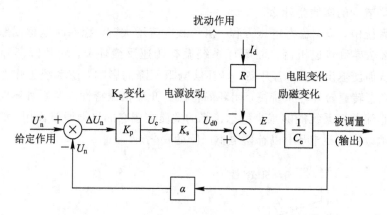

图 10-21　闭环调速系统的给定作用和扰动作用

对于转速反馈环节（如转速反馈系数 α）的扰动，系统无法区分是扰动信号还是转速的实际变化，因此无法抵抗反馈通道上的扰动。同样地，对于反馈环外给定作用的扰动，系统也无法区分是扰动信号还是转速的实际变化，不仅不受反馈作用的抑制，而且会始终跟随给定的变化。因此，反馈控制系统只能抑制所有被反馈环所包围的前向通道上的扰动，而跟随给定变化。

（3）系统的精度依赖于给定和反馈检测的精度。

对于给定环节和反馈环节，由于反馈控制系统无法鉴别是信号的实际变化还是扰动，因此，高精度的调速系统必须有更高精度的给定稳压电源和反馈检测装置，现代调速系统的发展趋势是用数字给定和数字测速来提高调速系统的精度。

2. 比例控制闭环直流调速系统的稳态性能与动态稳定性的矛盾

在比例控制的反馈控制系统中，比例系数 K_p 越大，稳态误差越小，稳态性能就越好。但是闭环调速系统是否能够正常运行，还要看系统的动态稳定性。

由转速反馈直流调速系统的动态结构框图可知，比例控制闭环系统的闭环传递函数为

$$W_{cl}(s)=\cfrac{\cfrac{K_pK_s}{C_e(1+K)}}{\cfrac{T_mT_1T_s}{1+K}s^3+\cfrac{T_m(T_1+T_s)}{1+K}s^2+\cfrac{T_m+T_s}{1+K}s+1} \tag{10-20}$$

特征方程为

$$\frac{T_m T_1 T_s}{1+K}s^3 + \frac{T_m(T_1+T_s)}{1+K}s^2 + \frac{T_m+T_s}{1+K}s + 1 = 0 \qquad (10-21)$$

显然各项系数都是大于零的，根据三阶系统的劳斯-赫尔维茨判据，系统稳定的充分必要条件是

$$\frac{T_m(T_1+T_s)}{1+K} \cdot \frac{T_m+T_s}{1+K} - \frac{T_m T_1 T_s}{1+K} > 0 \qquad (10-22)$$

可得

$$K < \frac{T_m(T_1+T_s)+T_s^2}{T_1 T_s} \qquad (10-23)$$

式(10-23)右边称为系统的临界放大系数 K_{cr}，当 $K \geqslant K_{cr}$ 时，系统将不稳定。以上分析表明，比例控制的闭环直流调速系统的稳态误差减小与系统的稳定性是矛盾的。

3. 积分控制的反馈控制规律

1) 积分调节器

工业生产中应用最成熟、最广泛的是 PID 调节器，包括比例(P)控制、积分(I)控制和微分(D)控制三部分(多数情况仅采用比例积分 PI 调节器)，通过调节器的串联改造系统传递函数，完成动态性能校正的任务，以解决稳态性能和动态稳定性的矛盾。

对于积分调节器，在输入转速误差信号 ΔU_n 的作用下，积分调节器的输入-输出关系为

$$U_c = \frac{1}{\tau}\int_0^t \Delta U_n \mathrm{d}t \qquad (10-24)$$

其传递函数为

$$W_I(s) = \frac{1}{\tau s} \qquad (10-25)$$

式中：τ 为积分时间常数。

在转速反馈的单闭环控制系统中，调节器的输出对应电力电子变换器的控制电压 $U_c = K_p \Delta U_n$，根据电机稳态电压方程，只要电动机稳态转速不为零，就必须有控制电压 U_c，因而比例控制的转速负反馈控制系统必须有转速偏差电压 ΔU_n，这是此类调速系统有静差的根本原因。

而对于积分调节器，控制电压 U_c 是转速偏差电压 ΔU_n 的积分，当 ΔU_n 是阶跃函数时，U_c 按线性规律增长，每一时刻 U_c 的大小和 ΔU_n 与横轴所包围的面积成正比，如图 10-22(a)所示，图中 U_{cm} 是积分调节器的输出限幅值。对于闭环系统中的积分调节器，ΔU_n 不是阶跃变化的，而是随着转速不断变化，如图 10-22(b)，当电动机起动后，随着转速的升高，ΔU_n 不断减少，只要 $U_n^* > U_n$，在积分作用下使 U_c 一直增长，当 $\Delta U_n = 0$ 时，U_c 才停止上升，而达到其终值 U_{cf}。但当 $\Delta U_n = 0$ 时，U_c 并不是零，而是一个终值 U_{cf}，如果 ΔU_n 不再变化，这个终值便保持恒定而不再变化，因此积分调节器可以实现无静差调速。

下面分析扰动对积分控制的转速闭环调速系统的影响，先假定系统已稳定运行，$U_n^* = U_n$，$\Delta U_n = 0$，$I_d = I_{dL}$，$U_c = U_{c1}$。突加负载引起动态速降时，产生 ΔU_n，U_c 从 U_{c1} 不断上升，使电枢电压也由 U_{d1} 不断上升，从而使转速 n 在下降到一定程度后又回升。达到新的稳态时，ΔU_n 又恢复为零，但 U_c 已从 U_{c1} 上升到 U_{c2}，使电枢电压由 U_{d1} 上升到 U_{d2}，以克服

负载电流增加的压降，动态调节过程如图 10-23 所示，U_c 的改变并非仅仅依靠 ΔU_n 本身，而是依靠 ΔU_n 在一段时间内的积累，仍能实现稳态无静差。

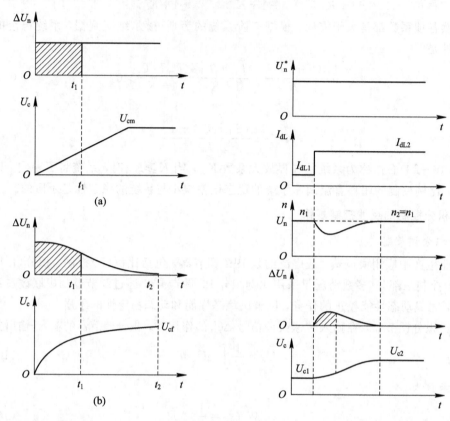

图 10-22　积分调节器输入输出动态过程　　　　图 10-23　积分调节器抗负载扰动

综上所述可得如下结论：比例调节器的输出只取决于输入偏差量的现状，而积分调节器的输出则包含了偏差量的全部历史信息，可实现稳态无静差，这就是积分控制规律和比例控制规律的根本区别。

2) 比例积分调节器

从无静差的角度来看，积分控制显然优于比例控制，但在控制的快速性上，积分控制却又不如比例控制。在同样的阶跃输入作用下，比例调节器的输出可以立即响应，而积分调节器的输出却只能逐渐地变化。因此，把比例和积分两种控制结合起来，既能够实现稳态无静差，又能够保证动态响应快，这便是比例积分（PI）控制。用 U_{in} 表示 PI 调节器的输入，U_{ex} 表示 PI 调节器的输出，其输入-输出关系为

$$U_{ex} = K_p U_{in} + \frac{1}{\tau} \int_0^t U_{in} dt \qquad (10-26)$$

传递函数为

$$W_{PI}(s) = K_p + \frac{1}{\tau s} = \frac{K_p \tau s + 1}{\tau s} \qquad (10-27)$$

式中：K_P 为 PI 调节器的比例放大系数；τ 为 PI 调节器的积分时间常数。PI 调节器在阶跃

输入下和闭环调速中的输出特性分别如图 10 - 24 和图 10 - 25 所示。图 10 - 25 输出波形中的比例部分①和 ΔU_n 成正比，积分部分②是 ΔU_n 的积分曲线，而 PI 调节器的输出电压 U_c 是这两部分之和，即①＋②。可见，PI 调节器的比例部分能迅速响应控制作用，积分部分则最终消除稳态偏差。

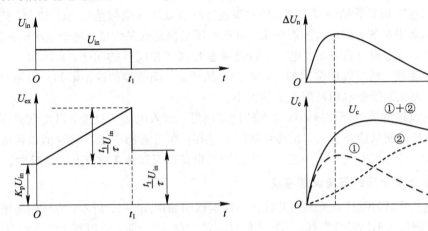

图 10 - 24　阶跃输入下 PI 调节器输入-输出特性　　图 10 - 25　闭环系统中 PI 调节器输入-输出特性

采用模拟控制时，可用运算放大器来实现 PI 调节器，其线路图如图 10 - 26 所示。图中所示的极性表明调节器的输入极性 U_{in} 和输出极性 U_{ex} 是反相的；R_{bal} 为运算放大器同相输入端的平衡电阻，一般取反相输入端各电路电阻的并联值，且 $K_p = R_1/R_0$，$\tau = R_0 C_1$。

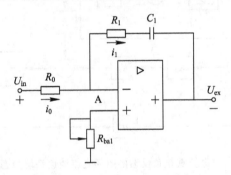

图 10 - 26　PI 调节器模拟线路图

4. 含积分调节器的闭环系统反馈控制规律

根据上述对比例控制的闭环系统反馈控制规律及积分调节、比例积分调节器的分析，含积分调节器的闭环系统反馈控制规律为：含积分调节器的闭环系统可实现被调量稳态无静差；反馈控制的作用是抵抗扰动，服从给定；系统的精度依赖于给定和反馈检测的精度。该控制规律不仅适用于转速负反馈的闭环控制系统，也适用于电流等其他任何闭环控制系统，进行系统分析时需特别注意积分调节器的稳态无静差特性。

10.4.4　转速反馈控制直流调速系统的限流保护

1. 转速反馈控制直流调速系统的过流问题

采用转速负反馈的单闭环直流调速系统，有效解决了调速范围和静差率之间的矛盾，采用 PI 调节器后，在兼顾动态响应速度的前提下实现了速度稳态无静差，数字控制技术的飞速发展又为提高调速精度提供了良好的条件，然而转速反馈的单闭环直流调速系统还需解决起动、制动过程中和堵转状态下的限流问题。

在调速系统中，由于机械惯性的影响，电机转速不可能突变，当突加速度给定时，转速的变化速度远慢于调节器的调节速度，导致调速过程初段转速偏差信号 ΔU_n 较大，调节器输出很快到达其限幅值，即最大控制电压，电枢电压很快达到最大值，对于电动机来说，相当于全压起动，会造成电机过流。电机堵转及减速时也存在同样的问题，其本质是对于转速单闭环调速系统，调节器的输出对应的控制电压给定，调节器的输出限幅只能限制直流电压的大小，而无法限制电枢回路电流的大小。

为解决转速反馈的单闭环调速系统存在的过流问题，引入电流负反馈，以使电流不超过限定值，但这种限制只应在起动、制动和堵转时存在，在正常稳态运行时取消以使电流跟随负载而变化。这种当电流大到一定程度才出现的电流负反馈称为电流截止负反馈。

2. 带电流截止负反馈的直流调速系统

带电流截止负反馈的闭环直流调速系统稳态结构框图如图 10-27 所示，方框内为电流截止负反馈环节的输入输出特性曲线，当输入信号 $I_d R_s - U_{com} > 0$ 时，输出 $U_i = I_d R_s - U_{com}$，当 $I_d R_s - U_{com} \leqslant 0$ 时，输出 $U_i = 0$。

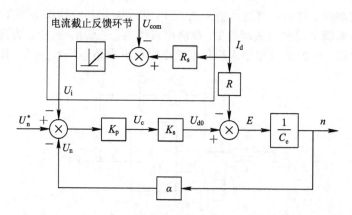

图 10-27　带电流截止负反馈的闭环直流调速系统稳态结构框图

当电枢电流小于截止电流时，电流负反馈被截止，静特性与只有转速负反馈的单闭环调速系统的静特性完全相同；当电枢电流大于截止电流时，引入了电流负反馈，使调节器的输入偏差电压减小，同时减小了电枢电压，从而实现了限制电枢电流的目的，引入电流反馈后的静特性方程变为

$$
\begin{aligned}
n &= \frac{K_p K_s U_n^*}{C_e (1+K)} - \frac{K_p K_s}{C_e (1+K)} (R_s I_d - U_{com}) - \frac{R I_d}{C_e (1+K)} \\
&= \frac{K_p K_s (U_n^* + U_{com})}{C_e (1+K)} - \frac{(R + K_p K_s R_s) I_d}{C_e (1+K)}
\end{aligned}
\tag{10-28}
$$

由式(10-28)可知，电流负反馈的作用相当于在主电路中串入一个大电阻 $K_p K_s R_s$，因而稳态速降大大增加，使特性曲线急剧下垂，同时理想空载转速因比较电压的加入而提高到 $\dfrac{K_p K_s (U_n^* + U_{com})}{C_e (1+K)}$，其静特性曲线如图 10-28 所示，由 CA 和 AB 两段组成，称为下

垂特性或挖掘机特性，从而保证系统最大电流不超过堵转电流 I_{dbl}，一般取额定电流的 1.5～2 倍。

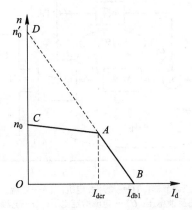

图 10 - 28　带电流截止负反馈的比例控制闭环直流调速系统静特性

10.5　转速、电流反馈的双闭环直流调速系统

10.5.1　转速、电流反馈的双闭环直流调速系统构成

转速负反馈单闭环直流调速系统（以下简称单闭环系统）采用 PI 调节器及电流截止负反馈，可消除负载等扰动对稳态转速的影响，在保证系统动态响应的情况下可实现转速稳态无静差，并避免了出现过流问题。但单闭环系统并不能实现对电流的精确控制，不能满足对加、减速度有精确要求的应用。

对于经常正、反转运行的调速系统，如矿井提升机、轧钢机等，缩短起动、制动过程的时间是提高生产率的重要因素，理想的速度曲线应为三段，如图 10 - 29 所示。为此，在起动（或制动）过渡过程中，应保持恒定的最大加、减速度，在磁场恒定的情况下要保持最大电枢电流（电磁转矩）输出，而一旦到达稳态，转速又使电流立即下降为由负载决定的稳态电流（电磁转矩）。

实际上，由于主电路电感的作用，电流不可能突变，为了实现在允许条件下的最快起动，关键是要获得一段使电流保持为最大值 I_{dm} 的恒流过程。为此，按照反馈控制规律，需引入电流闭环控制，实现转速、电

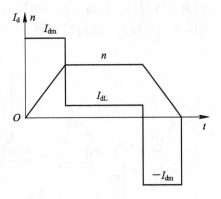

图 10 - 29　理想的三段式速度图

流双闭环控制。为实现在起动过程中获得恒定的最大电流，即只有电流闭环而转速闭环不起作用，在达到稳态转速后实现速度无静差，即速度闭环起主要作用而电流随动，速度环与电流环之间实行嵌套（或称串级）连接，形成转速、电流反馈控制直流调速系统（以下简称双闭环调速系统），如图 10 - 30 所示。电流环在里面，称作内环；转速环在外边，称作外环。把转速调节器（ASR）的输出当作电流调节器（ACR）的输入，再用 ACR 的输出去控制电

力电子变换器。

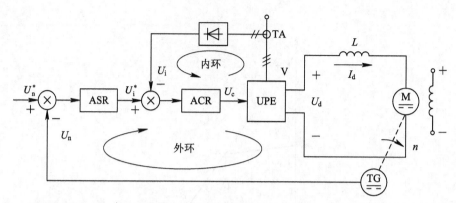

ASR—转速调节器；ACR—电流调节器；TG—测速发电机；TA—电流互感器；UPE—电力电子变换器；
U_n^*—转速给定电压；U_n—转速反馈电压；U_i^*—电流给定电压；G—电流反馈电压

图 10-30　转速、电流反馈控制直流调速系统原理图

10.5.2　稳态结构图与参数计算

1. 稳态结构图和静特性

双闭环直流调速系统的稳态结构如图 10-31 所示，为了获得良好的静态、动态性能，转速和电流两个调节器一般都采用带限幅作用的 PI 调节器。ASR 的输出限幅电压 U_{im}^* 决定了电流给定的最大值，ACR 的输出限幅电压 U_{cm} 限制了电力电子变换器最大输出电压 U_{dm}，而稳态转速由转速给定电压 U_n^* 决定。当调节器输出达到限幅值时，即意味着调节器饱和，除非输入偏差信号反向使调节器退出饱和，否则输出不再受输入量控制，相当于使该调节环开环。当调节器不饱和时，PI 调节器工作在线性调节状态，实现稳态无偏差控制，即稳态输入偏差电压为零。

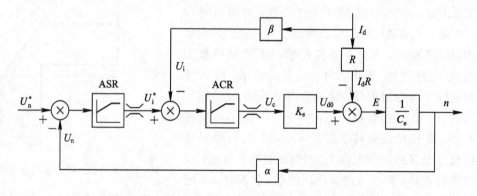

图 10-31　双闭环直流调速系统的稳态结构

调速过程的关键是对转矩的控制，为实现电流的快速跟随和实时精确控制，电流调节器严禁工作于饱和状态，否则意味着电流失控。因此，双闭环调速系统的静特性可分为转速调节器饱和与不饱和两种情况，静特性曲线如图 10-32 所示。

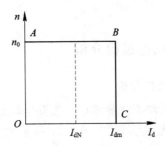

图 10-32　双闭环调速系统的静特性曲线

1) 转速调节器不饱和—水平特性

两个调节器都不饱和，稳态时输入偏差电压均为零，因此

$$\begin{cases} U_n^* = U_n = \alpha n = \alpha n^* \\ U_i^* = U_i = \beta I_d \end{cases} \tag{10-29}$$

式中：α、β 分别为转速和电流反馈系数。此时稳态转速由转速给定电压决定，满足 $n = U_n^*/\alpha = n^*$；由于 ASR 不饱和，$U_i^* < U_{im}^*$，$I_d < I_{dm}$，负载可从理想空载状态的 $I_d = 0$ 一直延续到 $I_d = I_{dm}$，而 I_{dm} 一般取额定电流 I_{dN} 的 1.5 到 2 倍，对应于图 10-32 的 AB 段，这就是静特性的水平特性。

2) 转速调节器饱和—垂直特性

转速调节器饱和时，转速外环呈开环状态，ASR 输出为限幅值 U_{im}^*，电流环维持最大输出电流运行，双闭环系统变成一个电流无静差的单电流闭环调节系统，稳态时 $I_d = U_{im}^*/\beta = I_{dm}$，对应于图 10-32 的 BC 段，为静特性的垂直特性。若 $n > n^*$，则 $U_n < U_n^*$，ASR 将退出饱和状态，因此垂直特性只适合于 $n < n^*$ 的情况。

双闭环直流调速系统的静特性在负载电流小于 I_{dm} 时，转速负反馈起主要调节作用，表现为稳态转速无静差，系统工作于静特性的水平段；当负载电流达到 I_{dm} 时，转速调节器饱和输出 U_m^*，相当于转速开环，电流调节器起主要调节作用，系统表现为电流无静差，并起到自动过电流保护作用，系统工作于静特性的垂直段；若要使系统由静特性的垂直段回归到水平段运行，只有当转速调节器 ASR 的输入偏差信号反向时，才能使 ASR 反向积分而退出饱和状态。

2. 稳态参数计算

由双闭环调速系统的稳态结构框图可以看出，当两个调节器都不饱和时，稳态时各变量满足如下关系：

$$U_n^* = U_n = \alpha n = \alpha n^* \tag{10-30}$$

$$U_i^* = U_i = \beta I_d = \beta I_{dL} \tag{10-31}$$

$$U_c = \frac{U_{d0}}{K_s} = \frac{C_e n + I_d R}{K_s} = \frac{C_e U_n^*/\alpha + I_{dL} R}{K_s} \tag{10-32}$$

上述关系表明，在稳态工作点上，转速 n 由给定电压 U_n^* 决定，ASR 的输出量 U_i^* 由负载电流 I_{dL} 决定，而控制电压 U_c 的大小则同时取决于 n 和 I_d，或者说，同时取决于 U_n^* 和 I_{dL}。双闭环调速系统的两个给定电压的最大值 U_{nm}^* 和 U_{in}^*，以及最大运行电流 I_{dm} 一般由设计者选定，而最大运行速度一般为额定转速，根据式（10-29）即可确定转速反馈系数 α 和

电流反馈系数 β 的大小。

10.5.3　双闭环调速系统的动态过程分析

1. 双闭环调速系统的起动过程分析

对双闭环调速系统起动过程动态性能的评价主要由跟随性指标来描述,实际系统由于电磁惯量及机械惯量的影响,无法实现图 10 - 29 所示的时间最优的理想调速过程,图 10 - 33 给出了双闭环调速系统在恒转矩负载 I_{dL} 条件下起动过程的转速、电流波形。

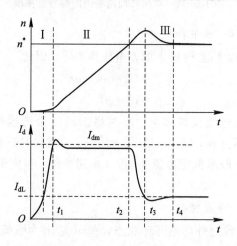

图 10 - 33　双闭环调速系统起动过程的转速、电流波形

由图 10 - 33 可知,电流 I_d 从零快速增长到 I_{dm},并在转速恒加速度加速过程中维持 I_{dm} 不变,转速超调后经调节,电流稳定于负载电流 I_{dL},转速稳定于给定值 n^*。根据电流、转速变化的特点可以把起动过程分为电流上升、恒流升速和转速调节三个阶段,分别对应于转速调节器快速进入饱和、饱和及退饱和三种工作状态。

电流上升阶段($0 \sim t_1$):突加给定电压 U_n^* 后,U_c、U_{d0}、I_d 都上升,只有当 $I_d \geqslant I_{dL}$ 后电动机才能开始起动,但由于机电惯性的作用,转速增长不会很快。而 ASR 一直维持较大的输入偏差电压,使其输出电压快速达到限幅值 U_{im}^*,强迫电枢电流 I_d 迅速上升,直到 $I_d \approx I_{dm}$,ASR 快速进入并保持饱和状态。

恒流升速阶段($t_1 \sim t_2$):ASR 始终是饱和的,转速环相当于开环,系统成为在恒值电流给定 U_{im}^* 下的单电流闭环调节系统,基本维持恒定电流 I_d,系统转速以恒定的加速度线性增长,该阶段是起动过程中的主要阶段。但起动过程中 I_d 略低于 I_{dm},这是因为电机的反电动势 E 随转速线性增长,因此 U_{d0} 和 U_c 也必须基本上按线性增长,才能保持 I_d 恒定,当 ACR 采用 PI 调节器时,要使其输出量按线性增长,其输入偏差电压必须维持一定的恒值,也就是说,I_d 应略低于 I_{dm}。为了保证电流环的这种调节作用,在起动过程中 ACR 不应饱和。

转速调节阶段(t_2 以后):当转速 $n = n^*$ 时,ASR 的输入偏差为零,但其输出却由于积分作用仍维持在限幅值 U_{im}^*,所以电动机继续加速,使转速超调。转速超调后,ASR 输入转速偏差电压变负,使其退出饱和状态,U_i^* 和 I_d 快速下降,但只要 I_d 仍大于负载电流

I_{dL}，转速就继续上升，当 $I_d = I_{dL}$ 时，转矩 $T_e = T_L$，加速度为零，转速 n 达到峰值（$t = t_3$）。在 $t_3 \sim t_4$ 时间内，由于 ASR 输入转速偏差电压为负，I_d 继续下降，$I_d < I_{dL}$，电动机在负载的阻力下减速。在转速调节阶段 ASR 和 ACR 都不饱和，ASR 起主导的转速调节作用，而 ACR 则力图使 I_d 尽快地跟随其给定值 U_i^*，或者说，电流内环是一个电流跟随子系统。

综上所述，双闭环直流调速系统的起动过程有以下三个特点：

（1）饱和非线性控制。随着 ASR 的饱和与不饱和，整个系统处于完全不同的两种状态，可采用分段的方法来分析。

（2）转速超调。当转速调节器 ASR 采用 PI 调节器时，必然存在转速超调。

（3）准时间最优控制。实际系统由于电磁惯量及机械惯量的影响，在起动过程中电流不能突变，因此实际起动过程与理想起动过程相比还有一些差距，故可称作"准时间最优控制"。

需要指出的是，对于不可逆的电力电子变换器，双闭环控制只能保证良好的起动性能，却不能产生回馈制动，在制动时，当电流下降到零以后，只好自由停车，若要实现四象限运行，可采用可逆的电力电子变换器。

2．动态抗扰性能分析

双闭环直流调速系统另一个重要的动态性能是抗扰性能，主要是抗负载扰动和抗电网电压扰动的性能，首先给出动态结构图，如图 10 - 34 所示。

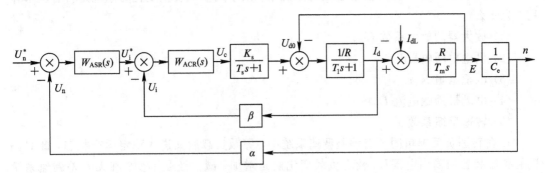

图 10 - 34　双闭环直流调速系统的动态结构图

1）抗负载扰动

闭环控制系统可以抵抗一切负反馈环所包围的前向通道上的扰动，由图 10 - 32 可知，负载扰动作用在电流环之后，只能靠转速环来抑制。因此，在进行转速环设计时应要求具有较好的抗负载扰动性能指标。

2）抗电网电压扰动

闭环系统的抗扰能力与其作用点的位置有关，存在着能否及时调节的差别。单闭环调速系统的被调量只有转速，负载扰动作用点距离被调量 n 较近，而电网电压扰动的作用点距离被调量 n 稍远，因此单闭环调速系统抵抗电网扰动的性能要差一些。双闭环系统由于增设了电流内环，电网电压扰动可以通过电流反馈得到及时的调节，而不必等它影响到转速以后才调节，因而其抗电网电压扰动性能得到了改善。

3. 调节器的作用

1) 转速调节器的作用

转速调节器是调速系统的主导调节器，它使转速 n 很快地跟随给定电压 U_n^* 变化，稳态时可减小转速误差，若采用 PI 调节器，则可实现无静差，对负载变化起抗扰作用，其输出限幅值决定电动机允许的最大电流。

2) 电流调节器的作用

作为内环调节器，在转速外环的调节过程中，电流调节器的作用是使电流紧紧跟随其转速调节器输出量 U_i^* 的变化，对电网电压的波动起及时抗扰的作用，其输出限幅值决定电动机允许的最大电压，当电动机过载甚至堵转时，限制电枢电流的最大值，起快速自动保护的作用。

习　　题

1. 转速单闭环调速系统有哪些特点？改变给定电压能否改变电动机的转速？为什么？若给定电压不变，调节转速反馈系数是否能够改变转速？为什么？

2. 在无静差转速单闭环调速系统中，转速的稳态精度是否还受给定电源和测速发电机精度的影响？为什么？

3. 在转速负反馈单闭环有静差调速系统中，当下列参数发生变化时系统是否有调节作用？为什么？

(1) 放大器的放大系数 K_p；

(2) 供电电网电压 U_d；

(3) 电枢电阻 R_a；

(4) 电动机励磁电流 I_f；

(5) 转速反馈系数 α。

4. 在转速负反馈单闭环有静差调速系统中，突减负载后又进入稳定运行状态，此时晶闸管整流装置的输出电压 U_d 较之负载变化前是增加、减少还是不变？在无静差调速系统中，突加负载后进入稳态时转速 n 和整流装置的输出电压 U_d 是增加、减少还是不变？

5. 在恒流起动过程中，电枢电流能否达到最大值 I_{dm}？为什么？

6. 由于机械原因，造成转轴堵死，分析双闭环直流调速系统的工作状态。

7. 双闭环直流调速系统中，给定电压 U_n^* 不变，增加转速负反馈系数 α，系统稳定后转速反馈电压 U_n 和实际转速 n 是增加、减小还是不变？

8. 双闭环直流调速系统调试时，遇到下列情况会出现什么现象？

(1) 电流反馈极性接反；

(2) 转速极性接反。

9. 某双闭环调速系统，ASR、ACR 均采用 PI 调节器，ACR 调试中怎样才能做到 $U_{im}^*=6$ V时，$I_{dm}=20$ A；如欲使 $U_n^*=10$ V，$n=1000$ r/min，应调什么参数？

10. 在转速、电流双闭环直流调速系统中，若要改变电动机的转速，应调节什么参数？改变转速调节器的放大倍数 K_n 行不行？改变电力电子变换器的放大倍数 K_s 行不行？改变

转速反馈系数 α 行不行? 若要改变电动机的堵转电流, 应调节系统中的什么参数?

11. 在双闭环系统中, 若速度调节器改为比例调节器, 或电流调节器改为比例调节器, 对系统的稳态性能影响如何?

12. 从下述五个方面来比较转速电流双闭环直流调速系统和带电流截止负反馈环节的转速单闭环直流调速系统:

(1) 调速系统的静态特性;

(2) 动态限流性能;

(3) 起动的快速性;

(4) 抗负载扰动的性能;

(5) 抗电源电压波动的性能。

13. 何谓调速范围和静差率? 它们之间有何关系? 怎样才能增大调速范围?

14. 某单闭环有静差直流调速系统的调速范围是 $75\sim1500$ r/min, 若要求该闭环系统的静差率 $s=2\%$, 那么该系统允许的静态速降是多少? 若该闭环系统的开环系统的静态速降是 100 r/min, 则该闭环系统的开环放大系数 K 是多少?

15. 直流电动机为 $P_N=74$ kW, $U_N=220$ V, $I_N=378$ A, $n_N=1430$ r/min, $R_a=0.023$ Ω。相控整流器内阻 $R_{rec}=0.022$ Ω, 采用降压调速。当生产机械要求 $s=20\%$ 时, 求系统的调速范围。若 $s=30\%$ 时, 则系统的调速范围又为多少?

16. 某龙门刨床工作台采用 V-M 调速系统。已知直流电动机 $P_N=60$ kW, $U_N=220$ V, $I_N=305$ A, $n_N=1000$ r/min, 主电路总电阻 $R=0.18$ Ω, $C_e=0.2$ V·min/r, 求:

(1) 当电流连续时, 在额定负载下的转速降落 Δn_N 为多少?

(2) 开环系统机械特性连续段在额定转速时的静差率 s_N 为多少?

(3) 若要满足 $D=20$, $s\leqslant5\%$ 的要求, 额定负载下的转速降落 Δn_N 又为多少?

17. 某闭环调速系统的调速范围是 $150\sim1500$ r/min, 要求系统的静差率 $s\leqslant5\%$, 那么系统允许的静态速降是多少? 若开环系统的静态速降是 100 r/min, 则闭环系统的开环放大倍数应有多大?

18. 有一 V-M 调速系统: 电动机参数 $P_N=2.2$ kW, $U_N=220$ V, $I_N=12.5$ A, $n_N=1500$ r/min, 电枢电阻 $R_a=1.5$ Ω, 电枢回路电抗器电阻 $R_L=0.8$ Ω, 整流装置内阻 $R_{rec}=1.0$ Ω, 触发整流环节的放大倍数 $K_s=35$。要求系统满足调速范围 $D=20$, 静差率 $s\leqslant10\%$。

(1) 计算开环系统的静态速降 Δn_{op} 和调速要求所允许的闭环静态速降 Δn_{cl}。

(2) 采用转速负反馈组成闭环系统, 试画出系统的原理图和静态结构图。

(3) 调整该系统参数, 使 $U_n^*=15$ V 时, $I_d=I_N$, $n=n_N$, 则转速负反馈系数 α 应该是多少?

(4) 计算放大器所需的放大倍数。

19. 有一单闭环有静差直流调速系统, 电动机的额定数据为: $P_N=15$ kw, $U_N=220$ V, $I_N=15$ A, $n_N=1500$ r/min, $R_a=2$ Ω; 晶闸管整流器内阻 $R_{rec}=1$ Ω; 触发器与晶闸管整流器的电压放大倍数 $K_s=30$; 要求调速范围 $D=20$, 静差率 $s=10\%$。

(1) 计算开环系统的静态速降和调速要求所允许的静态速降;

(2) 采用转速负反馈组成闭环系统, 试画出系统的静态结构图;

（3）调整该系统，使当 $U_n = 20$ V 时，转速 $n = 1000$ r/min，则转速负反馈系数 α 应为多大？

（4）计算比例放大器的放大倍数 K_p；

（5）如改用电压负反馈，能否达到题中所给的调速要求？若比例放大器的放大倍数不变，最大给定电压为 30 V，在静差率 $s = 30\%$ 时，采用电压负反馈最多能得到多大的调速范围？

20. 在无静差调速系统中，反馈控制系统的反馈控制规律是什么？

21. 无静差调速系统的稳态精度是否受晶闸管整流器的交流电压和测速发电机精度的影响？

22. 由 PI 调节器和电流截止负反馈组成的单闭环无静差调速系统的调速性能已相当理想，为什么有的场合还要采用转速、电流双闭环调速系统呢？

23. 双闭环调速系统稳态运行时，两个调节器的输入偏差是多少？它们的输出电压是多少？为什么？

24. 欲改变双闭环调速系统的转速，可调节什么参数？改变转速负反馈系数 α 行不行？欲改变最大允许电流 I_{dm}（堵转电流），则应调节什么参数？

25. 双闭环调速系统的 ASR 和 ACR 均为 PI 调节器，设系统最大给定电压 $U_{nm}^* = 15$ V，$n_N = 1500$ r/min，$I_N = 20$ A，电流过载倍数为 2，电枢回路总电阻 $R = 2$ Ω，$K_s = 20$，$C_e = 0.127$ V·min/r，求：

（1）当系统稳定运行在 $U_n^* = 5$ V，$I_{dL} = 10$ A 时，系统的 n、U_n、U_i^*、U_i 和 U_c 各为多少？

（2）当电动机负载过大而堵转时，U_i^* 和 U_c 各为多少？

26. 在转速、电流双闭环调速系统中，两个调节器 ASR、ACR 均采用 PI 调节器。已知参数（电动机）：$P_N = 3.7$ kW，$U_N = 220$ V，$I_N = 20$ A，$n_N = 1000$ r/min，电枢回路总电阻 $R = 1.5$ Ω，设 $U_{nm}^* = U_{im}^* = U_{cm} = 8$ V，电枢回路最大电流 $I_{dm} = 40$ A，电力电子变换器的放大系数 $K_s = 40$。试求：

（1）电流反馈系数 β 和转速反馈系数 α。

（2）当电动机在最高转速发生堵转时 U_{d0}，U_i^*，U_i，U_c 的值。

27. 在转速、电流双闭环调速系统中，调节器 ASR、ACR 均采用 PI 调节器。当 ASR 输出达到 $U_{im}^* = 8$ V 时，主电路电流达到最大电流 80 A。当负载电流由 40 A 增加到 70 A 时，试问：

（1）U_i^* 应如何变化？

（2）U_c 应如何变化？

（3）U_c 值由哪些条件决定？

第 11 章　交流调速系统

　　1834 年，德国雅可比发明了直流电动机，至 20 世纪上半叶，高性能调速系统均采用直流电动机。直流调速系统发展中遇到的问题是：直流电动机维护量大——电刷和换向器必须经常检查维修；应用环境受到限制——换向火花使得直流电动机无法应用在高温高湿、高粉尘、高瓦斯等危险领域；极限容量与转速积的限制——换向能力限制了直流电动机的容量和转速，极限容量与转速积为 $10^6 \ \text{kW} \cdot (\text{r/min})$。

　　1888 年，美国特斯拉发明了交流电动机，至 20 世纪中叶，交流电动机的发展一直很缓慢。20 世纪 60 至 70 年代，交流电动机进入快速发展阶段。进入 21 世纪，交流调速系统逐步取代了直流调速系统。

　　目前交流调速的应用领域主要有以下三个方面：

　　(1) 一般性能调速和节能调速。如风机、水泵类通用机械设备调速，其特点是：调速性能要求不高；整体容量较大，约占工业电力拖动总容量的 50% 以上；相较传统"不变速交流拖动"节能效果显著，可平均节能 20%～30%。

　　(2) 高性能的交流调速系统和伺服系统。20 世纪 70 年代初，发明了矢量控制技术，通过坐标变换可将交流电动机等效为旋转的直流电动机，从而可以分别控制交流电动机的转矩和磁通；20 世纪 80 年代中期，又陆续提出了直接转矩控制等技术。这些控制方案的提出，使得交流调速系统可以获得和直流调速系统相媲美的性能。

　　(3) 特大容量、极高转速的交流调速。直流电动机的换向能力限制了其容量转速积不超过 $10^6 \ \text{kW} \cdot (\text{r/min})$，而交流电动机没有换向问题，所以容量可以做得非常大，特大容量的电力拖动设备，如厚板轧机、矿井提升机，以及极高转速的拖动设备，如高速磨头、离心机等，均以采用交流为宜。

　　本章首先分析基于稳态模型的异步电动机调速系统中，不同电压和频率供电条件下转矩和磁通的稳态关系，以及典型的变压变频调速原理；其次从动态数学模型出发，简要介绍坐标变换、矢量控制及直接转矩控制的基本思想。

11.1　异步电动机稳态数学模型

　　异步电动机的稳态数学模型包括异步电动机稳态时的等效电路和机械特性，两者既有联系，又有区别。稳态等效电路描述了在一定的转差率下电动机的稳态电气特性，而机械特性则表征了转矩与转差率（或转速）的稳态关系。

　　根据电机学原理且在下述三个假定条件下——忽略空间和时间谐波、忽略磁饱和、忽略铁损，异步电动机的稳态模型可以用 T 形等效电路表示，如图 11 - 1 所示。

　　R_s、R'_r 为定子每相电阻和折合到定子侧的转子每相电阻；L_{1s}、L'_{1r} 为定子每相漏感和折合到定子侧的转子每相漏感；L_m 为定子每相绕组产生气隙主磁通的等效电感，即励磁电感；U_s、ω_1 为定子相电压和供电角频率；s 为转差率。

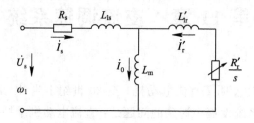

图 11-1　异步电动机 T 形等效电路

按照定义，转差率与转速的关系为

$$n = (1-s)\frac{60f_1}{n_p} \tag{11-1}$$

式中：f_1 为供电电源频率；n_p 为电动机极对数。

异步电动机由额定电压 U_{sN}、额定频率 f_{1N} 供电，且无外加电阻和电抗时的机械特性曲线称为固有机械特性曲线或自然机械特性曲线，如图 11-2 所示。

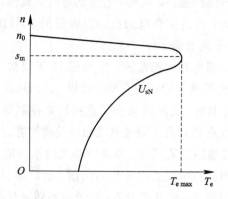

图 11-2　异步电动机的机械特性

11.2　异步电动机的调压调速

保持电源频率 f_1 为额定频率 f_{1N}，只改变定子电压 U_s 的调速方法称作调压调速。由于受电动机绝缘和磁路饱和的限制，定子电压 U_s 只能降低，不能升高，故又称作降压调速。

调压调速由于保持电源频率不变，因此电动机同步转速保持为额定值不变，而由气隙磁通 $\varPhi_m \approx \dfrac{U_s}{4.44 f_1 N_s k_{N_s}}$ 可知，$\varPhi_m$ 随 U_s 的降低而减小，属于弱磁调速。

过去改变交流电压的方法多用自耦变压器或带直流磁化绕组的饱和电抗器，自从电力电子技术兴起以后，一般采用晶闸管交流调压方式，也就是现在工业上所称的软起动器，其主电路如图 11-3(a)所示，一般用三对晶闸管反并联或三个双向晶闸管分别串接在三相电路中，用相位控制改变输出电压。如需可逆运行，可将异步电动机任意两相改为采用双向晶闸管反并联的方式，如图 11-3(b)，即改变任意两相的供电相序。

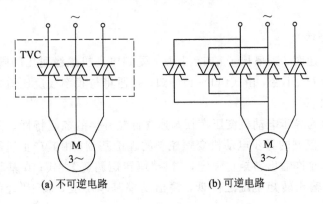

(a) 不可逆电路　　　　　　　　(b) 可逆电路

图 11-3　晶闸管交流调压器调速

11.3　异步电动机的变压变频调速

11.3.1　变压变频调速的基本原理和机械特性

变压变频调速是改变异步电动机同步转速的一种调速方法，在极对数 n_p 一定时，同步转速 n_1 随频率变化，即式(11-1)。其中，稳态速降 $\Delta n = s n_1 = s \dfrac{60 f_1}{n_p} = s \dfrac{60 \omega_1}{2 \pi n_p}$ 随负载大小而变化。

在进行电机调速时，常需考虑的一个重要因素是：希望保持电机中每极磁通量 Φ_m 为额定值不变。三相异步电动机定子每相电动势的有效值为

$$E_g = 4.44 f_1 N_s k_{N_s} \Phi_m \qquad (11-2)$$

只要控制好 E_g 和 f_1，便可达到控制磁通 Φ_m 的目的。为此，需要考虑基频（额定频率）以下和基频以上两种情况。

1. 基频以下调速

当频率 f_1 从额定值 f_{1N} 向下调节时，为保持每极磁通量 Φ_m 为额定值 Φ_{mN} 不变，必须同时降低 E_g，使

$$\frac{E_g}{f_1} = 4.44 N_s k_{N_s} \Phi_{mN} = 恒值 \qquad (11-3)$$

然而异步电动机绕组中的电动势 E_g 是难以直接检测与控制的，当 E_g 较高时，可忽略定子电阻和漏感压降，而认为 E_g 约等于定子相电压，即

$$U_s \approx E_g = 4.44 f_1 N_s k_{N_s} \Phi_m \qquad (11-4)$$

保持 $\dfrac{U_s}{f_1}$ 为恒值即可实现恒定磁通控制，这就是恒压频比的控制方式。

但在低频时，U_s 和 E_g 都较小，定子电阻和漏感所占压降无法忽略，此时，可人为抬高

定子电压 U_s，以便近似地补偿定子阻抗压降，同时提升低频转矩，称作低频补偿。实际应用时，补偿电压的大小由负载决定，通常在控制软件中备有不同斜率的补偿特性，以供用户选择。

2. 基频以上调速

在基频以上调速时，频率从 f_{1N} 向上升高，受到电动机绝缘耐压的限制，定子电压 U_s 只能保持额定电压 U_{sN} 不变，由式(11-4)可知，磁通将与频率成反比地降低，使得异步电动机工作在弱磁状态。

图 11-4 所示为异步电动机变压变频调速含低频补偿的控制特性，这是通用变频器或者说基于稳态数学模型的异步电动机变频控制的理论基础，由其产生所需的调制波。在基频以下磁通恒定，允许输出转矩也恒定，属于"恒转矩调速"方式；在基频以上，转速升高时磁通减小，允许输出转矩也随之降低，输出功率基本不变，属于"近似的恒功率调速"方式。

图 11-5 为对应的异步电动机变压变频调速机械特性曲线，当基频以下 s 很小时，在恒压频比的条件下，机械特性基本上是平行的；临界转矩随着频率的降低而减小，适当地提高电压 U_s，可以增强带载能力；基频以上，角频率越大，转速降落越大，机械特性越软。

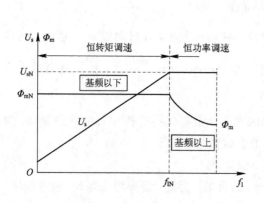

图 11-4 异步电动机变压变频调速的控制特性　　图 11-5 异步电动机变压变频调速机械特性

11.3.2 基频以下的电压补偿控制

由上节所述，在低频运行时需进行定子电压补偿控制，其目的是根据定子电流的大小改变定子电压，以保持磁通恒定，关键是如何进行定子电压补偿。将图 11-1 异步电动机 T 形等效电路再次绘出，如图 11-6 所示，为了使参考极性与电动状态下的实际极性相吻合，感应电动势采用电压降的表示方法，由高电位指向低电位。

由图 11-6 可知，从左向右，电机定子输入电压为 U_s，定子全磁通 Φ_{ms} 在定子每相绕组中的感应电动势 E_s 为

$$E_s = 4.44 f_1 N_s k_{N_s} \Phi_{ms} \tag{11-5}$$

气隙磁通 Φ_m 在定子每相绕组中的感应电动势 E_g 为

$$E_g = 4.44 f_1 N_s k_{N_s} \Phi_m \tag{11-6}$$

转子全磁通 Φ_{mr} 在定子每相绕组中的感应电动势 E_r' 为

$$E_r' = 4.44 f_1 N_s k_{N_s} \Phi_{mr} \tag{11-7}$$

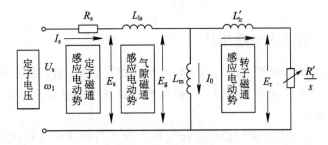

图 11-6　异步电动机等效电路和感应电动势

电动势 E_s、E_g、E_r' 不易直接测量与控制，能直接控制的只有定子电压 U_s，但 E_s、E_g、E_r' 均可通过定子电压补偿得到，具体补偿策略如下：

$$\dot{U}_s = R_s \dot{I}_s + \dot{E}_s \tag{11-8}$$

$$\dot{U}_s = (R_s + j\omega_1 L_{ls}) \dot{I}_s + \dot{E}_g \tag{11-9}$$

$$\dot{U}_s = [R_s + j\omega_1 (L_{ls} + L_{lr}')] \dot{I}_s + \dot{E}_r \tag{11-10}$$

式(11-8)补偿了定子电阻压降，保持 $\dfrac{E_s}{\omega_1}$ 为常值就能够得到恒定子磁通控制；式(11-9)除了补偿定子电阻压降外，还应补偿定子漏抗压降，保持 E_g/ω_1 为常值就能够得到恒气隙磁通控制；式(11-10)除了补偿定子电阻压降外，还应补偿定子和转子漏抗压降，保持 E_r/ω_1 为常值就能够得到恒转子磁通控制。不同控制方式下的机械特性曲线如图 11-7 所示，图中 a 为恒 U_s/ω_1 控制；b 为恒定子磁通 Φ_{ms} 控制；c 为恒气隙磁通控制；d 为恒转子磁通 Φ_{mr} 控制。显然 T 型等效电路从左向右，稳态控制性能越来越好，恒转子磁通控制的稳态性能最好，机械特性完全是一条直线，可以获得和直流电动机一样的线性机械特性，这正是高性能交流变频调速所要求的稳态性能。稳态性能提升的根本原因是：通过相应的不同控制方式，补偿了定子、转子参数引起的压降，提升了磁通控制精度。

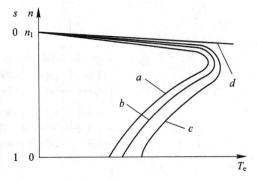

图 11-7　异步电动机在不同控制方式下的机械特性

综上，恒压频比控制最容易实现，它的变频机械特性基本上是平行下移的，硬度也较好，能够满足一般的调速要求，低速时需适当提高定子电压，以近似补偿定子阻抗压降。恒定子磁通、恒气隙磁通和恒转子磁通的控制方式均需要定子电压补偿，控制要复杂一些。恒定子磁通和恒气隙磁通的控制方式虽然改善了低速性能，但机械特性还是非线性的，仍受到临界转矩的限制。恒转子磁通控制方式可以获得和直流他励电动机一样的线性机械特性，性能最佳。

11.4　电力电子变压变频器

11.4.1　变频器分类及主电路拓扑

异步电动机变频调速需要电压与频率均可调的交流电源，常用的交流可调电源是由电力电子器件构成的静止式功率变换器，一般称为变频器，按变流方式可分为交-交变频器和交-直-交变频器两种。

交-交变频器将恒压恒频的交流电直接变换为电压与频率均为可调的交流电，无需中间直流环节，称为直接式变频器，其基本结构如图 11-8 所示，每一相均由两个三相全控桥反并联组成，有时为了突出其变频功能，也称作周波变换器（cycloconverter）。在结构上只有一个变换环节，省去了中间直流环节，看似简单，但所用的器件数量却很多，总体设备相当庞大。不过这些设备都是直流调速系统中常用的可逆整流装置，在技术和制造工艺上都很成熟，目前国内有些企业已有可靠的产品。其缺点是：输入功率因数较低，谐波电流含量大，频谱复杂，因此需配置谐波滤波和无功补偿设备。其最高输出频率不超过电网频率的 1/3～1/2，一般主要用于轧机主传动、球磨机、水泥回转窑等大容量、低转速的调速系统。

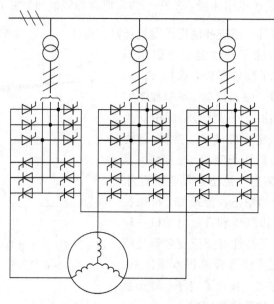

图 11-8　交-交变频器主电路拓扑

交-直-交变频器先将恒压恒频的交流电整成直流，再将直流逆变成电压与频率均为可调的交流，由于在恒频交流电源和变频交流输出之间有一个"中间直流环节"，又称为间接式变频器。具体的整流和逆变电路种类很多，当前应用最广的是由二极管组成不控整流器、电容构成中间直流滤波环节和由功率开关器件（IGBT 等）组成逆变器的交-直-交电压源型变压变频器，已经占领了全世界 0.5～500 kV•A 中、小容量变频调速装置的绝大部分市场，其主电路如图 11-9 所示。

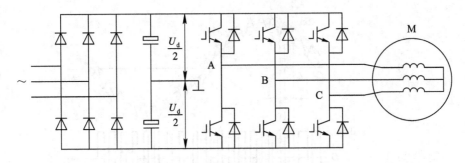

图 11 - 9　交-直-交变频器主电路拓扑

11.4.2　变频器控制技术

现代变频器中用得最多的控制技术是 PWM，其基本思想是：控制逆变器中电力电子器件的开通或关断，输出按一定规律变化的等幅不等宽的脉冲序列，用这样的高频脉冲序列代替期望的输出电压。

传统的交流 PWM 技术是用正弦波来调制等腰三角波，称为正弦脉冲宽度调制（SPWM）。随着控制技术的发展，产生了电流跟踪 PWM（current follow PWM，CFPWM）控制技术和电压空间矢量 PWM（space vector PWM，SVPWM）控制技术。SPWM 技术在第 5 章中已做详细论述，本章着重介绍后两种。

1. CFPWM 控制技术

SPWM 控制技术以输出电压接近正弦波为目标，电流波形因负载的性质及大小而异。然而对于交流电动机来说，稳态时在绕组中通入三相平衡的正弦电流才能使合成的电磁转矩为恒定值，不产生脉动，因此以正弦波电流为控制目标更为合适。CFPWM 的控制思想是：采用电流闭环控制，使实际电流快速跟随给定值，在稳态时，尽可能使实际电流接近正弦波形。

常用的一种电流闭环控制方法是电流滞环跟踪 PWM（current hysteresis band PWM，CHBPWM）控制，其单相控制原理如图 11 - 10 所示。其中，电流控制器是带滞环的比较器，滞环宽度为 $2h$，将给定电流 i_A^* 与输出电流 i_A 进行比较，电流偏差超过 $\pm h$ 时，经滞环比较器控制逆变器 A 相上（或下）桥臂的功率器件动作。B、C 两相的原理图均与此相同。图 11 - 11 为采用电流滞环跟踪控制时变频器的电流波形与 PWM 电压波形。

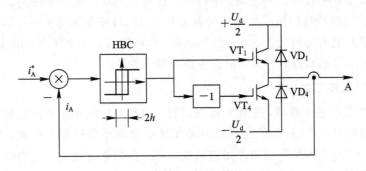

图 11 - 10　电流滞环跟踪控制的原理图

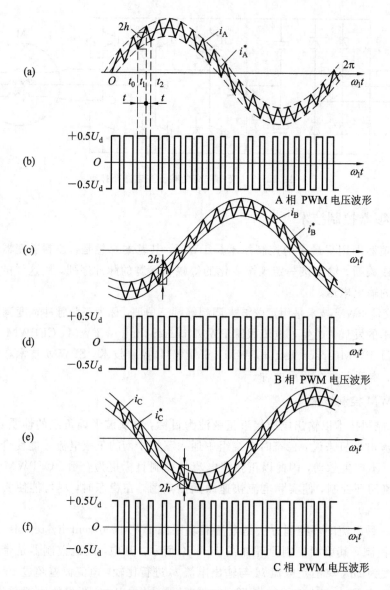

图 11 - 11　电流滞环跟踪控制时变频器的电流波形与 PWM 电压波形

　　CHBPWM 方法的优点是精度高、响应快，且易于实现，但功率开关器件的开关频率不固定，且电流跟踪控制的精度与滞环的宽度有关，同时还受到功率开关器件允许开关频率的制约。当滞环宽度选得较大时，开关频率低，但电流波形失真较多，谐波分量高；如果滞环宽度选得小，电流跟踪性能好，但开关频率却增大了。

2. SVPWM 控制技术

　　根据交流电机的基本原理，三相对称绕组通入三相对称电流就会在电动机空间产生圆形旋转磁场。传统 SPWM 控制的主要目标是使输出电压尽量接近正弦波，但无法保证电流为正弦波；CFPWM 控制则直接控制输出电流在正弦波附近变化，但仍然无法保证交流电机形成圆形旋转磁场，从而产生恒定的电磁转矩。把逆变器和交流电动机视为一个整体，以形成圆形旋转磁场为目标的控制方法称作"磁链跟踪控制"，磁链轨迹的控制是通过交替使用逆变器不同的电压空间矢量实现的，所以又称电压空间矢量 PWM 控制。

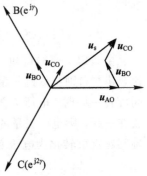

图 11 - 12　电压空间矢量

　　1）电压与磁链空间矢量的关系

　　交流电动机绕组的电压、电流、磁链等物理量都是随时间变化的，如果考虑到它们所在绕组的空间位置，可以定义为空间矢量。在图 11 - 12 中，A、B、C 分别表示在空间静止的电动机定子三相绕组的轴线，它们在空间互差 $\dfrac{2\pi}{3}$，三相定子相电压 u_{AO}、u_{BO}、u_{CO} 分别加在三相绕组上，可以定义三个定子电压空间矢量 u_{AO}、u_{BO}、u_{CO}，根据空间矢量功率与三相瞬时功率 P 相等的原则，合成电压空间矢量 u_s 可表示为

$$u_s = u_{AO} + u_{BO} + u_{CO} = \sqrt{\frac{2}{3}}\,(u_{AO} + u_{BO}e^{j\gamma} + u_{CO}e^{j2\gamma}) \tag{11-11}$$

式中：$\gamma = 2\pi/3$。同理可得电流和磁链的空间矢量表达式为

$$i_s = i_A + i_B + i_C = \sqrt{\frac{2}{3}}\,(i_A + i_B e^{j\gamma} + i_C e^{j2\gamma}) \tag{11-12}$$

$$\boldsymbol{\Psi}_s = \boldsymbol{\Psi}_A + \boldsymbol{\Psi}_B + \boldsymbol{\Psi}_C = \sqrt{\frac{2}{3}}\,(\boldsymbol{\Psi}_A + \boldsymbol{\Psi}_B e^{j\gamma} + \boldsymbol{\Psi}_C e^{j2\gamma}) \tag{11-13}$$

　　当定子相电压 u_{AO}、u_{BO}、u_{CO} 为三相平衡正弦电压时，三相合成矢量

$$u_s = u_{AO} + u_{BO} + u_{CO}$$

$$= \sqrt{\frac{2}{3}}\left[U_m\cos(\omega_1 t) + U_m\cos\left(\omega_1 t - \frac{2\pi}{3}\right)e^{j\gamma} + U_m\cos\left(\omega_1 t - \frac{4\pi}{3}\right)e^{j2\gamma}\right]$$

$$= \sqrt{\frac{2}{3}}\,U_m e^{j\omega_1 t} = U_s e^{j\omega_1 t} \tag{11-14}$$

　　u_s 是一个以电源角频率 ω_1 为角速度作恒速旋转的空间矢量，幅值恒定，为相电压幅值的 $\sqrt{2}/\sqrt{3}$ 倍，当某一相电压为最大值时，合成电压矢量 u_s 就落在该相的轴线上。若电动机三相对称绕组通入三相对称电压且电机稳定运行，则定子电流和磁链的空间矢量 i_s 和 $\boldsymbol{\Psi}_s$ 的幅值恒定，且以电源角频率 ω_1 为电气角速度在空间做恒速旋转。磁链矢量顶端的运动轨迹呈圆形，简称为磁链圆。

　　用合成空间矢量表示的定子电压平衡方程式为

$$u_s = R_s \boldsymbol{I}_s + \frac{d\boldsymbol{\Psi}_s}{dt} \tag{11-15}$$

　　当电动机的转速不是很低时，可忽略定子电阻压降所占的成分，则定子合成电压与合成磁链空间矢量的近似关系为

$$u_s \approx \frac{d\boldsymbol{\Psi}_s}{dt} \quad \text{或} \quad \boldsymbol{\Psi}_s \approx \int u_s \, dt \tag{11-16}$$

　　定子磁链旋转矢量为

$$\boldsymbol{\Psi}_s = \Psi_s e^{j(\omega_1 t + \varphi)} \tag{11-17}$$

式中：$\boldsymbol{\Psi}_s$ 为定子磁链矢量幅值；φ 为定子磁链矢量的空间角度。根据式(11-16)对 t 求导得

$$\boldsymbol{u}_s \approx \frac{\mathrm{d}}{\mathrm{d}t}(\boldsymbol{\Psi}_s \mathrm{e}^{\mathrm{j}(\omega_1 t+\varphi)}) = \mathrm{j}\omega_1 \boldsymbol{\Psi}_s \mathrm{e}^{\mathrm{j}(\omega_1 t+\varphi)} = \omega_1 \boldsymbol{\Psi}_s \mathrm{e}^{\mathrm{j}(\omega_1 t+\frac{\pi}{2}+\varphi)} \tag{11-18}$$

由式(11-18)可知，当磁链幅值 $\boldsymbol{\Psi}_s$ 一定时，电压矢量 $\boldsymbol{u}_s$ 的大小与供电电压频率成正比，其方向则与磁链矢量正交，即磁链圆的切线方向。如图 11-13 所示，当磁链矢量在空间旋转一周时，电压矢量也连续地按磁链圆的切线方向旋转一周，若将电压矢量的参考点放在一起，则电压矢量的轨迹也是一个圆，如图 11-14 所示。因此，电动机旋转磁场的轨迹问题就可转化为电压空间矢量的运动轨迹问题。

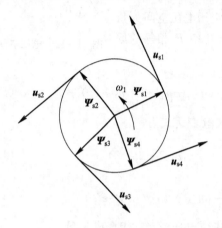
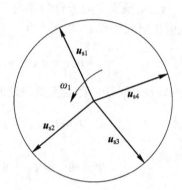

图 11-13　旋转磁场与电压空间矢量的运动轨迹　　　图 11-14　电压矢量圆轨迹

2) PWM 逆变器基本输出电压矢量和期望电压矢量合成

重画电压源型两电平逆变器主电路原理图，如图 11-15 所示，按照第 5 章的定义，逆变器输出相电压为相对于电容中性点 O' 的电压 u_A、u_B、u_C，电机相电压为相对于电机中性点 O 的电压 u_{AO}、u_{BO}、u_{CO}，则合成电压矢量为

$$\boldsymbol{u}_s = \boldsymbol{u}_{AO} + \boldsymbol{u}_{BO} + \boldsymbol{u}_{CO} = \sqrt{\frac{2}{3}}(u_{AO} + u_{BO}\mathrm{e}^{\mathrm{j}\gamma} + u_{CO}\mathrm{e}^{\mathrm{j}2\gamma})$$

$$= \sqrt{\frac{2}{3}}\big[(u_A - u_{OO'}) + (u_B - u_{OO'})\mathrm{e}^{\mathrm{j}\gamma} + (u_C - u_{OO'})\mathrm{e}^{\mathrm{j}2\gamma}\big]$$

$$= \sqrt{\frac{2}{3}}\big[u_A + u_B\mathrm{e}^{\mathrm{j}\gamma} + u_C\mathrm{e}^{\mathrm{j}2\gamma} - u_{OO'}(1 + \mathrm{e}^{\mathrm{j}\gamma} + \mathrm{e}^{\mathrm{j}2\gamma})\big]$$

$$= \sqrt{\frac{2}{3}}(u_A + u_B\mathrm{e}^{\mathrm{j}\gamma} + u_C\mathrm{e}^{\mathrm{j}2\gamma}) \tag{11-19}$$

由式(11-19)可知，虽然直流电源中性点 O' 和交流电动机中性点 O 的电位不等，但合成电压矢量的表达式相等。因此，三相合成电压空间矢量与参考点无关。由第 5 章的分析可知，电机相电压波形与逆变器三相开关状态均有关系，波形复杂；而逆变器输出相电压仅与相应相的开关状态有关，仅有两种电平状态。从而，电动机旋转磁场的轨迹问题进一步转化为了逆变器输出电压空间矢量的运动轨迹问题。

由前面章节的分析可知，图 11-15 所示的 PWM 逆变器共有八种工作状态，对应八个

基本空间矢量，见表 11-1 所列，其中有六个有效工作矢量 $u_1 \sim u_6$，幅值为 $\sqrt{\dfrac{2}{3}}U_d$，在空

间互差 $\dfrac{2\pi}{3}$，另两个为零矢量 u_0 和 u_7，基本电压空间矢量图如图 11-16 所示。

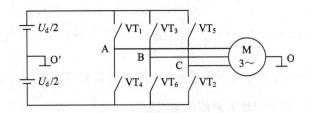

图 11-15　电压源型两电平逆变器原理图

表 11-1　基本电压空间矢量

电压矢量	S_A	S_B	S_C	u_A	u_B	u_c	u_s
u_0	0	0	0	$-\dfrac{1}{2}U_d$	$-\dfrac{1}{2}U_d$	$-\dfrac{1}{2}U_d$	0
u_1	1	0	0	$\dfrac{1}{2}U_d$	$-\dfrac{1}{2}U_d$	$-\dfrac{1}{2}U_d$	$\sqrt{\dfrac{2}{3}}U_d$
u_2	1	1	0	$\dfrac{1}{2}U_d$	$\dfrac{1}{2}U_d$	$-\dfrac{1}{2}U_d$	$\sqrt{\dfrac{2}{3}}U_d e^{j\frac{\pi}{3}}$
u_3	0	1	0	$-\dfrac{1}{2}U_d$	$\dfrac{1}{2}U_d$	$-\dfrac{1}{2}U_d$	$\sqrt{\dfrac{2}{3}}U_d e^{j\frac{2\pi}{3}}$
u_4	0	1	1	$-\dfrac{1}{2}U_d$	$\dfrac{1}{2}U_d$	$\dfrac{1}{2}U_d$	$\sqrt{\dfrac{2}{3}}U_d e^{j\pi}$
u_5	0	0	1	$-\dfrac{1}{2}U_d$	$-\dfrac{1}{2}U_d$	$\dfrac{1}{2}U_d$	$\sqrt{\dfrac{2}{3}}U_d e^{j\frac{4\pi}{3}}$
u_6	1	0	1	$\dfrac{1}{2}U_d$	$-\dfrac{1}{2}U_d$	$\dfrac{1}{2}U_d$	$\sqrt{\dfrac{2}{3}}U_d e^{j\frac{5\pi}{3}}$
u_7	1	1	1	$\dfrac{1}{2}U_d$	$\dfrac{1}{2}U_d$	$\dfrac{1}{2}U_d$	0

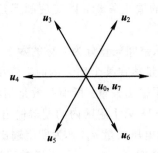

图 11-16　基本电压空间矢量图

若令六个有效工作矢量在一个周期内按 $u_1 \sim u_6$ 的顺序分别作用 $\frac{\pi}{3}$ 弧度，也就是说每个有效矢量的作用时间为 $\Delta t = \frac{\pi}{3\omega_1}$，则输出基波角频率为 $\omega_1 = \frac{\pi}{3\Delta t}$，对应的定子磁链增量为

$$\Delta \boldsymbol{\Psi}_s(k) = \boldsymbol{u}_s(k)\Delta t = \sqrt{\frac{2}{3}}U_d\Delta t \cdot \mathrm{e}^{\mathrm{j}\frac{(k-1)\pi}{3}}, \quad k = 1, 2, 3, 4, 5, 6$$

定子磁链矢量运动方向与电压矢量相同，增量的幅值等于电压矢量的幅值 $\sqrt{\frac{2}{3}}U_d$ 与作用时间 Δt 的乘积，定子磁链矢量的运动轨迹为

$$\boldsymbol{\Psi}_s(k+1) = \boldsymbol{\Psi}_s(k) + \Delta \boldsymbol{\Psi}_s(k) = \boldsymbol{\Psi}_s(k) + \boldsymbol{u}_s(k)\Delta t \tag{11-20}$$

在一个周期内，按照六个有效工作矢量作用顺序，将六个定子磁链增量 $\Delta \boldsymbol{\Psi}_s(k)$ 首尾相接，定子磁链矢量是一个封闭的正六边形，如图 11-17 所示。

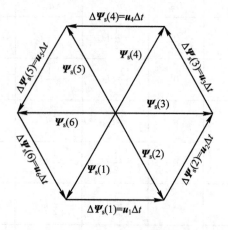

图 11-17　正六边形定子磁链轨迹

由以上分析可知，采用在一个周期内每个有效工作矢量只作用一次的方式只能生成正六边形的旋转磁场，与在正弦波供电时所产生的圆形旋转磁场相差甚远，六边形旋转磁场带有较大的谐波分量，这将导致转矩与转速的脉动。要获得更多边形或接近圆形的旋转磁场，就必须有更多的空间位置不同的电压空间矢量以供选择，但 PWM 逆变器只有八个基本电压矢量。为实现圆形旋转磁场控制，按空间矢量的平行四边形合成法则，用相邻的两个有效工作矢量合成任意期望的输出矢量，以实现圆形旋转合成电压矢量输出，这就是 SVPWM 的基本思想。

按六个有效工作矢量将电压空间矢量分为对称的六个扇区，如图 11-18 所示，每个扇区对应 $\pi/3$，当期望输出电压矢量落在某个扇区内时，就用与期望输出电压矢量相邻的两个有效工作矢量等效地合成期望输出矢量。所谓等效是指在一个开关周期内，产生的定子磁链的增量近似相等。以图 11-18 第 I 扇区内的期望输出矢量为例，由基本电压空间矢量 u_1 和 u_2 的线性组合构成期望的电压矢量 u_s，θ 为期望输出电压矢量与扇区起始边的夹角，如图 11-19 所示，在一个开关周期 T_0 中，u_1 的作用时间为 t_1，u_2 的作用时间为 t_2，按矢量合成法则可得

$$u_s = \frac{t_1}{T_0}u_1 + \frac{t_2}{T_0}u_2 = \frac{t_1}{T_0}\sqrt{\frac{2}{3}}U_d + \frac{t_2}{T_0}\sqrt{\frac{2}{3}}U_d e^{j\frac{\pi}{3}} \tag{11-21}$$

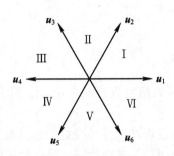

图 11 - 18　电压空间矢量六个扇区　　　　　　图 11 - 19　期望电压矢量的合成

由正弦定理可得

$$\frac{\frac{t_1}{T_0}\sqrt{\frac{2}{3}}U_d}{\sin\left(\frac{\pi}{3}-\theta\right)} = \frac{\frac{t_2}{T_0}\sqrt{\frac{2}{3}}U_d}{\sin\theta} = \frac{u_s}{\sin\frac{2\pi}{3}} \tag{11-22}$$

可以求得两个有效矢量的作用时间 t_1 和 t_2，一般地，$t_1+t_2 < T_0$，剩余时间用零矢量来填补，对应时间为 t_0，则

$$\begin{cases} t_1 = \dfrac{\sqrt{2}\,u_s T_0}{U_d}\sin\left(\dfrac{\pi}{3}-\theta\right) \\[2mm] t_2 = \dfrac{\sqrt{2}\,u_s T_0}{U_d}\sin\theta \\[2mm] t_0 = T_0 - t_1 - t_2 \end{cases} \tag{11-23}$$

两个基本矢量作用时间之和应满足

$$\frac{t_1+t_2}{T_0} = \frac{\sqrt{2}\,u_s}{U_d}\left[\sin\left(\frac{\pi}{3}-\theta\right)+\sin\theta\right] = \frac{\sqrt{2}\,u_s}{U_d}\cos\left(\frac{\pi}{6}-\theta\right) \leqslant 1 \tag{11-24}$$

由式(11 - 24)可知，当 $\theta = \dfrac{\pi}{6}$ 时，$t_1+t_2 = T_0$ 最大，输出电压矢量最大幅值为

$$u_{s\,max} = \frac{U_d}{\sqrt{2}} \tag{11-25}$$

当定子相电压 u_{AO}、u_{BO}、u_{CO} 为三相平衡正弦电压时，三相合成矢量幅值是相电压幅值的 $\sqrt{\dfrac{3}{2}}$ 倍，$U_s = \sqrt{\dfrac{3}{2}}U_m$，故基波相电压最大幅值可达

$$U_{m\,max} = \sqrt{\frac{2}{3}}\,u_{s\,max} = \frac{U_d}{\sqrt{3}} \tag{11-26}$$

基波线电压最大幅值为

$$U_{lm\,max} = \sqrt{3}\,U_{m\,max} = U_d \tag{11-27}$$

而 SPWM 的基波线电压最大幅值为

$$U'_{\text{lm max}} = \frac{\sqrt{3}\,U_{\text{d}}}{2}$$

两者之比为

$$\frac{U_{\text{lm max}}}{U'_{\text{lm max}}} = \frac{2}{\sqrt{3}} \approx 1.15$$

因此，SVPWM 方式的逆变器输出线电压基波最大值为直流侧电压，比 SPWM 逆变器输出电压最多提高了约 15%。

上述已明确了矢量控制的基本思想，并完成了合成参考电压矢量的矢量选取、矢量作用时间计算工作，还需确定矢量的作用顺序，即如何通过一系列的开关组合实现对期望电压空间矢量的合成。通常以开关损耗和谐波分量都较小为原则，来安排基本矢量和零矢量的作用顺序，一般在减少开关次数的同时，尽量使 PWM 输出波形对称，以减少谐波分量，常用的 SVPWM 实现方法有两种，即零矢量集中的实现方法（五段式 SVPWM）和零矢量分散的实现方法（七段式 SVPWM），下面以第一扇区为例，简单介绍两种方法的实现方式。

（1）零矢量集中的实现方法。按照对称原则，将两个基本电压矢量 u_1、u_2 的作用时间 t_1、t_2 平分为二后，安放在开关周期的首端和末端，把零矢量的作用时间放在开关周期的中间，并按开关次数最少的原则选择零矢量。图 11-20 给出了两种零矢量集中的 SVPWM 的实现，在一个开关周期内，有一相的状态始终为"1"或0，作用矢量切换时只有一相状态发生变化，因而开关次数少，开关损耗小。用于电机控制的 DSP 集成了 SVPWM 方法，能根据基本矢量的作用顺序和时间，按照开关损耗最小的原则，自动选取零矢量，并确定零矢量的作用时间，大大减少了软件的工作量。

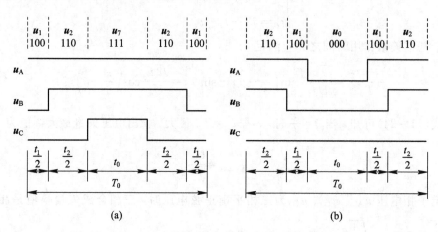

图 11-20 零矢量集中的 SVPWM 实现

（2）零矢量分散的实现方法。将零矢量平均分为四份，在开关周期的首、尾各放一份，在中间放两份，将两个基本电压矢量 u_1、u_2 的作用时间 t_1、t_2 平分为二后插在零矢量间，按开关损耗较小的原则，首、尾的零矢量取 u_0，中间的零矢量取 u_7，具体实现如图 11-21 所示。这种实现方法的特点是：每个周期均以零矢量开始，并以零矢量结束，作用矢量切换时只有一相状态发生变化，但在一个开关周期内，三相状态均各变化一次，开关损耗略大于零矢量集中的方法。

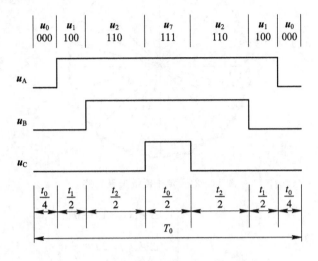

图 11-21　零矢量分散的 SVPWM 实现

　　受数字控制器及开关器件的限制，开关周期 T_0 不能无限小，因此合成电压矢量的轨迹为正 $6N$ 边形，N 为每个扇区的等分数，则定子磁链矢量轨迹也为正 $6N$ 边形，但与正六边形的磁链矢量轨迹相比较，正 $6N$ 边形轨迹更接近于圆，谐波分量小，能有效减小转矩脉动。

　　图 11-22 是 $N=4$ 时期望定子磁链矢量轨迹，在每个小区间内定子磁链矢量的增量为 $\Delta\boldsymbol{\Psi}_s(k)=\boldsymbol{u}_s(k)T_0$，由于 $\boldsymbol{u}_s(k)$ 非基本电压矢量，必须用两个基本矢量合成，如图中定子磁链矢量由 $\Delta\boldsymbol{\Psi}_s(0)$ 增加到 $\Delta\boldsymbol{\Psi}_s(1)$ 时，需要施加期望电压矢量 $\boldsymbol{u}_s(0)$，可用 $\boldsymbol{u}_6$ 和 $\boldsymbol{u}_1$ 合成。采用零矢量分散的实现方法，按开关损耗较小的原则，磁链矢量的运动轨迹分 7 步完成，具体矢量作用顺序及时间见式（11-28），磁链矢量轨迹如图 11-23 所示。图 11-24 给出了定子磁链在 $0\sim2\pi$ 范围内的轨迹，实际的定子磁链矢量轨迹在期望磁链圆周围波动。N 越大，T_0 越小，磁链轨迹越接近于圆，但开关频率随之增大。由于 N 是有限的，因此磁链轨迹只能接近于圆，而不可能等于圆。

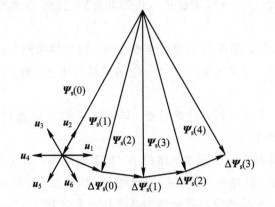

图 11-22　$N=4$ 时期望定子磁链矢量轨迹

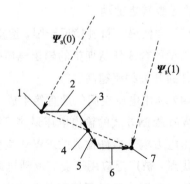

图 11-23　7 段式 SVPWM 磁链轨迹

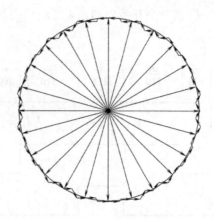

图 11-24　定子磁链矢量轨迹

$$\Delta\boldsymbol{\Psi}_s(0,\ *)=\begin{cases} 1.\ \Delta\boldsymbol{\Psi}_s(0,\ 1)=\boldsymbol{0} \\[6pt] 2.\ \Delta\boldsymbol{\Psi}_s(0,\ 2)=\dfrac{t_2}{2}\boldsymbol{u}_1 \\[6pt] 3.\ \Delta\boldsymbol{\Psi}_s(0,\ 3)=\dfrac{t_1}{2}\boldsymbol{u}_6 \\[6pt] 4.\ \Delta\boldsymbol{\Psi}_s(0,\ 4)=\boldsymbol{0} \\[6pt] 5.\ \Delta\boldsymbol{\Psi}_s(0,\ 5)=\dfrac{t_1}{2}\boldsymbol{u}_6 \\[6pt] 6.\ \Delta\boldsymbol{\Psi}_s(0,\ 6)=\dfrac{t_2}{2}\boldsymbol{u}_1 \\[6pt] 7.\ \Delta\boldsymbol{\Psi}_s(0,\ 7)=\boldsymbol{0} \end{cases} \qquad (11-28)$$

归纳起来，SVPWM 控制模式有以下特点：

（1）SVPWM 以形成圆形旋转磁场为控制目标，由于电压矢量方向与磁链矢量方向正交，且三相合成电压空间矢量与参考点无关，从而将电动机旋转磁场的轨迹问题转化为逆变器输出电压空间矢量的运动轨迹问题。

（2）逆变器共有八个基本输出矢量，有六个有效工作矢量和两个零矢量，在一个旋转周期内，每个有效工作矢量只作用一次的方式只能生成正六边形的旋转磁链，谐波分量大，将导致转矩脉动。

（3）为使磁链轨迹接近于圆，按空间矢量的平行四边形合成法则，用相邻的两个有效工作矢量可合成任意期望的输出电压矢量。开关周期 T_0 越小，旋转磁场越接近于圆，但功率器件的开关频率越高。

（4）利用电压空间矢量直接生成三相 PWM 波，计算简便。与一般的 SPWM 相比较，SVPWM 控制方式的输出电压最多可提高 15%。

由电力电子器件构成的 PWM 变频器具有结构紧凑、体积小、动态响应快、功率损耗小等优点，被广泛应用于交流电动机调速。但也存在一些特殊问题：电压源型 PWM 变频器的输出电压为等幅不等宽的脉冲序列，该脉冲序列可分解为基波和一系列谐波分量，基波产生恒定的电磁转矩，而谐波分量则带来一些负面效应，如转矩脉动问题；输出电压变化率较大，导致电动机绕组的匝间和轴间产生较大的漏电流，还会产生较大的电磁辐射；采用不控整流的交-直-交变频器，能量无法直接回馈电网，当工作在发电制动状态时将导致直流母线电压上升，同时前端不控整流只有在交流进线电压高于直流母线电压时才有输入电流流过，导致输入电流呈脉冲型，谐波含量大，污染电网。

11.5　通用变压变频调速系统

所谓"通用"，包含两方面的含义：一是可以和普通的笼型异步电动机配套使用；二是具有多种可供选择的功能，适用于各种不同性质的负载。近年来，变频器的产品性能更加完善，质量不断提高，特别是国产变频器行业发展迅速，已有赶超 ABB、Siemens 等进口变频器的趋势。

11.5.1　转速开环变压变频调速系统

工业生产中最常用的风机、水泵类负载对调速性能要求不高，只要在一定范围内能实现高效率的调速即可。因此，可以根据电动机的稳态模型，采用转速开环电压频率协调控制的方案。

转速开环变压变频调速系统的原理基础即图 11-4 带低频补偿的恒压频比控制特性，已在 11.3 节进行了详细论述，图 11-25 为控制系统结构图，PWM 控制环节可采用SPWM 或 SVPWM。由于开环系统无法自动限制起动、制动电流，因此，频率设定环节必须通过斜坡函数发生器产生平缓的升速或降速信号：

$$\omega_1(t) = \begin{cases} \omega_1^*, & \omega_1 = \omega_1^* \\ \omega_1(t_0) + \int_{t_0}^t \dfrac{\omega_{1N}}{\tau_{up}} dt, & \omega_1 < \omega_1^* \\ \omega_1(t_0) - \int_{t_0}^t \dfrac{\omega_{1N}}{\tau_{down}} dt, & \omega_1 > \omega_1^* \end{cases} \tag{11-29}$$

式中：τ_{up} 为从 0 上升到额定频率 ω_{1N} 的时间；τ_{down} 为从额定频率 ω_{1N} 下降到 0 的时间，这两个参数决定了开环系统加、减速的快慢，可根据系统实际需求分别进行设置。

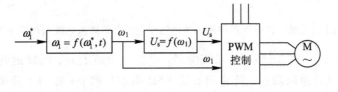

图 11-25　转速开环变压变频调速系统结构框图

将图 11-4 带低频补偿的恒压频比控制特性以函数形式表示为

$$U_s = f(\omega_1) = \begin{cases} U_N, & \omega_1 \geqslant \omega_{1N} \\ f'(\omega_1), & \omega_1 < \omega_{1N} \end{cases} \tag{11-30}$$

转速开环变频调速系统可以满足平滑调速的要求，但静态、动态性能不够理想，属于有静差调速系统，只能用于调速性能要求不高的场合。

11.5.2　转差频率控制的转速闭环变压变频调速系统

提高调速系统动态性能主要依靠控制转速的变化率 $d\omega/dt$，也就是控制加速度。根据基本运动方程式，控制电磁转矩就能控制 $d\omega/dt$。因此，归根结底，调速系统的动态性能就是控制转矩的能力。根据第 8 章交流电机的原理可知，交流异步电动机的转矩与转差频率 ω_s 成正比，因此可构成转差频率控制的转速闭环变压变频调速系统。

运动控制的两个关键控制问题是电磁转矩控制和磁通控制。转差频率控制的规律如下：

（1）在 $\omega_s \leqslant \omega_{sm}$ 范围内，转矩 T_e 基本上与 ω_s 成正比，条件是气隙磁通不变。

（2）在取不同的定子电流值时，按类似图 11-4 带低频补偿的恒压频比控制特性控制定子电压和频率，就能保持气隙磁通 Φ_m 恒定。可根据需要选择不同的基频以下电压补偿策略以提高磁通控制精度。

转差频率控制的转速闭环变压变频调速系统结构原理如图 11-26 所示，系统共有两个转速反馈控制，转速外环 ASR 为负反馈，一般选用 PI 调节器，ASR 的输出信号转差频率给定 ω_s^*，相当于电磁转矩给定 T_e^*。内环为正反馈，将 ASR 的输出信号转差频率给定 ω_s^* 与速度传感器 FBS 测得的实际转速 ω 相加，得到定子频率给定信号 $\omega_1^* = \omega_s^* + \omega$。根据图 11-4 或式(11-30)可得 ω_1^* 对应的定子电压幅值，从而得到期望输出的调制波形，经 PWM 调制环节控制输出。

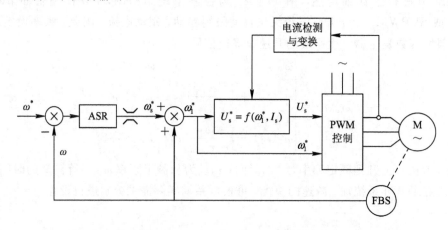

图 11-26　转差频率控制的转速闭环变压变频调速系统结构原理图

其起动过程与直流双闭环调速系统类似，可分为转矩上升、恒转矩升速与转速调节三个阶段。在恒转矩升速阶段内，转速调节器 ASR 不参与调节，相当于转速开环，ASR 输出限幅决定了转差频率的最大值，即输出转矩的最大值，在正反馈内环的作用下，保持加速度恒定。转速超调后，ASR 退出饱和，进入转速调节阶段，最后达到稳态。

下面分析负载扰动时系统的工作情况。假定系统已稳定运行，转速等于给定值，电磁转矩等于负载转矩，即 $\omega = \omega^*$、$T_e = T_L$，定子电压频率 $\omega_1 = \omega + \omega_s^*$。当 $t = t_1$ 时，负载转矩由 T_L 增大为 T_L'，在负载转矩的作用下，转速 ω 下降，正反馈内环的作用使 ω_1 下降，但在外环的作用下，给定转差频率 ω_s^* 上升，定子电压频率 ω_1 上升，电磁转矩 T_e 增大，转速 ω 回升。由于 ASR 采用 PI 调节器，稳态无静差，稳态时转速 ω 仍等于给定值 ω^*，电磁转

矩 T_e 等于负载转矩 T'_L，而转差频率正比于电磁转矩，所以 ω'_s 增大，定子电压频率 $\omega'_1=$ $\omega+\omega'_s(>\omega_1=\omega+\omega_s)$ 增大。

转差频率控制系统的优点是：转差频率 ω^*_s 与实测转速 ω 相加后得到定子频率 ω^*_1，在调速过程中，实际频率 ω_1 随着实际转速 ω 同步上升或下降，加、减速平滑而且稳定；同时，由于在动态过程中转速调节器 ASR 饱和，系统以对应于 $\omega_{s\,max}$ 的最大转矩 $T_{s\,max}$ 起动、制动，并限制了最大电流 $I_{s\,max}$，保证了在允许条件下的快速性。

转速闭环转差频率控制的交流变压变频调速系统的静态、动态性能接近，但还不能完全达到转速、电流双闭环的直流电动机调速系统，其原因如下：

（1）转差频率控制系统是基于异步电动机稳态模型的，所谓的"保持磁通 Φ_m 恒定"的结论也只在稳态情况下才能成立，在动态中 Φ_m 难以保持磁通恒定，这将影响到系统的动态性能。

（2）压频函数中只控制定子电流的幅值，而没有控制定子电流的相位，而在动态中定子电流的相位也是影响转矩变化的因素。

（3）在频率控制环节中，取 $\omega_1=\omega_s+\omega$，使频率 ω_1 得以与转速 ω 同步升降，这本是转差频率控制的优点。然而，如果转速检测信号不准确或存在干扰，也就会直接给频率造成误差。

11.6　异步电动机动态数学模型

基于稳态数学模型的异步电动机调速系统虽然能够在一定范围内实现平滑调速，但对于轧钢机、数控机床、机器人、载客电梯等需要高动态性能的对象，就不能满足要求了。要实现高动态性能的调速系统和伺服系统，必须依据异步电动机的动态数学模型来设计。

电流与磁通的乘积产生转矩，转速与磁通的乘积产生感应电动势，无论是直流电动机，还是交流电动机，电磁耦合均是机电能量转换的必要条件。

他励直流电动机的励磁绕组和电枢绕组相互独立，若忽略对励磁的电枢反应，则气隙磁通由励磁绕组单独产生，而电磁转矩正比于磁通与电枢电流的乘积，在不考虑弱磁调速时，可认为磁通不参与系统的动态过程。因此，可以只通过电枢电流来控制电磁转矩，直流电动机的动态数学模型可以用单变量（单输入——电枢电压，单输出——电机转速）的线性系统来描述，完全可以应用线性控制理论和工程设计方法进行分析与设计。

而交流电动机的数学模型则不同：

（1）异步电动机变压变频调速时需要进行电压（或电流）和频率的协调控制，有电压（或电流）和频率两种独立的输入变量。而在输出变量中，磁通的建立和转速变化是同时进行的，为了获得良好的动态性能，在控制输出转速的同时需对磁通施加控制。因此异步电动机是一个多变量（多输入、多输出）系统。

（2）异步电动机无法单独对磁通进行控制，电流乘以磁通产生转矩，转速乘以磁通产生感应电动势，在数学模型中含有两个变量的乘积项。因此，数学模型也是非线性的。

（3）三相异步电动机定子三相绕组在空间互差 $120°$，转子也可等效为空间互差 $120°$ 的三相绕组，各绕组间存在交叉耦合，每个绕组都有各自的电磁惯性，再考虑运动系统的机电惯性，转速与转角的积分关系等，动态模型是一个高阶系统。

总之，异步电动机的动态数学模型是一个高阶、非线性、强耦合的多变量系统。

11.6.1　异步电动机的三相数学模型

在研究异步电动机数学模型时常作如下假设：

（1）忽略空间谐波，设三相绕组对称，在空间互差 120°电角度，所产生的磁动势沿气隙按正弦规律分布。

（2）忽略磁路饱和，各绕组的自感和互感都是恒定的。

（3）忽略铁芯损耗。

（4）不考虑频率变化和温度变化对绕组电阻的影响。

无论异步电动机转子是绕线型还是笼型的，都可以等效成三相绕线转子，并折算到定子侧，折算后的定子和转子绕组匝数相等。异步电动机三相绕组可以是 Y 连接，也可以是△连接，以下均以 Y 连接进行讨论。若三相绕组为△连接，可先用△－Y 变换，等效为 Y 连接，然后按 Y 连接进行分析和设计。

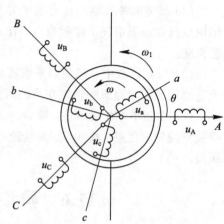

三相异步电动机的物理模型如图 11 - 27 所示，定子三相绕组轴线 A、B、C 在空间是固定的，转子绕组轴线 a、b、c 以角转速 ω 随转子旋转。如以 A 轴为参考坐标轴，转子 a 轴和定子 A 轴间的电角度

图 11 - 27　三相异步电动机的物理模型

θ 为空间角位移变量。规定各绕组电压、电流、磁链的正方向符合电动机惯例和右手螺旋定则。

异步电动机的动态模型由磁链方程、电压方程、转矩方程和运动方程组成，其中磁链方程和转矩方程为代数方程，电压方程和运动方程为微分方程。

1. 磁链方程

异步电动机每个绕组的磁链是它本身的自感磁链和其他绕组对它的互感磁链之和，此处忽略分析过程，直接给出磁链方程：

$$\begin{bmatrix} \boldsymbol{\Psi}_s \\ \boldsymbol{\Psi}_r \end{bmatrix} = \begin{bmatrix} \boldsymbol{L}_{ss} & \boldsymbol{L}_{sr} \\ \boldsymbol{L}_{rs} & \boldsymbol{L}_{rr} \end{bmatrix} \begin{bmatrix} \boldsymbol{i}_s \\ \boldsymbol{i}_r \end{bmatrix} \qquad (11-31)$$

式中：

$$\boldsymbol{\Psi}_s = \begin{bmatrix} \Psi_A & \Psi_B & \Psi_C \end{bmatrix}^T; \ \boldsymbol{\Psi}_r = \begin{bmatrix} \Psi_a & \Psi_b & \Psi_c \end{bmatrix}^T;$$
$$\boldsymbol{i}_s = \begin{bmatrix} i_A & i_B & i_C \end{bmatrix}^T; \ \boldsymbol{i}_r = \begin{bmatrix} i_a & i_b & i_c \end{bmatrix}^T$$

$$\boldsymbol{L}_{ss} = \begin{bmatrix} L_{ms}+L_{ls} & -\dfrac{1}{2}L_{ms} & -\dfrac{1}{2}L_{ms} \\[2mm] -\dfrac{1}{2}L_{ms} & L_{ms}+L_{ls} & -\dfrac{1}{2}L_{ms} \\[2mm] -\dfrac{1}{2}L_{ms} & -\dfrac{1}{2}L_{ms} & L_{ms}+L_{ls} \end{bmatrix}; \ \boldsymbol{L}_{rr} = \begin{bmatrix} L_{ms}+L_{lr} & -\dfrac{1}{2}L_{ms} & -\dfrac{1}{2}L_{ms} \\[2mm] -\dfrac{1}{2}L_{ms} & L_{ms}+L_{lr} & -\dfrac{1}{2}L_{ms} \\[2mm] -\dfrac{1}{2}L_{ms} & -\dfrac{1}{2}L_{ms} & L_{ms}+L_{lr} \end{bmatrix};$$

$$\boldsymbol{L}_{rs}=\boldsymbol{L}_{sr}{}^{T}=\boldsymbol{L}_{ms}\begin{bmatrix}\cos\theta & \cos(\theta-120°) & \cos(\theta+120°)\\ \cos(\theta+120°) & \cos\theta & \cos(\theta-120°)\\ \cos(\theta-120°) & \cos(\theta+120°) & \cos\theta\end{bmatrix}$$

其中：i_A，i_B，i_C，i_a，i_b，i_c 为定子和转子相电流的瞬时值；Ψ_A，Ψ_B，Ψ_C，Ψ_a，Ψ_b，Ψ_c 为各相绕组的全磁链；定子各相漏磁通所对应的电感称作定子漏感 L_{ls}，转子各相漏磁通则对应于转子漏感 L_{lr}，由于绕组的对称性，各相漏感值均相等。与定子一相绕组交链的最大互感磁通对应于定子互感 L_{ms}，与转子一相绕组交链的最大互感磁通对应于转子互感 L_{mr}，由于折算后定子、转子绕组匝数相等，故 $L_{ms}=L_{mr}$。上述各量都已折算到定子侧，为了简单起见，表示折算的上角标"'"均省略。

2. 电压方程

将定子、转子电压方程写成矩阵形式为

$$\begin{bmatrix}u_A\\u_B\\u_C\\u_a\\u_b\\u_c\end{bmatrix}=\begin{bmatrix}R_s & 0 & 0 & 0 & 0 & 0\\ 0 & R_s & 0 & 0 & 0 & 0\\ 0 & 0 & R_s & 0 & 0 & 0\\ 0 & 0 & 0 & R_r & 0 & 0\\ 0 & 0 & 0 & 0 & R_r & 0\\ 0 & 0 & 0 & 0 & 0 & R_r\end{bmatrix}\begin{bmatrix}i_A\\i_B\\i_C\\i_a\\i_b\\i_c\end{bmatrix}+p\begin{bmatrix}\Psi_A\\\Psi_B\\\Psi_C\\\Psi_a\\\Psi_b\\\Psi_c\end{bmatrix} \qquad (11-32)$$

式中：u_A，u_B，u_C，u_a，u_b，u_c 为定子和转子相电压的瞬时值；R_s，R_r 为定子和转子绕组电阻。式(11-32)也可写成

$$\boldsymbol{u}=\boldsymbol{Ri}+p\boldsymbol{\Psi} \qquad (11-33)$$

如果把磁链方程代入电压方程，可得展开后的电压方程为

$$\boldsymbol{u}=\boldsymbol{Ri}+p(\boldsymbol{Li})=\boldsymbol{Ri}+\boldsymbol{L}\frac{\mathrm{d}\boldsymbol{i}}{\mathrm{d}t}+\frac{\mathrm{d}\boldsymbol{L}}{\mathrm{d}t}\boldsymbol{i}=\boldsymbol{Ri}+\boldsymbol{L}\frac{\mathrm{d}\boldsymbol{i}}{\mathrm{d}t}+\frac{\mathrm{d}\boldsymbol{L}}{\mathrm{d}\theta}\cdot\omega\boldsymbol{i} \qquad (11-34)$$

式中：$\boldsymbol{L}\mathrm{d}\boldsymbol{i}/\mathrm{d}t$ 为由于电流变化引起的脉变电动势（或称变压器电动势）；$(\mathrm{d}\boldsymbol{L}/\mathrm{d}\theta)\omega\boldsymbol{i}$ 为定子、转子相对位置变化产生的与转速成正比的旋转电动势。

3. 转矩方程

忽略中间过程，直接给出转矩表达式：

$$T_e=-n_pL_{ms}[(i_Ai_a+i_Bi_b+i_Ci_c)\sin\theta+(i_Ai_b+i_Bi_c+i_Ci_a)\sin(\theta+120°)+$$
$$(i_Ai_c+i_Bi_a+i_Ci_b)\sin(\theta-120°)]$$

$$(11-35)$$

4. 运动方程

运动控制系统的运动方程式为

$$T_e-T_L=\frac{J}{n_p}\frac{\mathrm{d}\omega}{\mathrm{d}t} \qquad (11-36)$$

式中：J 为机组的转动惯量；T_L 为包括摩擦阻力转矩的负载转矩。

转角方程为

$$\omega=\frac{\mathrm{d}\theta}{\mathrm{d}t} \qquad (11-37)$$

　　上述的异步电动机动态模型是在线性磁路、磁动势在空间按正弦分布的假定条件下得出来的，对定子、转子电压和电流未作任何假定。因此，该动态模型完全可以用来分析含有电压、电流谐波的三相异步电动机调速系统的动态过程。

11.6.2　坐标变换

　　由上一节的分析可知，异步电动机三相原始动态模型相当复杂，是一个高阶、非线性、强耦合的多变量系统，分析、设计非常困难。异步电动机动态数学模型复杂的关键是因为有一个复杂的电感矩阵和转矩方程，它们体现了异步电动机的电磁耦合和能量转换的复杂关系。因此，要简化数学模型，需从电磁耦合关系入手，简化的基本方法就是坐标变换。

　　如果能将交流电动机的物理模型等效地变换成类似直流电动机的模型，将大大简化分析和控制，坐标变换正是按照这条思路进行的。电动机模型等效的原则是：在不同坐标下绕组所产生的合成磁动势相等。

　　众所周知，在交流电动机三相对称的静止绕组 A、B、C 中，通以三相平衡的正弦电流 i_A、i_B、i_C 时，所产生的合成磁动势是旋转磁动势 F，它在空间呈正弦分布，以同步转速 ω_1（即电流的角频率）顺着 A—B—C 的相序旋转，如图 11-28 所示。

　　然而，旋转磁动势并不一定非要三相不可，除单相以外，二相、三相、四相等任意对称的多相绕组，当通入平衡的多相电流时，都能产生旋转磁动势，当然以两相最为简单。此外，在没有零线时，三相变量中只有两相为独立变量，完全可以（也应该）消去一相。所以三相绕组可以用相互独立的两相正交对称绕组等效代替，等效的原则是产生的磁动势相等。独立是指两相绕组间无约束条件，正交是指两相绕组在空间互差 90°，对称是指两相绕组的匝数和阻值相等。图 11-29 中绘出的两相绕组 α、β，通以两相平衡交流电流 i_α 和 i_β，也能产生旋转磁动势。当三相绕组和两相绕组产生的两个旋转磁动势大小和转速都相等时，即认为两相绕组与三相绕组等效，这就是 3/2 变换。

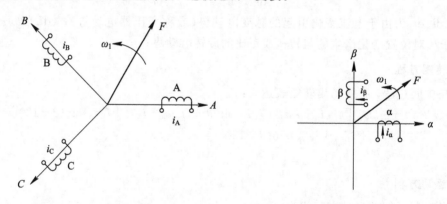

图 11-28　三相坐标系物理模型　　　　图 11-29　静止两相正交坐标系物理模型

　　图 11-30 中绘出了两个匝数相等相互正交的绕组 d、q，分别通以直流电流 i_d 和 i_q，产生合成磁动势 F，其位置相对于绕组来说是固定的。若人为地让包含两个绕组在内的整个铁芯以同步转速旋转，则磁动势 F 自然也随之旋转起来，成为旋转磁动势。如果这个旋转磁动势的大小和转速与固定的交流绕组产生的旋转磁动势相等，那么这套旋转的直流绕组也就和前面两套固定的交流绕组都等效了。当观察者也站到铁芯上和绕组一起旋转时，

在其看来，绕组 d 和 q 是两个通入直流而相互垂直的静止绕组。如果控制磁通的空间位置在 d 轴上，就和直流电动机物理模型没有本质上的区别了。这时，绕组 d 相当于励磁绕组，绕组 q 相当于伪静止的电枢绕组。

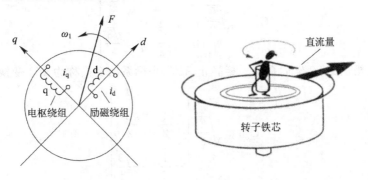

图 11-30 旋转正交坐标系的物理模型

由此可见，以产生同样的旋转磁动势为准则，三相交流绕组、两相交流绕组和旋转的直流绕组彼此等效。或者说，在三相坐标系下的 i_A、i_B、i_C 和在两相坐标系下的 i_α 和 i_β 以及在旋转正交坐标系下的直流 i_d 和 i_q 产生的旋转磁动势相等。这样，通过坐标变换即可以将交流异步电动机的数学模型等效为一个旋转的直流电动机模型，从而可以利用直流电机成熟的分析、设计方法，通过坐标变换准确求出 i_A，i_B，i_C 与 i_α、i_β 和 i_d、i_q 之间的等效关系。

1. 三相-两相变换（3/2 变换）

三相绕组 A、B、C 和两相绕组 α、β 之间的变换称作三相坐标系和两相正交坐标系间的变换，简称 3/2 变换。

图 11-31 中将 ABC 和 $\alpha\beta$ 两个坐标系的原点重合，并使 A 轴和 α 轴重合。设三相绕组每相有效匝数为 N_3，两相绕组每相有效匝数为 N_2，各相磁动势为有效匝数与电流的乘积，按照磁动势相等的等效原则，三相合成磁动势与两相合成磁动势相等，故两套绕组磁动势在 α、β 轴上的投影都应相等。

$$\begin{cases} N_2 i_\beta = N_3 i_B \sin 60° - N_3 i_C \sin 60° = \dfrac{\sqrt{3}}{2} N_3 (i_B - i_C) \\ N_2 i_\alpha = N_3 i_A - N_3 i_B \cos 60° - N_3 i_C \cos 60° = N_3 \left(i_A - \dfrac{1}{2} i_B - \dfrac{1}{2} i_C \right) \end{cases} \tag{11-38}$$

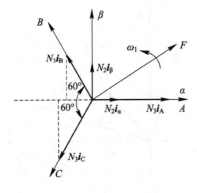

图 11-31 三相坐标系和两相正交坐标系中的磁动势矢量

按照变换前后功率相等的原则，匝数比为 $\dfrac{N_3}{N_2}=\sqrt{\dfrac{2}{3}}$，则可得 3/2 变换矩阵为

$$C_{3/2}=\sqrt{\frac{2}{3}}\begin{bmatrix}1 & -\dfrac{1}{2} & -\dfrac{1}{2}\\[2mm] 0 & \dfrac{\sqrt{3}}{2} & -\dfrac{\sqrt{3}}{2}\end{bmatrix} \tag{11-39}$$

对应的两相正交 $\alpha\beta$ 坐标系到三相静止 ABC 坐标系的变换称为 2/3 变换，变换矩阵为

$$C_{2/3}=\sqrt{\frac{2}{3}}\begin{bmatrix}1 & 0\\[2mm] -\dfrac{1}{2} & \dfrac{\sqrt{3}}{2}\\[2mm] -\dfrac{1}{2} & -\dfrac{\sqrt{3}}{2}\end{bmatrix} \tag{11-40}$$

由三相电流约束条件 $i_A+i_B+i_C=0$（或 $i_C=-i_A-i_B$），可将 3/2 变换及 2/3 变换简化为

$$\begin{bmatrix}i_\alpha\\ i_\beta\end{bmatrix}=\begin{bmatrix}\sqrt{\dfrac{3}{2}} & 0\\[2mm] \dfrac{1}{\sqrt{2}} & \sqrt{2}\end{bmatrix}\begin{bmatrix}i_A\\ i_B\end{bmatrix} \tag{11-41}$$

$$\begin{bmatrix}i_A\\ i_B\end{bmatrix}=\begin{bmatrix}\sqrt{\dfrac{2}{3}} & 0\\[2mm] -\dfrac{1}{\sqrt{6}} & \dfrac{1}{\sqrt{2}}\end{bmatrix}\begin{bmatrix}i_\alpha\\ i_\beta\end{bmatrix} \tag{11-42}$$

虽然此处仅给出了电流的坐标变换推导过程，但坐标变换不局限于电流，电压变换矩阵和磁链变换矩阵与电流变换矩阵相同。

2. 静止两相-旋转正交变换（2s/2r 变换）

从静止两相正交坐标系 $\alpha\beta$ 到旋转正交坐标系 dq 的变换，称作静止两相-旋转正交变换，简称 2s/2r 变换。其中，s 表示静止，r 表示旋转，变换的原则同样是产生的磁动势相等。

如图 11-32 所示，绕组每相有效匝数均为 N_2，$\alpha\beta$ 坐标系中两相交流电流 i_α、i_β 和 dq 坐标系中的两个直流电流 i_d、i_q 产生同样的以角速度 ω_1 旋转的合成磁动势 F，α 轴和 d 轴间的夹角为 φ。

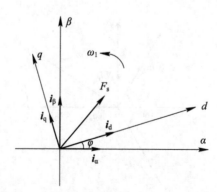

图 11-32　静止两相正交坐标系和旋转正交坐标系中的磁动势矢量

可见，i_α、i_β 和 i_d、i_q 之间存在下列关系：

$$\begin{cases} i_\beta = i_d \sin\varphi + i_q \cos\varphi \\ i_\alpha = i_d \cos\varphi - i_q \sin\varphi \end{cases}$$

因此，静止两相正交坐标系到旋转正交坐标系的变换矩阵为

$$\begin{bmatrix} i_d \\ i_q \end{bmatrix} = \begin{bmatrix} \cos\varphi & \sin\varphi \\ -\sin\varphi & \cos\varphi \end{bmatrix} \begin{bmatrix} i_\alpha \\ i_\beta \end{bmatrix} = \boldsymbol{C}_{2s/2r} \begin{bmatrix} i_\alpha \\ i_\beta \end{bmatrix} \tag{11-43}$$

则旋转正交坐标系到静止两相正交坐标系的变换矩阵为

$$\begin{bmatrix} i_\alpha \\ i_\beta \end{bmatrix} = \begin{bmatrix} \cos\varphi & -\sin\varphi \\ \sin\varphi & \cos\varphi \end{bmatrix} \begin{bmatrix} i_d \\ i_q \end{bmatrix} = \boldsymbol{C}_{2r/2s} \begin{bmatrix} i_d \\ i_q \end{bmatrix} \tag{11-44}$$

电压和磁链的旋转变换矩阵与电流旋转变换矩阵相同。

11.6.3 异步电动机等效数学模型

坐标变换的目的是将交流电动机的物理模型等效成类似直流电动机的模型，因此，此处仅给出旋转正交坐标系中的动态数学模型。3/2 变换矩阵为定值矩阵，不论是定子还是转子，直接套用公式即可完成 3/2 变换，此外，还需对定子坐标系和转子坐标系同时施行旋转变换，把它们变换到同一个旋转正交坐标系 dq 上，dq 相对于定子的旋转角速度为 ω_1，如图 11-33 所示。

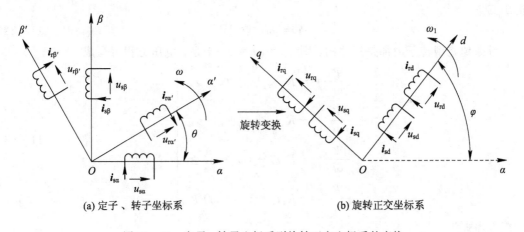

（a）定子、转子坐标系   （b）旋转正交坐标系

图 11-33 定子、转子坐标系到旋转正交坐标系的变换

定子旋转变换矩阵为

$$\boldsymbol{C}_{2s/2r}(\varphi) = \begin{bmatrix} \cos\varphi & \sin\varphi \\ -\sin\varphi & \cos\varphi \end{bmatrix} \tag{11-45}$$

转子旋转变换矩阵为

$$\boldsymbol{C}_{2s/2r}(\varphi-\theta) = \begin{bmatrix} \cos(\varphi-\theta) & \sin(\varphi-\theta) \\ -\sin(\varphi-\theta) & \cos(\varphi-\theta) \end{bmatrix} \tag{11-46}$$

旋转正交坐标系中异步电动机的电压方程为

$$\begin{bmatrix} u_{sd} \\ u_{sq} \\ u_{rd} \\ u_{rq} \end{bmatrix} = \begin{bmatrix} R_s & 0 & 0 & 0 \\ 0 & R_s & 0 & 0 \\ 0 & 0 & R_r & 0 \\ 0 & 0 & 0 & R_r \end{bmatrix} \begin{bmatrix} i_{sd} \\ i_{sq} \\ i_{rd} \\ i_{rq} \end{bmatrix} + \frac{d}{dt} \begin{bmatrix} \Psi_{sd} \\ \Psi_{sq} \\ \Psi_{rd} \\ \Psi_{rq} \end{bmatrix} + \begin{bmatrix} -\omega_1 \Psi_{sq} \\ \omega_1 \Psi_{sd} \\ -(\omega_1 - \omega) \Psi_{rq} \\ (\omega_1 - \omega) \Psi_{rd} \end{bmatrix} \tag{11-47}$$

磁链方程为

$$\begin{bmatrix} \Psi_{sd} \\ \Psi_{sq} \\ \Psi_{rd} \\ \Psi_{rq} \end{bmatrix} = \begin{bmatrix} L_s & 0 & L_m & 0 \\ 0 & L_s & 0 & L_m \\ L_m & 0 & L_r & 0 \\ 0 & L_m & 0 & L_r \end{bmatrix} \begin{bmatrix} i_{sd} \\ i_{sq} \\ i_{rd} \\ i_{rq} \end{bmatrix} \tag{11-48}$$

转矩方程为

$$T_e = n_p L_m (i_{sq} i_{rd} - i_{sd} i_{rq}) \tag{11-49}$$

在用矩阵方程表示的异步电动机动态数学模型中，既有微分方程（电压方程与运动方程），又有代数方程（磁链方程和转矩方程），下面给出正交旋转坐标系（以下简称 dq 坐标系）以 $\omega - i_s - \Psi_r$ 为状态变量的状态方程。

选取状态变量

$$\boldsymbol{X} = \begin{bmatrix} \omega & \Psi_{rd} & \Psi_{rq} & i_{sd} & i_{sq} \end{bmatrix}^T \tag{11-50}$$

输入变量

$$\boldsymbol{U} = \begin{bmatrix} u_{sd} & u_{sq} & \omega_1 & T_L \end{bmatrix}^T \tag{11-51}$$

输出变量

$$\boldsymbol{Y} = \begin{bmatrix} \omega & \Psi_r \end{bmatrix}^T \tag{11-52}$$

考虑到笼型转子内部是短路的，则 $u_{rd} = u_{rq} = 0$，于是，电压方程可写成

$$\left. \begin{aligned} \frac{d\Psi_{sd}}{dt} &= -R_s i_{sd} + \omega_1 \Psi_{sq} + u_{sd} \\ \frac{d\Psi_{sq}}{dt} &= -R_s i_{sq} - \omega_1 \Psi_{sd} + u_{sq} \\ \frac{d\Psi_{rd}}{dt} &= -R_r i_{rd} + (\omega_1 - \omega) \Psi_{rq} \\ \frac{d\Psi_{rq}}{dt} &= -R_r i_{rq} - (\omega_1 - \omega) \Psi_{rd} \end{aligned} \right\} \tag{11-53}$$

转矩方程式为

$$T_e = \frac{n_p L_m}{L_r} (i_{sq} \Psi_{rd} - L_m i_{sd} i_{sq} - i_{sd} \Psi_{rq} + L_m i_{sd} i_{sq}) = \frac{n_p L_m}{L_r} (i_{sq} \Psi_{rd} - i_{sd} \Psi_{rq}) \tag{11-54}$$

状态方程为

$$\frac{d\omega}{dt} = \frac{n_p^2 L_m}{J L_r} (i_{sq} \Psi_{rd} - i_{sd} \Psi_{rq}) - \frac{n_p}{J} T_L \tag{11-55a}$$

$$\frac{d\Psi_{rd}}{dt} = -\frac{1}{T_r} \Psi_{rd} + (\omega_1 - \omega) \Psi_{rq} + \frac{L_m}{T_r} i_{sd} \tag{11-55b}$$

$$\frac{d\Psi_{rq}}{dt} = -\frac{1}{T_r} \Psi_{rq} - (\omega_1 - \omega) \Psi_{rd} + \frac{L_m}{T_r} i_{sq} \tag{11-55c}$$

$$\frac{\mathrm{d}i_{\mathrm{sd}}}{\mathrm{d}t}=\frac{L_{\mathrm{m}}}{\sigma L_{\mathrm{s}}L_{\mathrm{r}}T_{\mathrm{r}}}\Psi_{\mathrm{rd}}+\frac{L_{\mathrm{m}}}{\sigma L_{\mathrm{s}}L_{\mathrm{r}}}\omega\Psi_{\mathrm{rq}}-\frac{R_{\mathrm{s}}L_{\mathrm{r}}^{2}+R_{\mathrm{r}}L_{\mathrm{m}}^{2}}{\sigma L_{\mathrm{s}}L_{\mathrm{r}}^{2}}i_{\mathrm{sd}}+\omega_{1}i_{\mathrm{sq}}+\frac{u_{\mathrm{sd}}}{\sigma L_{\mathrm{s}}} \tag{11-55d}$$

$$\frac{\mathrm{d}i_{\mathrm{sq}}}{\mathrm{d}t}=\frac{L_{\mathrm{m}}}{\sigma L_{\mathrm{s}}L_{\mathrm{r}}T_{\mathrm{r}}}\Psi_{\mathrm{rq}}-\frac{L_{\mathrm{m}}}{\sigma L_{\mathrm{s}}L_{\mathrm{r}}}\omega\Psi_{\mathrm{rd}}-\frac{R_{\mathrm{s}}L_{\mathrm{r}}^{2}+R_{\mathrm{r}}L_{\mathrm{m}}^{2}}{\sigma L_{\mathrm{s}}L_{\mathrm{r}}^{2}}i_{\mathrm{sq}}-\omega_{1}i_{\mathrm{sd}}+\frac{u_{\mathrm{sq}}}{\sigma L_{\mathrm{s}}} \tag{11-55e}$$

式中：$\sigma=1-\dfrac{L_{\mathrm{m}}^{2}}{L_{\mathrm{s}}L_{\mathrm{r}}}$ 为电动机漏磁系数；$T_{\mathrm{r}}=\dfrac{L_{\mathrm{r}}}{R_{\mathrm{r}}}$ 为转子电磁时间常数。

输出方程

$$\boldsymbol{Y}=\begin{bmatrix}\omega & \sqrt{\Psi_{\mathrm{rd}}^{2}+\Psi_{\mathrm{rq}}^{2}}\end{bmatrix}^{\mathrm{T}} \tag{11-56}$$

图 11-34 是异步电动机在 dq 坐标系中，以 $\omega-i_{\mathrm{s}}-\Psi_{\mathrm{r}}$ 为状态变量的动态结构图。

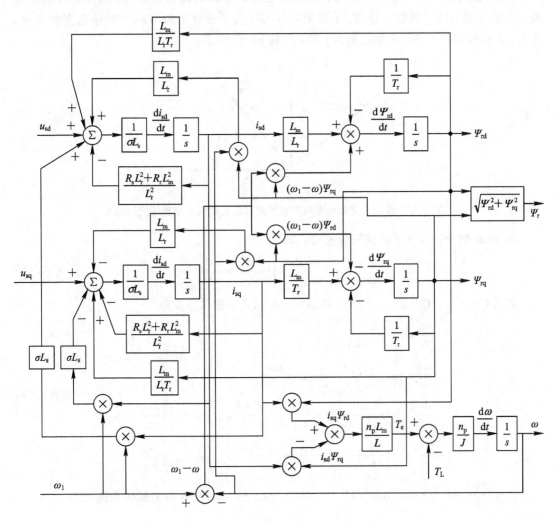

图 11-34 以 $\omega-i_{\mathrm{s}}-\Psi_{\mathrm{r}}$ 为状态变量在 dq 坐标系中的动态结构图

11.7 异步电动机按转子磁链定向矢量控制

按转子磁链定向矢量控制的基本思想是通过坐标变换，在按转子磁链定向同步旋转正交坐标系中，得到等效的直流电动机模型，仿照直流电动机的控制方法控制电磁转矩与磁链，然后将转子磁链定向坐标系中的控制量反变换得到三相坐标系的对应量，以实施控制。由于变换的是矢量，因此这样的坐标变换也可称作矢量变换，相应的控制系统称为矢量控制（vector control，VC）系统或按转子磁链定向控制（flux orientation control，FOC）系统。

11.7.1　按转子磁链定向的同步旋转正交坐标系状态方程

如图 11-35 所示，转子磁链旋转矢量 $\boldsymbol{\Psi}_r$ 在静止正交 $\alpha\beta$ 坐标系中 α 轴的空间角度为 φ，旋转角速度为 ω_1，当旋转正交 dq 坐标系是与转子磁链旋转矢量 $\boldsymbol{\Psi}_r$ 同步旋转的坐标系，且令 d 轴与转子磁链矢量 $\boldsymbol{\Psi}_r$ 重合时，称为按转子磁链定向的同步旋转正交坐标系，此时，d 轴改称为 m 轴，q 轴改称为 t 轴，简称 mt 坐标系。

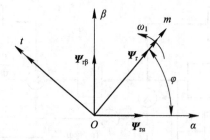

图 11-35　静止正交坐标系与按转子磁链定向的同步旋转正交坐标系

由于 m 轴始终与转子磁链矢量重合，则有

$$\begin{cases} \boldsymbol{\Psi}_{rm}=\boldsymbol{\Psi}_{rd}=\boldsymbol{\Psi}_r \\ \boldsymbol{\Psi}_{rt}=\boldsymbol{\Psi}_{rq}=0 \end{cases}，且\ \frac{d\boldsymbol{\Psi}_{rt}}{dt}=\frac{d\boldsymbol{\Psi}_{rq}}{dt}=0 \tag{11-57}$$

将式（11-57）代入式（11-55），得到 mt 坐标系中的状态方程

$$\left.\begin{aligned} \frac{d\omega}{dt} &= \frac{n_p^2 L_m}{JL_r}i_{st}\boldsymbol{\Psi}_r-\frac{n_p}{J}T_L \\ \frac{d\boldsymbol{\Psi}_r}{dt} &= -\frac{1}{T_r}\boldsymbol{\Psi}_r+\frac{L_m}{T_r}i_{sm} \\ \frac{di_{sm}}{dt} &= \frac{L_m}{\sigma L_s L_r T_r}\boldsymbol{\Psi}_r-\frac{R_s L_r^2+R_r L_m^2}{\sigma L_s L_r^2}i_{sm}+\omega_1 i_{st}+\frac{u_{sm}}{\sigma L_s} \\ \frac{di_{st}}{dt} &= -\frac{L_m}{\sigma L_s L_r}\omega\boldsymbol{\Psi}_r-\frac{R_s L_r^2+R_r L_m^2}{\sigma L_s L_r^2}i_{st}-\omega_1 i_{sm}+\frac{u_{st}}{\sigma L_s} \end{aligned}\right\} \tag{11-58}$$

由于 $\dfrac{d\boldsymbol{\Psi}_{rt}}{dt}=\dfrac{d\boldsymbol{\Psi}_{rq}}{dt}=0$，由式（11-55）第三行可导出 mt 坐标系的旋转角速度为

$$\omega_1=\omega+\frac{L_m}{T_r\boldsymbol{\Psi}_r}i_{st} \tag{11-59}$$

从而可得 mt 坐标系旋转角速度与转子转速的转差角频率为

$$\omega_s=\omega_1-\omega=\frac{L_m}{T_r\boldsymbol{\Psi}_r}i_{st} \tag{11-60}$$

将式（11-57）代入转矩方程式（11-54），可得 mt 坐标系中的电磁转矩表达式为

$$T_e = \frac{n_p L_m}{L_r} i_{st} \Psi_r \tag{11-61}$$

通过按转子磁链定向，将定子电流分解为励磁分量 i_{sm} 和转矩分量 i_{st}，转子磁链 Ψ_r 仅由定子电流励磁分量 i_{sm} 产生，而电磁转矩 T_e 正比于转子磁链和定子电流转矩分量的乘积，实现了定子电流两个分量的解耦。图 11-36 为按转子磁链定向的异步电动机动态结构图，点画线框内是等效直流电动机模型。

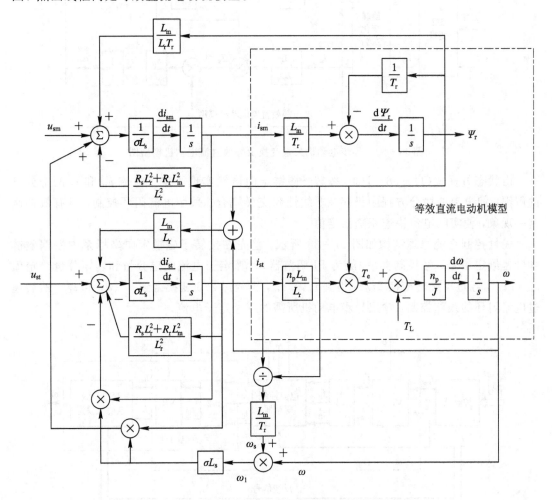

图 11-36　按转子磁链定向的异步电动机动态结构图

11.7.2　按转子磁链定向矢量控制的基本思想与电流闭环控制

在三相坐标系上的定子交流电流 i_A、i_B、i_C，通过 3/2 变换可以等效成两相静止正交坐标系上的交流电流 $i_{s\alpha}$ 和 $i_{s\beta}$，再通过与转子磁链同步的旋转变换，可以等效成同步旋转正交坐标系上的直流电流 i_{sm} 和 i_{st}，从而可以利用上述等效直流电动机模型，如图 11-37 所示，从交流输入端口看进去，输入为 A、B、C 三相电流，输出为转速 ω，是一台异步电动机。从内部点画线处看，经过 3/2 变换和旋转变换 2s/2r，变成一台以 i_{sm} 和 i_{st} 为输入、ω 为输出的直流电动机。m 绕组相当于直流电动机的励磁绕组，i_{sm} 相当于励磁电流，t 绕组相当于电枢绕组，i_{st} 相当于与转矩成正比的电枢电流。

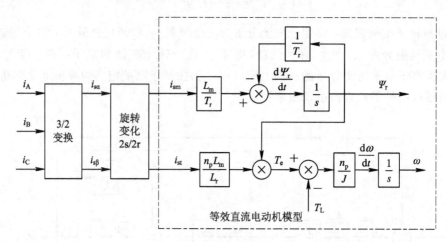

图 11 - 37　异步电动机矢量变换及等效直流电动机模型图

　　由状态方程式(11-58)可知，按转子磁链定向虽然实现了定子电流 i_{sm} 和 i_{st} 两个分量的解耦，但电流的微分方程中仍存在非线性和交叉耦合。采用电流闭环控制，可有效抑制这一现象，使实际电流快速跟随给定值。

　　矢量控制系统原理结构如图 11 - 38 所示。首先在按转子磁链定向坐标系中根据磁链和转速给定信号，经控制器(一般为 PI 调节器)计算定子电流励磁分量和转矩分量给定值 i_{sm}^{*} 和 i_{st}^{*}，经过反旋转变换 2r/2s 得到 $i_{s\alpha}^{*}$ 和 $i_{s\beta}^{*}$，再经过 2/3 变换得到 i_{A}^{*}、i_{B}^{*} 和 i_{C}^{*}，然后通过电流闭环的跟随控制，输出异步电动机所需的三相定子电流。

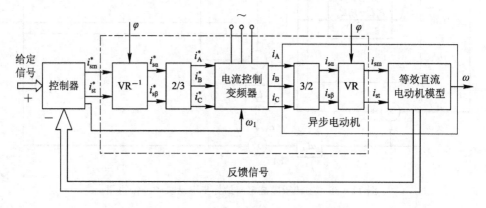

图 11 - 38　矢量控制系统原理结构图

　　忽略变频器电流跟随控制的滞后时间，其传递函数可近似为 1，且 2/3 变换与电动机内部的 3/2 变换环节相抵消，反旋转变换 2r/2s 与电动机内部的旋转变换 2s/2r 相抵消，则图 11 - 38 中点画线框内的部分可以用传递函数为 1 的直线代替，那么矢量控制系统可等效为直流调速系统，如图 11 - 39 所示。可以想象，这样的矢量控制交流变压变频调速系统在静态、动态性能上可以与直流调速系统相媲美。

　　转子磁链环节为稳定的惯性环节，对转子磁链可以采用闭环控制方式，也可以采用开环控制方式；而转速通道存在积分环节，为不稳定结构，必须加转速外环使之稳定。

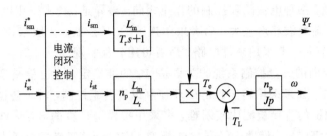

图 11-39　简化后的等效直流调速系统

常用的电流闭环控制有两种方法：一是采用电流跟随 PWM 调制在三相定子坐标系中完成电流闭环控制，如图 11-40 所示；二是采用定子电流励磁分量和转矩分量独立闭环控制的方法，如图 11-41 所示。将检测到的三相电流（实际只要检测两相就够了）进行 3/2 变换和旋转变换，得到 mt 坐标系中的电流 i_{sm} 和 i_{st}，采用 PI 调节器分别构成励磁电流闭环和转矩电流变换闭环，调节器的输出分别为定子电压给定值 u_{sm}^* 和 u_{st}^*，经过反旋转变换得到静止两相坐标系的定子电压给定值 $u_{s\alpha}^*$ 和 $u_{s\beta}^*$，然后经 SVPWM 调制控制逆变器输出三相电压。

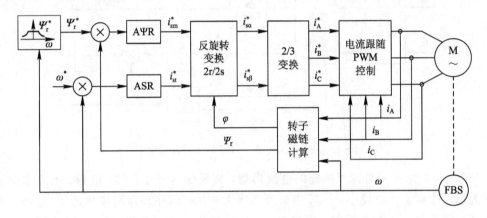

图 11-40　三相电流闭环控制的矢量控制系统结构图

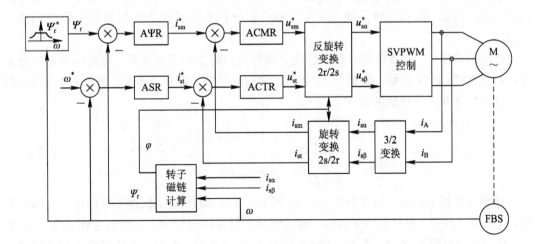

图 11-41　定子电流励磁分量和转矩分量闭环控制的矢量控制系统结构图

　　从理论上来说，两种电流闭环控制的作用相同。差异是：前者采用电流的两点式控制，动态响应快，但电流纹波相对较大，后者采用连续的 PI 控制，一般来说电流纹波略小（与 SVPWM 有关）；前者一般采用硬件电路，后者可用软件实现。

　　按转子磁链定向的矢量控制系统的关键是 Ψ_r 的准确定向，也就是说需要获得转子磁链矢量的空间位置。如果采用转子磁链闭环控制以及转矩控制，转子磁链幅值也是不可缺少的信息。转子磁链的直接检测比较困难，多采用按模型计算的方法，即利用容易测得的电压、电流或转速等信号，借助于转子磁链模型，实时计算磁链的幅值与空间位置，常用的方法为电流模型和电压模型两种。

　　电流模型可由式(11-58)第二项和式(11-59)计算转子磁链，如图 11-42 所示。

$$\frac{\mathrm{d}\Psi_r}{\mathrm{d}t} = -\frac{1}{T_r}\Psi_r + \frac{L_m}{T_r}i_{sm}$$

$$\omega_1 = \omega + \omega_s = \omega + \frac{L_m}{T_r\Psi_r}i_{st}$$

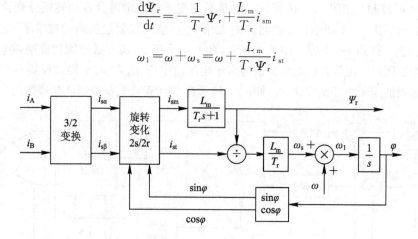

图 11-42　在 mt 坐标系上计算转子磁链的电流模型

　　对于 mt 坐标系上的转子磁链的电流模型，当系统达到稳态时，电压、电流和磁链均为直流量，计算量相对较小，计算步长可适当大一些，但在计算同步角速度 ω_1 前，需同步旋转坐标变换，若定向不准，则导致 ω_1 计算不准，进而又影响下一步计算。另一方面，电流模型需要实测的电流和转速信号，不论转速高低都能适用，但受电动机参数变化的影响。例如，电动机温升和频率变化都会影响转子电阻 R_r，磁饱和程度将影响电感 L_m 和 L_r。

　　在电压模型中，根据电压方程中感应电动势与磁链变化率的关系，取电动势的积分就可以得到磁链，电压模型一般基于 $\alpha\beta$ 坐标系中的数学模型得到，具体参见相关参考书，此处直接给出计算转子磁链的公式：

$$\begin{cases} \Psi_{r\alpha} = \dfrac{L_r}{L_m}\left[\displaystyle\int (u_{s\alpha} - R_s i_{s\alpha})\mathrm{d}t - \sigma L_s i_{s\alpha}\right] \\[3mm] \Psi_{r\beta} = \dfrac{L_r}{L_m}\left[\displaystyle\int (u_{s\beta} - R_s i_{s\beta})\mathrm{d}t - \sigma L_s i_{s\beta}\right] \end{cases} \tag{11-62}$$

　　计算转子磁链的电压模型如图 11-43 所示，其物理意义是：根据实测的电压和电流信号，计算定子磁链，再计算转子磁链。电压模型不需要转速信号，且算法与转子电阻 R_r 无关，只与定子电阻 R_s 有关，而 R_s 相对容易测得。和电流模型相比，电压模型受电动机参数变化的影响较小，而且算法简单，便于应用。但是由于电压模型包含纯积分项，积分的初始值和累积误差都影响计算结果,在低速时,定子电阻压降变化的影响也较大。

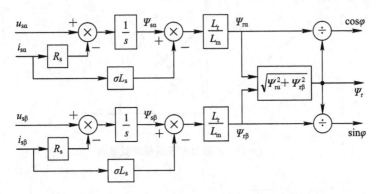

图 11-43　计算转子磁链的电压模型

比较起来,电压模型更适合于中、高速范围,而电流模型更适合于低速范围。有时为了提高准确度,把两种模型结合起来,在低速(如 $n \leqslant 15\% n_N$)时采用电流模型,在中、高速时采用电压模型,只要解决好如何过渡的问题,就可以提高整个运行范围中计算转子磁链的准确度。

矢量控制系统的特点如下:

(1) 按转子磁链定向,实现了定子电流励磁分量和转矩分量的解耦,需要电流闭环控制。

(2) 转子磁链系统的控制对象是稳定的惯性环节,可以闭环控制,也可以开环控制。

(3) 采用连续的 PI 控制,转矩与磁链变化平稳,电流闭环控制可有效地限制起动、制动电流。

矢量控制系统存在的问题如下:

(1) 转子磁链计算精度受易于变化的转子电阻的影响,转子磁链的角度精度影响定向的准确性。

(2) 需要进行矢量变换,系统结构复杂,运算量大。

11.8　异步电动机按定子磁链控制的直接转矩控制系统

直接转矩控制系统简称 DTC(direct torque control)系统,是继矢量控制系统之后发展起来的另一种高动态性能的交流电动机变压变频调速系统。在它的转速环里面,利用转矩反馈直接控制电动机的电磁转矩,因而得名。

直接转矩控制系统的基本思想是根据定子磁链幅值偏差 $\Delta \Psi_s$ 的正负符号和电磁转矩偏差 ΔT_e 的正负符号,再依据当前定子磁链矢量 Ψ_s 所在的位置,直接选取合适的电压空间矢量,减小定子磁链幅值的偏差和电磁转矩的偏差,实现对电磁转矩与定子磁链的控制。

11.8.1　定子电压矢量对定子磁链与电磁转矩的控制作用

如图 11-44 所示,使 d 轴与定子磁链矢量重合,则 $\Psi_{sd} = \Psi_s$、$\Psi_{sq} = 0$,得到异步电动机按定子磁链控制的动态模型。

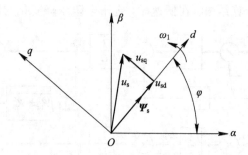

图 11-44　d 轴与定子磁链矢量重合

$$\frac{\mathrm{d}\omega}{\mathrm{d}t}=\frac{n_{\mathrm{p}}^{2}}{J}i_{\mathrm{sq}}\Psi_{\mathrm{s}}-\frac{n_{\mathrm{p}}}{J}T_{\mathrm{L}}$$

$$\frac{\mathrm{d}\Psi_{\mathrm{s}}}{\mathrm{d}t}=-R_{\mathrm{s}}i_{\mathrm{sd}}+u_{\mathrm{sd}}$$

$$\frac{\mathrm{d}i_{\mathrm{sd}}}{\mathrm{d}t}=-\frac{L_{\mathrm{s}}R_{\mathrm{r}}+L_{\mathrm{r}}R_{\mathrm{s}}}{\sigma L_{\mathrm{s}}L_{\mathrm{r}}}i_{\mathrm{sd}}+\frac{1}{\sigma L_{\mathrm{s}}T_{\mathrm{r}}}\Psi_{\mathrm{s}}+(\omega_{1}-\omega)i_{\mathrm{sq}}+\frac{u_{\mathrm{sd}}}{\sigma L_{\mathrm{s}}}$$

$$\frac{\mathrm{d}i_{\mathrm{sq}}}{\mathrm{d}t}=-\frac{L_{\mathrm{s}}R_{\mathrm{r}}+L_{\mathrm{r}}R_{\mathrm{s}}}{\sigma L_{\mathrm{s}}L_{\mathrm{r}}}i_{\mathrm{sq}}-\frac{1}{\sigma L_{\mathrm{s}}}\omega\Psi_{\mathrm{s}}-(\omega_{1}-\omega)i_{\mathrm{sd}}+\frac{u_{\mathrm{sq}}}{\sigma L_{\mathrm{s}}}$$

$$\text{(11-63)}$$

电磁转矩表达式为

$$T_{\mathrm{e}}=n_{\mathrm{p}}i_{\mathrm{sq}}\Psi_{\mathrm{s}} \tag{11-64}$$

定子磁链矢量的旋转角速度 ω_{1} 为

$$\omega_{1}=\frac{\mathrm{d}\theta_{\Psi_{\mathrm{s}}}}{\mathrm{d}t}=\frac{u_{\mathrm{sq}}-R_{\mathrm{s}}i_{\mathrm{sq}}}{\Psi_{\mathrm{s}}} \tag{11-65}$$

　　由式(11-64)和式(11-65)可见,按定子磁链定向的控制规律是:定子电压 d 轴分量决定定子磁链幅值的增减,定子电压 q 轴分量决定定子磁链矢量的旋转角速度,从而决定转差频率和电磁转矩。为了分析方便起见,将旋转坐标按定子磁链 Ψ_{s} 定向,把电压矢量分解为 u_{sd} 和 u_{sq} 两个分量,显然 u_{sd} 决定着定子磁链幅值的增减,而 u_{sq} 决定定子磁链矢量的旋转角速度,从而决定转差频率和电磁转矩。

　　两电平 PWM 逆变器可输出八个空间电压矢量,即六个有效工作矢量 $u_{1}\sim u_{6}$,两个零矢量 u_{0} 和 u_{7},将期望的定子磁链圆轨迹分为六个扇区。按照定子磁链定向,将空间电压矢量分解为 u_{sd} 和 u_{sq} 两个分量,零矢量对转矩和磁链没有任何影响,根据定子磁链所在扇区的不同,以及所在扇区内位置的不同,施加不同电压矢量,对磁链和转矩的影响也不同。图 11-45 为转速 $\omega>0$,电动机运行在正向电动状态,定子磁链位于第一扇区的不同位置时不同电压空间矢量对磁链与转矩的影响分析。将六个电压空间矢量沿定子磁链矢量方向和垂直方向分解,得到分量 u_{sd} 和 u_{sq}。当定子电压分量 u_{sd} 为“+”时,定子磁链幅值加大;当 $u_{\mathrm{sd}}=0$ 时,定子磁链幅值维持不变;当 u_{sd} 为“-”时,定子磁链幅值减小。当电压分量 u_{sq} 为“+”时,定子磁链矢量正向旋转,转差频率 ω_{s} 增大,电流转矩分量 i_{sq} 和电磁转矩 T_{e} 增大;当 $u_{\mathrm{sq}}=0$ 时,定子磁链矢量停在原地,$\omega_{1}=0$,转差频率 ω_{s} 为负,电流转矩分量 i_{sq} 和电磁转矩 T_{e} 减小;当 u_{sq} 为“-”时,定子磁链矢量反向旋转,电流转矩分量 i_{sq} 急剧变负,产生制动转矩。按照上面的分析,两个分量的极性及其作用效果如表 11-2 所示,前面的

符号表示 u_{sd} 的极性，后面的符号表示 u_{sq} 的极性。同样的方法可以推广到其他运行状态和其他扇区。

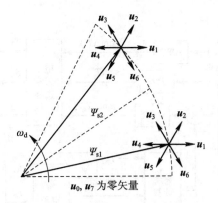

图 11-45 第一扇区时定子磁链与电压空间矢量图

表 11-2 电压空间矢量分量 (u_{sd}, u_{sq}) 的极性及其作用效果

磁链位置	u_1	u_2	u_3	u_4	u_5	u_6	$u_0 、 u_7$
0	+, 0	+, +	−, +	−, 0	−, −	+, −	0, 0
$0 \sim \dfrac{\pi}{6}$	+, −	+, +	−, +	−, −	−, −	+, −	0, 0
$\dfrac{\pi}{6}$	+, −	+, +	0, +	−, +	−, −	0, −	0, 0
$\dfrac{\pi}{6} \sim \dfrac{\pi}{3}$	+, −	+, +	+, +	−, +	−, −	−, −	0, 0
$\dfrac{\pi}{3}$	+, −	+, 0	+, +	−, +	−, 0	−, −	0, 0

11.8.2 基于定子磁链控制的直接转矩控制系统

直接转矩控制系统的原理结构如图 11-46 所示，图中 AΨR 和 ATR 分别为定子磁链调节器和转矩调节器，均采用带有滞环的双位式控制器，如图 11-47 所示，它们的输出分别为定子磁链幅值偏差 $\Delta\Psi_s$ 的符号函数 $\mathrm{sgn}(\Delta\Psi_s)$ 和电磁转矩偏差 ΔT_e 的符号函数 $\mathrm{sgn}(\Delta T_e)$。定子磁链给定的 Ψ_s^* 与实际转速 ω 有关，满足带低频补偿的恒压频比控制规律。P/N 为给定转矩极性鉴别器，当期望的电磁转矩为正时，$P/N=1$，当期望的电磁转矩为负时，$P/N=0$。对于不同的电磁转矩期望值，同样的符号函数 $\mathrm{sgn}(\Delta T_e)$ 的控制效果是不同的。

当期望的电磁转矩为正，即 $P/N=1$ 时，若电磁转矩偏差 $\Delta T_e>0$，$\mathrm{sgn}(\Delta T_e)=1$，即实际转矩小于给定转矩，则应使定子磁场正向旋转，使实际转矩加大；若电磁转矩偏差 $\Delta T_e<0$，$\mathrm{sgn}(\Delta T_e)=0$，即实际转矩大于给定转矩，则应使定子磁场停止转动，使电磁转矩减小。当期望的电磁转矩为负，即 $P/N=0$ 时，若电磁转矩偏差 $\Delta T_e>0$，$\mathrm{sgn}(\Delta T_e)=$

1，即实际转矩大于给定转矩，则应使定子磁场停止转动，使电磁转矩减小；若电磁转矩偏差 $\Delta T_e < 0$，$\mathrm{sgn}(\Delta T_e)=0$，即实际转矩小于给定转矩，则应使定子磁场正向旋转，使实际转矩加大。

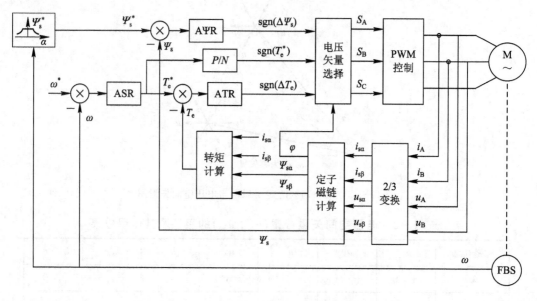

图 11-46　直接转矩控制系统原理结构图

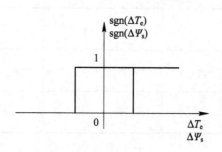

图 11-47　带有滞环的双位式控制器

　　根据上述控制原则及 11.8.1 节对定子磁链位于不同位置时不同电压矢量作用效果的分析，可整理出定子磁链矢量位于第一扇区时电压空间矢量选择表（零矢量按开关损耗最小的原则选取，如表 11-3 所示）。其他扇区磁链的电压空间矢量选择可依此类推。

表 11-3　第一扇区电压空间矢量选择表

P/N	$\mathrm{sgn}(\Delta\Psi_s)$	$\mathrm{sgn}(\Delta T_e)$	0	$0\sim\dfrac{\pi}{6}$	$\dfrac{\pi}{6}$	$\dfrac{\pi}{6}\sim\dfrac{\pi}{3}$	$\dfrac{\pi}{3}$
1	1	1	u_2	u_2	u_3	u_3	u_3
		0	u_1	u_0, u_7	u_0, u_7	u_0, u_7	u_0, u_7
	0	1	u_3	u_3	u_4	u_4	u_4
		0	u_4	u_0, u_7	u_0, u_7	u_0, u_7	u_0, u_7

P/N	$\mathrm{sgn}(\Delta\Psi_s)$	$\mathrm{sgn}(\Delta T_e)$	0	$0\sim\dfrac{\pi}{6}$	$\dfrac{\pi}{6}$	$\dfrac{\pi}{6}\sim\dfrac{\pi}{3}$	$\dfrac{\pi}{3}$
0	1	1	u_1	u_0，u_7	u_0，u_7	u_0，u_7	u_0，u_7
		0	u_6	u_6	u_6	u_1	u_1
	0	1	u_4	u_0，u_7	u_0，u_7	u_0，u_7	u_0，u_7
		0	u_5	u_5	u_5	u_6	u_6

　　直接转矩控制系统的定子磁链可直接在两相静止 $\alpha\beta$ 坐标系中计算得出，从而可避免复杂的旋转坐标变换。$\alpha\beta$ 坐标系上的定子电压方程为

$$\frac{\mathrm{d}\Psi_{s\alpha}}{\mathrm{d}t}=-R_s i_{s\alpha}+u_{s\alpha}$$

$$\frac{\mathrm{d}\Psi_{s\beta}}{\mathrm{d}t}=-R_s i_{s\beta}+u_{s\beta} \tag{11-66}$$

移项并积分后得

$$\Psi_{s\alpha}=\int(u_{s\alpha}-R_s i_{s\alpha})\mathrm{d}t$$

$$\Psi_{s\beta}=\int(u_{s\beta}-R_s i_{s\beta})\mathrm{d}t \tag{11-67}$$

　　式(11-67)就是定子磁链计算模型，且是一个电压模型，适合于以中、高速运行的系统，在低速时误差较大，甚至无法应用，因此，低速时需切换到电流模型。

　　在静止两相 $\alpha\beta$ 坐标系中，电磁转矩的计算模型为

$$T=n_p(i_{s\beta}\Psi_{s\alpha}-i_{s\alpha}\Psi_{s\beta}) \tag{11-68}$$

11.8.3　直接转矩控制系统的特点与存在的问题

1. 直接转矩控制系统的特点

　　(1) 转矩和磁链的控制采用双位式控制器，并在 PWM 逆变器中直接用这两个控制信号产生输出电压，省去了旋转变换和电流控制，简化了控制器的结构。

　　(2) 选择定子磁链作为被控量，计算磁链的模型可以不受转子参数变化的影响，提高了控制系统的鲁棒性。

　　(3) 由于采用了直接转矩控制，在加、减速或负载变化的动态过程中，可以获得快速的转矩响应，但必须注意限制过大的冲击电流，以免损坏功率开关器件，因此实际的转矩响应也是有限的。

2. 直接转矩控制系统存在的问题

　　(1) 由于采用双位式控制，实际转矩必然在上、下限内脉动。

　　(2) 由于磁链计算采用了带积分环节的电压模型，积分初值、累积误差和定子电阻的变化都会影响磁链计算的准确度。

　　这两个问题的影响在低速时都比较显著，因而系统的调速范围受到限制。因此抑制转矩脉动、提高低速性能便成为改进原始的直接转矩控制系统的主要方向，许多学者和开发

工程师的辛勤工作使它们得到了一定程度的改善，改进的方案有两种：

（1）对磁链偏差和转矩偏差实行细化，使磁链轨迹接近于圆形，减少转矩脉动。

（2）改双位式控制为连续控制，如间接自控制（ISR）系统和按定子磁链定向的控制系统。

习　题

1. 对于恒转矩负载，为什么调压调速的调速范围不大？电动机机械特性越软，调速范围越大吗？

2. 异步电动机变频调速时，为何要电压协调控制？在整个调速范围内，保持电压恒定是否可行？为何在基频以下时，采用恒压频比控制，而在基频以上保存电压恒定？

3. 异步电动机变频调速时，基频以下和基频以上分别属于恒功率还是恒转矩调速方式？为什么？所谓恒功率或恒转矩调速方式，是否指输出功率或转矩恒定？若不是，那么恒功率或恒转矩调速究竟是指什么？

4. 基频以下调速可以是恒压频比控制、恒定子磁通 Φ_{ms}、恒气隙磁通 Φ_m 和恒转子磁通 Φ_{mr} 的控制方式，从机械特性和系统实现两个方面分析与比较四种控制方法的优缺点。

5. 常用的交流 PWM 有三种控制方式，分别为 SPWM、CFPWM 和 SVPWM，论述它们的基本特征、各自的优缺点。

6. 分析电流滞环跟踪 PWM 控制中环宽 h 对电流波动与开关频率的影响。

7. 采用 SVPWM 控制，用有效工作电压矢量合成期望的输出电压矢量，由于期望输出电压矢量是连续可调的，因此，定子磁链矢量轨迹可以是圆，这种说法是否正确？为什么？

8. 坐标变换的等效原则是什么？当磁动势矢量幅值恒定、匀速旋转时，在静止绕组中通入正弦对称的交流电流，而在同步旋转坐标系中的电流为什么是直流电流？如果坐标系的旋转速度大于或小于磁动热矢量的旋转速度，绕组中的电流是交流量还是直流量？

9. 论述矢量控制系统的基本工作原理，矢量变换和按转子磁链定向的作用，等效的直流机模型，矢量控制系统的转矩与磁链控制规律。

10. 转子磁链计算模型有电压模型和电流模型两种，分析两种模型的基本原理，比较各自的优缺点。

11. 分析定子电压矢量对定子磁链与转矩的控制作用，如何根据定子磁链和转矩偏差的符号以及当前定子磁链的位置选择电压空间矢量？转矩脉动的原因是什么？抑制转矩脉动有哪些方法。

12. 按定子磁链控制的直接转矩控制（DTC）系统与磁链闭环控制的矢量控制（VC）系统在控制方法上有什么异同？

13. 按基频以下和基频以上分析电压频率协调的控制方式，画出：

（1）恒压恒频正弦波供电时异步电动机的机械特性；

（2）基频以下电压-频率协调控制时异步电动机的机械特性；

（3）基频以上恒压变频控制时异步电动机的机械特性；

（4）电压频率特性曲线。

14. 采用电压空间矢量 PWM 调制方法，若直流电压恒定，如何协调输出电压与输出频率的关系。

15. 两电平 PWM 逆变器主回路的输出电压矢量是有限的，如何用有限的 PWM 逆变器输出电压矢量来逼近期望的输出电压矢量？

16. 在转速开环变压变频调速系统中需要给定积分环节，论述给定积分环节的原理与作用。

17. 论述转速闭环转差频率控制系统的控制规律、实现方法及系统的优缺点。

18. 写出三相坐标系变换到两相静止坐标系的变换矩阵，两相静止坐标系到两相旋转坐标系的变换矩阵。

19. 用 Matlab 仿真软件，建立异步电动机的仿真模型，分析起动、加载电动机的过渡过程，电动机参数（笼型异步电动机铭牌数据）为：额定功率 $P_N = 3$ kW，额定电压 $U_N = 380$ V，额定电流 $I_N = 6.9$ A，额定转速 $n_N = 1400$ r/min，额定频率 $f_N = 50$ Hz，定子绕组 Y 连接。由实验测得定子电阻 $R_s = 1.85$ Ω，转子电阻 $R_r = 2.658$ Ω，定子自感 $L_s = 0.294$ H，转子自感 $L_r = 0.2898$ H，定子、转子互感 $L_m = 0.2838$ H，转子参数已折合到定子侧，系统的转动惯量 $J = 0.1284$ kg·m²。

20. 接上题，对异步电动机矢量控制系统进行仿真，分析仿真结果，观察在不同坐标系中的电流曲线，以及转速调节器 ASR 和磁链调节器参数变化对系统的影响。

21. 接习题 7，用 Matlab 仿真软件，对直接转矩控制系统进行仿真，分析仿真结果，观察转矩与磁链双位式控制器环宽对系统性能的影响。

22. 分析比较矢量控制系统和直接转矩控制系统的优缺点。

参 考 文 献

[1] 斯蒂芬·林德. 功率半导体器件与应用[M]. 北京：机械工业出版社，2019.

[2] 李洁，晁晓洁. 电力电子技术[M]. 重庆：重庆大学出版社，2015.

[3] 冷增祥，徐以荣. 电力电子技术基础[M]. 南京：东南大学出版社，2012.

[4] 文进才，陈科明. 功率集成电路技术理论与设计[M]. 杭州：浙江大学出版社，2011.

[5] 冯清秀，邓星钟. 机电传动控制 [M]. 武汉：华中科技大学出版社，2011.

[6] 王彩琳. 电力半导体新器件及其制造技术[M]. 北京：机械工业出版社，2015.

[7] 王兆安，刘进军. 电力电子技术[M]. 北京：机械工业出版社，2009.

[8] 潘孟春，张旦，单庆晓. 电力电子与电气传动[M]. 长沙：国防科技大学出版社，2009.

[9] 潘孟春，胡媛媛. 电力电子技术实践教程[M]. 长沙：国防科技大学出版社，2005.

[10] 比马尔 K. 博斯. 现代电力电子学与交流传动[M]. 北京：机械工业出版社，2011.

[11] 陈坚. 电力电子学：电力电子变换和控制技术[M]. 北京：高等教育出版社，2002.

[12] 徐德鸿. 现代电子系统建模及控制[M]. 北京：机械工业出版社，2005.

[13] 张兴，张崇巍. PWM 整流器及其控制[M]. 北京：机械工业出版社，2018.

[14] 张皓，续明进，杨梅，等. 高压大功率交流变频调速技术[M]. 北京：机械工业出版社，2006.

[15] 廖晓钟. 电力电子技术与电气传动[M]. 北京：北京理工大学出版社，2000.

[16] 陈瑜. 电力电子与运动控制技术[M]. 北京：中国电力出版社，2003.

[17] 潘再平. 电力电子技术与电机控制实验教程[M]. 杭州：浙江大学出版社，2000.

[18] 林渭勋. 现代电力电子电路[M]. 杭州：浙江大学出版社，2002.

[19] 安德列亚斯，福尔克麦克尔，郝康普. IGBT 模块：技术、驱动和应用[M]. 北京：机械工业出版社，2016.

[20] Agrawal J. 电力电子系统：理论与设计[M]. 北京：清华大学出版社，2001.

[21] 张崇巍，李汉强. 运动控制系统[M]. 武汉：武汉理工大学出版社，2002.

[22] 樊新军，马爱芳. 电机技术及应用[M]. 武汉：华中科技大学出版社，2012.

[23] 唐婷主. 电机与电气控制[M]. 北京：北京邮电大学出版社，2014.

[24] 邹建华. 电机及控制技术[M]. 武汉：华中科技大学出版社，2014.

[25] 邓星钟. 机电传动控制[M]. 武汉：华中科技大学出版社，2001.

[26] 阮毅，陈伯时. 电力拖动自动控制系统：运动控制系统[M]. 北京：机械工业出版社，2019.

[27] 王成元，夏加宽，孙宜标. 现代电机控制技术[M]. 北京：机械工业出版社，2014.

[28] 李宁，陈桂. 运动控制系统[M]. 北京：高等教育出版社，2004.

[29] 方荣慧，邓先明，上官璇峰. 电机原理及拖动基础[M]. 徐州：中国矿业大学出版社，2001.

［30］　周渊深. 电机与拖动基础［M］. 北京：机械工业出版社，2019.

［31］　李永东，郑泽东. 交流电机数字控制系统［M］. 北京：机械工业出版社，2017.

［32］　汤天浩. 电机及拖动基础［M］. 北京：机械工业出版社，2016.

［33］　马小亮. 高性能变频调速及其典型控制系统［M］. 北京：机械工业出版社，2010.

［34］　张继和，张润敏，梁海峰. 电机控制与供电基础［M］. 成都；西南交通大学出版社，2003.

［35］　周渊深. 电力拖动自动控制系统［M］. 北京：机械工业出版社，2019.

［36］　黄立培. 电动机控制［M］. 北京：清华大学出版社，2003.

［37］　张世铭，王振和. 电力拖动直流调速系统［M］. 武汉：华中科技大学出版社，2004.

［38］　马小亮. 大功率交-交变频调速及矢量控制技术［M］. 北京：机械工业出版社，2003.

［39］　范正翘. 电力传动与自动控制系统［M］. 北京：北京航空航天大学出版社，2003.